U0841178

"十四五"职业教育国家规划教材

高等职业教育智慧财经系列教材

高等职业教育校企"双元"合作开发教材

高等职业教育在线开放课程配套教材

大数据基础与实务

（商科版）（第二版）

DASHUJU JICHU YU SHIWU(SHANGKEBAN)

主　编　练　金　苏重来

本书另配：智慧职教在线开放课程
实训操作手册
教学课件
教　　案
课程标准
微课视频
习题试卷
参考答案

中国教育出版传媒集团
高等教育出版社·北京

内容提要

本书是“十四五”职业教育国家规划教材。

本书从商科类专业需求出发，介绍了大数据技术的基本概念与应用。全书共分为 8 个项目，内容包括大数据认知，认识云计算、物联网、人工智能，大数据采集清洗，数据存储管理，数据挖掘分析，大数据可视化，大数据安全认知，综合实训。本书注重理论与实践操作相结合，通过大量案例帮助学生快速了解并掌握大数据相关技术，具有较强的系统性、可读性和实用性。为了利教便学，部分学习资源（如操作录频、微课视频）以二维码形式提供在相关内容旁，可扫描获取。此外，本书另配有教学课件、教案、课程标准等教学资源，供教师教学使用。

本书既可作为高等职业院校财经商贸大类专业大数据基础课程教材，又可作为大数据等计算机类专业相关专业课的教材。

图书在版编目（CIP）数据

大数据基础与实务：商科版 / 练金，苏重来主编
. —2 版. —北京：高等教育出版社，2024.7
ISBN 978-7-04-061676-7

Ⅰ. ①大… Ⅱ. ①练… ②苏… Ⅲ. ①数据处理—高等职业教育—教材 Ⅳ. ①TP274

中国国家版本馆 CIP 数据核字（2024）第 033921 号

策划编辑 毕颖娟 钱力颖 **责任编辑** 钱力颖 **封面设计** 张文豪 **责任印制** 高忠富

出版发行	高等教育出版社	**网　　址**	http://www.hep.edu.cn
社　　址	北京市西城区德外大街 4 号		http://www.hep.com.cn
邮政编码	100120	**网上订购**	http://www.hepmall.com.cn
印　　刷	上海当纳利印刷有限公司		http://www.hepmall.com
开　　本	787mm×1092mm 1/16		http://www.hepmall.cn
印　　张	15.75	**版　　次**	2024 年 7 月第 2 版
字　　数	369 千字		2021 年 8 月第 1 版
购书热线	010-58581118	**印　　次**	2024 年 7 月第 1 次印刷
咨询电话	400-810-0598	**定　　价**	49.00 元

物 料 号　61676-00

编写委员会

主　审　李德建

主　编　练　金　苏重来

副主编　李鸿雁　徐　斌　顾长青　王　慧
　　　　　周建军　苏　飚

参　编　滕云勇　杨　帆　赵　宇

第二版前言

大数据是海量数据的集合,是信息时代的产物,对推动经济和社会的发展起着重要作用。目前,大数据已经成为各国政府和企业的重要战略资源,像计算机和互联网一样,大数据是新一轮技术革命的重要标志之一。

党的二十大报告指出:“坚持把发展经济的着力点放在实体经济上,推进新型工业化,加快建设制造强国、质量强国、航天强国、交通强国、网络强国、数字中国。”为了让学生了解“数字中国”,本书以理论和实践相结合的方式,让学生了解并掌握大数据的思维方式、基础知识和基本技术,使其对大数据领域的知识及技术有初步的了解,同时也为深入学习大数据技术奠定基础。

本书主要特色如下:

1. 理实一体,任务驱动

本书通过合理的任务设计和丰富的实务案例,将知识和技能融为一体,辅助教师更好地进行讲解。每一个项目均采用“理论+实训”的模式编排,使学生在掌握相关技能的同时巩固所学知识。

书中以职业活动为主线,体现了“项目引领,任务驱动”的教学思路,将每个项目按照知识点划分为具体的任务,每个任务按照“任务描述—知识准备—课堂研讨—拓展训练”来设计,形成一个完整的工作过程。

2. 内容精练,循序渐进

本书以大数据的理论体系为依据,将教学内容划分为8个项目,项目一和项目二介绍了大数据的基础知识以及大数据与云计算、物联网和人工智能的关系,项目三到项目六按照“大数据采集清洗—数据存储管理—数据挖掘分析—大数据可视化”的顺序引导学生深入了解和学习大数据应用流程。项目七介绍了大数据安全的相关知识,帮助学生树立大数据安全意识。项目八通过设置综合实训案例,使学生在进行上机操作的过程中巩固所学知识,进一步开拓大数据应用思路,提升综合素养。

3. 资源丰富,利教便学

本书配有智慧职教在线开放课程(智慧职教学习网址:https://mooc.icve.com.

cn/course.html?cid=DSJCD686321)。为了利教便学，部分学习资源（如操作录频、微课视频）以二维码形式提供在相关内容旁，可扫描获取。此外，本书另配有教学课件、教案、课程标准等教学资源，供教师教学使用。

在本书编写过程中，我们参阅了大量文献资料，在此对这些资料的作者表示诚挚的谢意！

由于编者水平有限，书中难免存在疏漏之处，敬请广大读者批评指正。

编 者

2024 年 5 月

目 录

资源导航

拓展阅读目录

课程思政内容教学设计

教学项目	思政元素	实施路径	教学方法与教学模式
大数据认知	爱国情怀；职业责任感和使命感	1. 以“大数据发展战略”为题，将“十四五”规划与大数据相结合，分析和探讨国家政策对科技的推动作用； 2. 通过对专业人才的需求、薪资和工作区域的分析，激发学生对专业技能学习的渴望与信心； 通过介绍大数据技术历史发展和本专业的发展历程，增强学生对专业的热爱，培养学生职业责任感和使命感	问题导入与启发探究相结合
认知云计算、物联网、人工智能	职业责任感和使命感；工匠精神	通过介绍5G、大数据、云计算等新兴技术托起强国梦，引导学生积极学习专业知识，践行工匠精神	问题导入与启发探究相结合
大数据采集清洗	数据道德；吃苦耐劳、精益求精的品质	通过介绍数据采集的高效性、合法性，数据消失的复杂性，体现数据道德和吃苦耐劳、精益求精的精神	职业伦理法与对比分析法相结合
数据存储管理	辩证思维；团队协作	1. 通过介绍数据存储技术发展历程：人工管理、文件系统、数据库、分布式文件系统四个阶段，深入解析事物发展规律，培养学生审辩式思维意识； 2. 通过详细介绍分布式文件系统的原理，引出团队分工协作的重要性	横纵对比法：发展历程纵向对比，产品和技术特点横向对比
数据挖掘分析	职业理想；工匠精神	通过对全球大数据与我国大数据数据市场的介绍，引出深入掌握数据分析方法和技能是获取数据价值、提高大数据服务的关键所在，引导学生脚踏实地学技术，认真做研究	科技国情法与时事跟踪法相结合

续 表

教学项目	思政元素	实施路径	教学方法与教学模式
大数据可视化	职业道德;社会责任感	通过对如何利用大数据实现中国梦的介绍,引出学知识、学技能、学本领最终的目的是服务人民,满足人民对美好生活的需求,所以要学好可视化技术,把数据的价值通俗易懂地表示出来,使每个人都能够很容易地理解和使用	科技国情法与问题导入法相结合
大数据安全认知	风险意识;职业道德	通过对“大数据杀熟事件”案例的介绍,教导学生从事数据采集与应用工作应具备的职业道德规范	职业伦理法与对比分析法相结合
综合实训	职业责任感;风险意识	通过对金融行业信息保护政策的介绍,培养学生的法治观念、合规意识和风险防范意识	问题导入与启发探究相结合

项目一
大数据认知

职业能力目标

1. 能够运用数据相关基础知识，做好数据分析的全面准备工作。
2. 能够对大数据国家战略、新经济等概念有较为准确的认知。

职业素养目标

1. 养成用大数据思维看待问题的习惯。
2. 养成对事物分析客观、敏感的职业思维方式。

◇ 知识图谱 ◇

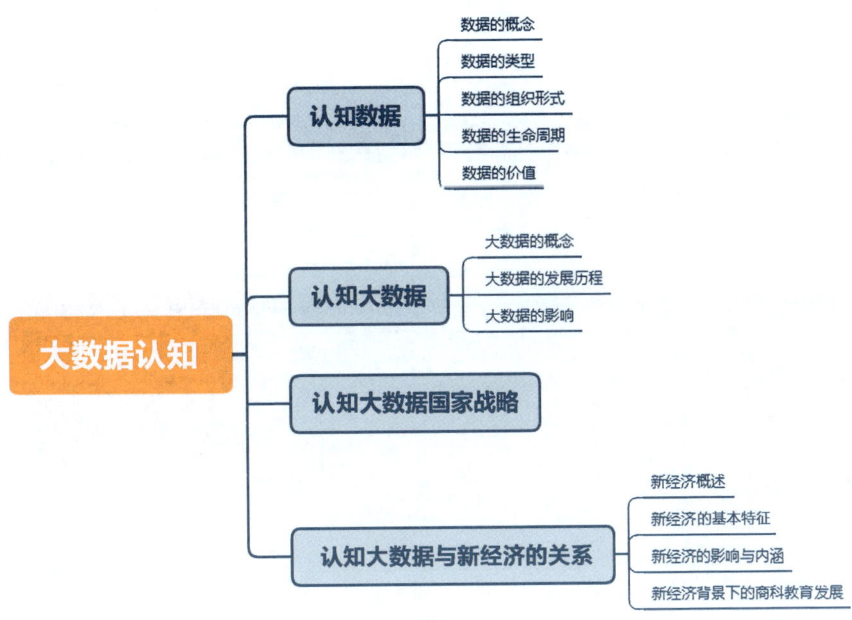

任务一 认知数据

【任务描述】

当今社会高速发展，信息技术愈加发达。随着“云时代”的来临，大数据越来越受到人们的关注。大数据已成为各国政府和企业的重要战略资源，像计算机和互联网一样，大数据是新一轮技术革命的标志之一。大数据不仅是信息时代的产物，还是信息产业持续高速增长的新引擎。各行各业的决策正在由传统的“业务驱动”转变为“数据驱动”。

小张是一名电子商务专业的在校大学生，对大数据知识非常感兴趣，他认为要想深入了解大数据，首先要掌握数据的基础知识。

【知识准备】

一、数据的概念

微课视频：数据的概念、类型及组织形式

数据是指对客观事件进行记录并可以鉴别的符号，是对客观事物的性质、状态以及相互关系等进行记载的可识别的、抽象的物理符号或这些物理符号的组合。

数据和信息是不可分离的，数据是信息的内涵。数据本身没有意义，只有在对实体行为产生影响时才成为信息。如对某款手机的描述如下，品牌：A；屏幕尺寸：6.58 英寸；摄像头：5 个，10 倍光学变焦，100 倍数字变焦；运行内存：8 G；机身内容：512 G。手机的这些数字与其他文字信息相结合，产生了具有特殊意义的信息，供人们在选购和使用手机时参考。

二、数据的类型

数据类型可以分为文本、图片、音频、视频四类。

（1）文本。文本是计算机的一种文档类型。该类文档主要用于记载和储存文字信息，而不是图像、声音和格式化数据。常见的文本文档扩展名有.txt、.doc、.docx 等。

（2）图片。图片是由图形、图像等构成的平面媒体，如产品的照片、电商网站中的商品主图和详情图。常见的图片格式有 GIF、JPG、PNG 等。

（3）音频。音频可分为声音文件和 MIDI 文件。声音文件是通过录音设备录制的原始声音；MIDI 文件是一种音乐演奏指令序列，可利用声音输出设备或与计算机相连的电子乐器进行演奏，如产品解说、音乐。常见的音频格式有 WAV、MP3 和 CD 等。

（4）视频。视频通常是指各种动态影像的存储文件，如产品宣传片、抖音视频和监控视频。常见的视频格式有 AVI、MP4 和 MPEG 等。

三、数据的组织形式

计算机系统中的数据组织形式主要有文件和数据库两种。

(一) 文件

计算机系统中的很多数据都是以文件形式存在的,如文本文件、图片文件、音频文件、视频文件、网页文件。在计算机系统中,文件是用文件系统进行管理的。在文件系统中,数据按其内容、结构和用途组成若干命名的文件。文件一般为某个用户或用户组所有,可与其他用户共享。用户可以通过操作系统对文件进行打开、读、写和关闭等操作。

文件系统有明显的缺点:

(1) 编写应用程序很不方便。应用程序的设计者必须对所用的文件的逻辑及物理结构有清楚的了解。操作系统只能进行打开、读、写和关闭等几个低级的文件操作命令,对文件的查询、修改等处理都必须在应用程序内进行。应用程序还不可避免地在功能上有所重复,在文件系统上编写应用程序的效率也不高。

(2) 文件的设计很难满足多种应用程序的不同要求,通常难以避免数据冗余。

(3) 文件结构的修改将导致应用程序的修改,增加了应用程序维护的工作量。

(4) 文件系统不支持对文件的并发访问。

(5) 数据缺少统一管理,在数据的结构、编码、表示格式、命名以及输出格式等方面难以做到规范化、标准化,也难以有效保证数据的安全性和保密性。

(二) 数据库

针对文件系统的缺点,人们开发了以统一管理和共享数据为主要特征的数据库系统。在数据库系统中,数据不是仅服务于某个程序或用户,而是服务于一个单位的共享资源,由一个叫数据库管理系统(database management system, DBMS)的软件统一管理。由于有DBMS的统一管理,应用程序不必直接介入诸如打开、读、写和关闭文件等简单的操作,均由DBMS代办。用户也不必关心数据存储和其他实现的细节,可在更高的抽象级别上观察和访问数据。文件结构的一些修改也可以由DBMS屏蔽,使用户看不到这些修改,从而减少应用程序维护的工作量,提高数据的独立性。由于数据的统一管理,人们可以从全单位着眼,合理组织数据,减少数据冗余,同时还可以更好地贯彻规范化和标准化,从而有利于数据的转移和更大范围的共享。DBMS解决了大部分文件系统明显的缺点,许多在文件系统中难以实现的功能,在DBMS中都一一实现了。

在数据库系统中,数据库是其重要组成部分,数据库是指按照数据结构来组织、存储和管理数据的仓库,是一个长期存储在计算机内的、有组织的、可共享的、统一管理的大量数据的集合。现在数据库已被大量应用于各行各业,如超市收银系统中所用的数据库、图书馆中的数据库。

微课视频:数据生命周期和价值

四、数据的生命周期

基于大数据环境下数据在组织机构业务中的流转情况,可以将数据的生命周期分为六个阶段,具体各阶段的定义如下:

(1) 数据采集。数据采集是指新的数据产生或现有数据内容发生显著改变或更新的阶段。对于组织机构而言,数据的采集既包括在组织机构内部系统中生成的数据,又包括组织机构从外部采集的数据。

（2）数据存储。数据存储是指非动态数据以任何数字格式进行物理存储的阶段。

（3）数据处理。数据处理是指组织机构在内部针对动态数据进行的一系列活动的组合。

（4）数据传输。数据传输是指数据在组织机构内部从一个实体通过网络流动到另一个实体的过程。

（5）数据交换。数据交换是指数据经由组织机构内部与外部组织机构及个人交互过程中提供数据的阶段。

（6）数据销毁。数据销毁是指通过对数据及数据的存储介质进行相应的操作，使数据彻底丢失且无法通过任何手段恢复的过程。

特定的数据所经历的生命周期由实际的业务场景所决定，并非所有的数据都会完整地经历这六个阶段。

五、数据的价值

（一）数据传输能力

数据大部分的使用场景必然会涉及数据传输，数据传输能力决定了部分应用场景的实现，数据实时的调用、加工、算法推荐和预测等。传输抽象出来的支撑体系是底层的数据存储架构。

（二）数据计算能力

数据计算能力就像“造血”系统一样，根据多种来源的“养分原料”进行生产加工最终产出“血液”。而源数据通过高性能的底层多存储的分布式技术架构，由ETL（提取、转换、加载）进行清理，输出为结构化数据。计算速度和造血速度一样，决定了供应量。计算速度直接决定了数据应用的及时性和应用场景。

（三）数据算法能力

无论是传输能力还是计算能力，都是相对偏向于数据底层能力的实现，而离业务场景最近的就是算法能力所提供的算法服务，这是最直接应用于业务场景且更容易被用户感知的数据能力。因为对于数据传输和数据计算来说，用户感知的是速度的快慢。从用户视角来看，速度快是应该的，因此用户并不能直接感知这两项数据能力。

（四）数据资产能力

数据资产能力可以从两方面来考虑：一是数据资产直接变现的价值，即数据集的输出变现值，如标签、样本和训练集等的直接输出按数据量来评估价值；二是以数据资产作为资源加工后提供数据服务的业务价值，即包括通过自身数据训练优化后的算法应用而提升业务收益的价值、依托于数据的“广告投放”的营销变现、沉淀出的数据资产管理能力作为知识的无形资产对外服务的价值等。这些间接的数据应用和服务的变现方式也是数据资产价值的体现并可以精细地量化。

【课堂研讨】

请举例说明数据对人们日常生活的影响。

【拓展训练】

1. 数据有哪些类型？
2. 请简述数据生命周期的各个阶段。

任务二 认知大数据

【任务描述】

小张很喜欢听音乐，他发现软件会自动推荐一些歌曲，而这些歌曲的风格大多与他平时常听的类似，非常贴近他喜欢的类型。购物软件也是如此，小张喜欢的电子产品、运动品牌以及书籍的相关链接，也都出现在页面最显眼的地方。这些软件的"精准推荐"跟大数据是否有联系呢？

【知识准备】

一、大数据的概念

大数据是指无法在一定时间内用常规软件工具对其内容进行抓取、管理和处理的数据集合。虽然处理超过单个计算机的计算能力或存储数据的问题已经比较普遍，但近年来这种类型计算的普遍性、规模和价值已经大大扩展。大数据的确切定义很难界定，因为项目、供应商、从业者和商业专业人士使用它的方式完全不同。考虑到这一点，一般来说，大数据具备如下特征：

（一）数据量大（volume）

大数据的特征首先就体现为"大"。存储单位从过去的 GB 到 TB，乃至现在的 PB、EB 级别。1 PB 等于 1 024 TB，1 TB 等于 1 024 GB，那么 1 PB 等于 1 024×1 024 GB。随着信息技术的高速发展，数据开始爆发式增长。社交网络、移动网络，各种智能工具、服务工具等都成为数据的来源。

淘宝网近 4 亿名会员每天产生的商品交易数据约为 20 TB，某社交平台约 10 亿名用户每天产生的日志数据超过 300 TB。如此大规模的数据，迫切需要智能的算法、强大的数据处理平台和新的数据处理技术来统计、分析、预测和实时处理。

（二）数据类型繁多（variety）

如果只有单一的数据，那么这些数据几乎没有价值，比如只有单一的个人数据或者单一的用户提交数据，这些数据还不能称为"大数据"。广泛的数据来源，决定了大数据形式的多样性。如当前的上网用户中，年龄、学历、爱好、性格等个人的特征都不一样，这就是大数据的多样性。如果扩展到全世界，数据的多样性会更强，每个地区以及每个时间段都会存在各种各样的数据。任何形式的数据都可以产生作用，目前应用最广泛的是推荐系统，如淘宝、网易云音乐、今日头条，这些平台都会通过对用户的日志数据进行分析，从而推荐用户喜欢的东西。日志数据是结构化明显的数据，还有一些结构化不明显的数据，如图片、音频、视频，这些数据因果关系弱，需要人工对其进行标注。

（三）处理速度快（velocity）

大数据通过算法对数据逻辑处理的速度非常快，可从各种类型的数据中快速获得高价值的信息，这一点和传统的数据挖掘技术有着本质的不同。

大数据的产生非常迅速，主要通过互联网传输。生活中每个人都离不开互联网，也就是说每个人每天都在向大数据提供大量的数据。

这些数据需要及时处理，因为花费大量资本去存储作用较小的历史数据是非常不划算的。对于一个平台而言，也许保存的数据只能是过去几天或者一个月之内的，之前的数据要及时清理，不然保存和后期处理的代价太大。

基于这种情况，大数据对处理速度有非常严格的要求，服务器中大量的资源都用于处理和计算数据，很多平台都需要实时分析。数据无时无刻不在产生，速度越快越有优势。

（四）价值密度低（value）

相比于传统的数据，大数据最大的价值在于通过从大量不相关的各种类型的数据中，挖掘出对未来趋势与模式预测分析有价值的数据，并通过机器学习方法、人工智能方法或数据挖掘方法进行深度分析，发现新规律和新知识。

如果有了 1 PB 以上的全国所有 20～35 岁年轻人的上网数据，通过分析这些数据，可以知道这些人的行为习惯、爱好等，进而指导产品的发展方向，那么这些数据就有了商业价值。如果有了全国几百万个病人的数据，根据这些数据进行疾病的预测与分析，这些数据同样具有了价值。大数据广泛应用于农业、金融、医疗、物流、教育等领域，最终达到改善社会治理、提高生产效率、推进科学研究的效果。

二、大数据的发展历程

（一）萌芽时期（20 世纪 90 年代至 21 世纪初）

1997 年，美国国家航空航天局在研究数据可视化时首次使用了“大数据”的概念。

1998 年，《*Science*》杂志发表了一篇题为《大数据科学的可视化》的文章，“大数据”作为一个专用名词正式出现在公共期刊上。在这一阶段，大数据只是作为一个概念或假设，少数学者对其进行了研究和讨论，其意义仅限于表示数据量的巨大。

（二）发展时期（21 世纪初至 2010 年）

21 世纪初，互联网行业进入快速发展时期。2001 年，美国 Gartner 公司率先开发了大型数据模型。同年，Doug Lenny 提出了大数据的第三大特征（volume、variety、velocity，3V）特性。2005 年，Hadoop 技术应运而生，成为数据分析的主要技术。2007 年，数据密集型科学的出现，不仅为科学界提供了一种新的研究范式，还为大数据的发展提供了科学依据。2008 年，《*Science*》杂志推出了一系列大数据专刊，详细讨论了一系列大数据的问题。

在这一阶段，大数据作为一个新名词，开始受到理论界的关注，其概念和特点得到进一步丰富，相关的数据处理技术层出不穷，大数据开始显现活力。

（三）兴盛时期（2011 年至今）

在 2010 年以后，大数据应用渗透到各行各业，数据驱动决策，信息社会智能化程度大幅提高。2011 年，通用商用机械公司开发了沃森超级计算机，通过每秒扫描和分析 4 TB 数据打破了世界纪录，大数据计算达到了一个新的高度。随后，MGI 发布了《大数据前沿报告》，详细介绍了大数据的技术框架以及大数据在各个领域的应用。2012年，在瑞士举行的世界经济论坛讨论了一系列与大数据有关的问题，会上发布了题为《大数据，大影响》的报告，并正式宣布了大数据时代的到来。

三、大数据的影响

大数据的影响主要表现在以下几个方面：

(一) 对大数据的处理分析正成为新一代信息技术融合应用的结点

移动互联网、数字家庭、物联网、社交网络、电子商务等是新一代信息技术的应用形态，这些应用不断产生大数据。云计算为这些海量、多样化的数据提供存储和运算平台。通过对不同来源数据的管理、处理、分析与优化，能够使大数据更好地为公众服务。

(二) 大数据是信息产业持续高速增长的新引擎

面向大数据市场的新技术、新产品、新服务、新业态不断涌现。在硬件与集成设备领域，大数据将对芯片、存储产业产生重要影响，还将催生一体化数据存储处理服务器、内存计算等市场。在软件与服务领域，大数据将引发数据快速处理分析、数据挖掘技术和软件产品的发展。

(三) 大数据的利用将成为提高核心竞争力的关键因素

各行各业的决策对大数据的分析越来越重视，对大数据的分析可以使零售商实时掌握市场动态并迅速作出应对。例如，在医疗领域，大数据可提高诊断准确性和药物有效性，可以为商家制定更加精准有效的营销策略提供决策支持，可以帮助企业为消费者提供更加及时和个性化的服务。在公共事业方面，大数据也开始发挥促进经济发展、维护社会稳定等方面的重要作用。

(四) 大数据时代科学研究的方法手段将发生重大改变

在大数据时代，可通过实时监测、跟踪研究对象在互联网上产生的海量行为数据进行挖掘分析，揭示其行为的规律性，提出研究结论和对策。

【课堂研讨】

相对于传统数据，大数据对于推动人类社会发展有哪些突出贡献？

【拓展训练】

1. 简述大数据的特征。
2. 简述大数据的发展历程。

任务三　认知大数据与数字中国建设

【任务描述】

小张经常关注国际时政，他注意到大数据对全球生产、流通、分配、消费活动以及经济运行机制、社会生活方式和国家治理能力等方面产生了越来越深远的影响。早在2015年10月26日至29日，中国共产党第十八届中央委员会第五次全体会议上，“十三五”规划便提出实施“国家大数据战略”，旨在全面推进我国大数据发展和应用，加快建设数据强国，推动数据资源开放共享，释放技术红利、制度红利和创新红利，促进经济转型升级。至此，大数据战略上升为国家战略。那么，世界各国的大数据国家战略是怎样的呢？

【知识准备】

进入大数据时代，世界各国都非常重视大数据的发展，以美国、法国、韩国、日本等为代表的发达国家，非常重视大数据在促进经济发展和社会变革、提升国家整体竞争力等方面的重要作用，把发展大数据上升到国家战略的高度，视大数据为重要的战略资源。

美国是率先将大数据从商业概念上升至国家战略的国家，在大数据的发展战略上稳步实施“三步走”战略，在大数据技术研发、商业应用以及保障国家安全等方面已全面构筑起全球领先优势。英国在借鉴美国经验和做法的基础上，充分结合本国特点和需求，加大大数据研发投入，强化顶层设计，聚焦部分应用领域进行重点突破。

法国是传统的工业大国和经济强国，在信息化战略的推动下，法国大数据产业也逐步发展起来，已经渗透到社会、经济、生活的多个领域，影响着人们的生活和工作。将大数据技术应用于城市管理、公共管理等国家功能的实现，通过发展创新性解决方案并用实践来促进大数据的发展。

韩国的智能终端普及率及移动互联网接入速度一直位居世界前列，这使其数据产出量也达到了世界先进水平，韩国很早就制定了大数据发展战略，以大数据等技术为核心应对第四次工业革命。

日本开放公共数据，夯实应用开发，在应用当中，日本的大数据战略发挥了重要作用。

在我国，发展大数据也受到高度重视，党的十八届五中全会将大数据上升为国家战略，提出要加快建设数字强国。习近平总书记在中共中央政治局第二次集体学习时强调，大数据发展日新月异，我们应该审时度势、精心谋划、超前布局、力争主动，深入了解大数据发展现状和趋势及其对经济社会发展的影响，分析我国大数据发展取得的成绩和存在的问题，推动实施国家大数据战略，加快完善数字基础设施，推进数据资源整合和开放共享，保障数据安全，加快建设数字中国，更好地服务于我国经济社会发展和人民生活改善。

作为人口大国和制造大国，我国数据产生能力巨大，大数据资源极为丰富。随着数字中国建设的推进，各行业的数据资源采集、应用能力不断提升，将会导致更快更多的数据积累。2023年4月国家互联网信息办公室发布《数字中国发展报告（2022年）》，报告中提到我国数据资源规模快速增长，2022年我国数据产量达8.1ZB，同比增长22.7%，全球占比达10.5%，位居世界第二。截至2022年年底，我国数据存储量达724.5EB，同比增长21.1%，全球占比达14.4%。《“十四五”大数据产业发展规划》提出了我国“十四五”时期的总体目标，至2025年我国大数据产业测算规模突破3万亿元。

【课堂研讨】

举例说明大数据的发展对相关领域产生的影响。

【拓展训练】

请查阅资料，了解我国已经发布的大数据与数字建设相关文件。

任务四　认知大数据与新经济的关系

【任务描述】

大数据、云计算、无人机、3D打印、虚拟现实、人工智能等日新月异、层出不穷的新技术、新业态、新产品，引领着未来经济发展的方向。电子商务专业的小张意识到现在越来越多的行业发生了翻天覆地的变化，大数据对于经济社会与人们日常生活的影响深入到各个层面，社会对于数据处理能力的需求急剧增长，新经济也由此诞生。于是，小张开始在网上搜寻有关新经济的资料。

【知识准备】

一、新经济概述

新经济是指新的经济形式。社会主导产业形态的差异决定了社会经济形态的差异。在不同的历史时期，新经济有不同的内涵。目前，新经济是指创新知识主导知识、创新型产业，成为产业领导者的智能经济形式。数字经济是新经济的典型表现。

二、新经济的基本特征

新经济的基本特征与整个人类社会环境发生的深刻变化相对应，呈现给人们的是一个全新的经济时代。

（一）信息化和网络快速发展

自20世纪中叶以来，计算机、互联网和光纤的出现将整个世界带入了信息时代。人们可以在世界任何地方了解世界任何地方、任何时刻发生的事件，实现足不出户的交流和参与，这种交流的手段和方法也越来越简洁、透明。

（二）传统交通运输业大进步

随着高速公路和高速铁路的快速发展以及航空运输的日益普及，物理传输的速度有了很大的提升，规模有了很大的扩展，传统交通运输的发展迅速。

（三）经济呈现全球一体化趋势

全球经济市场自由开放，集中表现为：① 市场的全球化，即需求市场向世界上任何企业和自然人开放；② 资源配置全球化，即人们在选择配置资源时，可以在全球范围内选择各种自己认可的资源，而不再局限于自己的国家和地区，从而提高自己的配置效率；③ 竞争规则国际化，最明显的是大多数国家已经加入世界贸易组织（WTO），并承认和适用其竞争规则。

三、新经济的影响与内涵

新经济的出现不仅给各国的经济发展带来了新的机遇，还给各国经济发展带来了新的挑战。事实上，历次经济技术革命都让资源配置的手段、方式和效率上产生了巨大的变化，对人们的生活方式产生了深远的影响。

新经济的内涵包含两个层次：一方面需要创新的技术，这是经济发展的核心动力；另一方面，创新的技术一定要与实体经济相结合，进而产生新的业态和新的生产方式。创新的技术带动行业和产业发展，新经济必然是围绕创新并引领时代发展的。

四、新经济背景下的商科教育发展

当今，在全球科学技术迅猛发展、国际政治经济格局剧烈变化、我国改革开放不断深化的新时代背景下，传统商科教育面临新的挑战。传统的商科课程是按照工具型人才培养标准的教育理念来设置的，基于亚当·斯密的劳动分工理论，强调各个科目由单一、独特的内容组成，各学科都相对独立、封闭，自成体系。

2018 年，以全国教育大会为契机，新工科、新医科、新农科、新文科以及国际认证工作逐步开展，对我国高等教育领域产生了巨大影响。作为高等教育中与社会发展、市场需求结合最紧密的领域，新商科也正在全国高校相关学院的努力下得到了发展。新商科，是在现有商科发展的基础上，应对科技、社会、经济所带来的挑战而形成的。

新商科是与传统商科对应的一个概念，是顺应经济社会发展的需要产生的商科教育模式。传统商科是培养“商业技术人才”的。例如，财务管理专业的学生往往将自己定义为财务技术人员，人力资源管理专业的学生则将自己局限为人力专业的技术人才。但是，随着时代的进步，仅仅关注财务知识或人力资源管理知识本身已经解决不了问题，还需要进一步了解行业发展现状甚至是国际、国内市场的竞争态势。

2020 年年末，教育部职成司要求各省级教育行政部门根据现行专业目录，同时参考新版职业教育专业目录（征求意见稿），指导学校主动适应科技革命和产业变革要求，密切关注各行业“十四五”期间发展趋势，充分对接新经济、新技术、新职业，分析产业新业态、新模式、新职业场景，以“信息技术＋”升级传统专业，及时发展数字经济催生的新兴专业，“一老一小”等民生领域紧缺急需专业，适应各地、各行业对技术技能人才培养的需要，适应学生全面可持续发展的需要，统筹考虑专业设置与人才培养方案制定，提高人才培养质量、实现更好就业。2021 年，教育部公布了《职业教育专业目录（2021 年）》，正式提出“大数据”的要求。例如，将原“财务管理”专业更名为“大数据与财务管理”专业。

我国的商贸服务业进入消费升级、互联互通、大数据、云计算、人工智能、共享经济和商业 3.0 时代，已经完成了由过去的传统商业实体店到互联网电商，再到互联网线上加线下的发展。新时代创新已然成为创业服务创新发展的主旋律。新商科要根据实体经济供给侧的需求，走市场化、企业化的合作之路。

新一轮的科技革命和产业革命正在进行，互联网、云计算、大数据等新兴技术与模式正深刻改变人们的思维、生产、学习方式。共同探讨、支持新商科人才培养事业的发展，共建现代学习体系，培养大批创新人才，已经成为应对诸多复杂挑战、实现可持续发展的关键。

【课堂研讨】

1. 大数据是怎样催生新经济的?

2. 为什么说“新商科是在现有商科发展的基础上,应对科技、社会、经济所带来的挑战而形成的”?

【拓展训练】

请查阅有关资料,了解更多有关新经济、新商科的相关内容。

项目实训　应用百度指数

【实训背景】

小张的母亲想在电商平台上开一家服装店,网店运营初期,需要掌握行业的市场前景,分析该市场的可行性以及制定可持续发展策略,这关系到网店运营过程中的盈亏,必须做好充分的前期准备。近年来由于电商市场越来越大,各行业都在向互联网进军,追求高速发展。然而,很多人往往在行业市场分析上存在困难,不知道该如何利用工具以及数据进行有效分析。小张应该怎样帮助母亲解决该问题呢?

【实训要求】

通过百度指数获得阶段性用户关注度以及媒体关注度,把握后期市场趋势以及方向,及时制订合理的方案,作出有价值的决策。

【知识准备】

一、百度指数的认知

百度指数(Baidu Index)是以百度海量网民行为数据为基础的数据分析平台,是当前互联网重要的统计分析平台之一,自发布之日其数据信息便成为众多企业营销决策的重要依据。

百度指数能够告诉用户:某个关键词在百度的搜索规模有多大;一段时间内的涨跌态势以及相关的新闻舆论变化;关注这些词的网民是什么样的;分布在哪里;同时还搜索了哪些相关的词,从而帮助用户优化数字营销活动方案。

百度指数的主要功能模块有:基于单个词的趋势研究(包含整体趋势、PC 趋势和移动趋势)、需求图谱、舆情管家、人群画像;基于行业的整体趋势、地域分布、人群属性、搜索时间特征等。

百度指数的理想是“让每个人都成为数据科学家”。对个人而言,大到置业时机、报考学校、入职企业发展趋势,小到约会、旅游目的地的选择,百度指数可以助其实现“智赢人生”;对于企业而言,竞品追踪、受众分析、传播效果,均以科学图标全景呈现,“智胜市场”变得轻松简单。

大数据驱动每个人的发展,而百度指数倡导数据决策的生活方式,正是为了让更多人意识到数据的价值。

二、相关名词解释

(一) 搜索指数

搜索指数是以网民在百度的搜索量为数据基础,以关键词为统计对象,科学分析并计算出各个关键词在百度网页搜索中搜索频次的加权和。根据搜索来源的不同,搜索指数分为 PC 搜索指数和移动搜索指数。

(二) 需求图谱——需求分布

需求图谱——需求分布是综合计算关键词与相关词的相关程度以及相关词自身的搜索需求大小得出的一种平面分布图。相关词距圆心的距离表示相关词相关性强度;相关词自身大小表示相关词自身搜索指数大小,红色代表搜索指数上升,绿色代表搜索指数下降。

(三) 需求图谱——相关词

需求图谱——相关词分为来源相关词和去向相关词两类。

来源相关词反映用户在搜索中心词之前还有哪些搜索需求,通过过滤出关键词上一步搜索行为来源的相关词,按相关程度排序得出。

去向相关词反映用户在搜索中心词之后还有哪些搜索需求,通过过滤出关键词下一步搜索行为来源的相关词,按相关程度排序得出。

(四) 资讯指数

资讯指数是以百度智能分发和推荐内容数据为基础,将网民的阅读、评论、转发、点赞、不喜欢等行为的数量加权求和。

(五) 媒体指数

媒体指数是以各大互联网媒体报道的新闻中,与关键词相关的,被百度新闻频道收录的数量。其采用新闻标题包含关键词的统计标准。

(六) 人群属性

关键词的人群属性,是根据百度用户搜索数据,采用数据挖掘方法,对关键词的人群属性进行聚类分析,给出年龄分布、性别比例等社会属性信息。

【实训过程】

一、趋势研究

(一) 搜索指数

在浏览器中输入百度指数网址(http://index.baidu.com),进入百度指数首页,如图 1-1 所示。

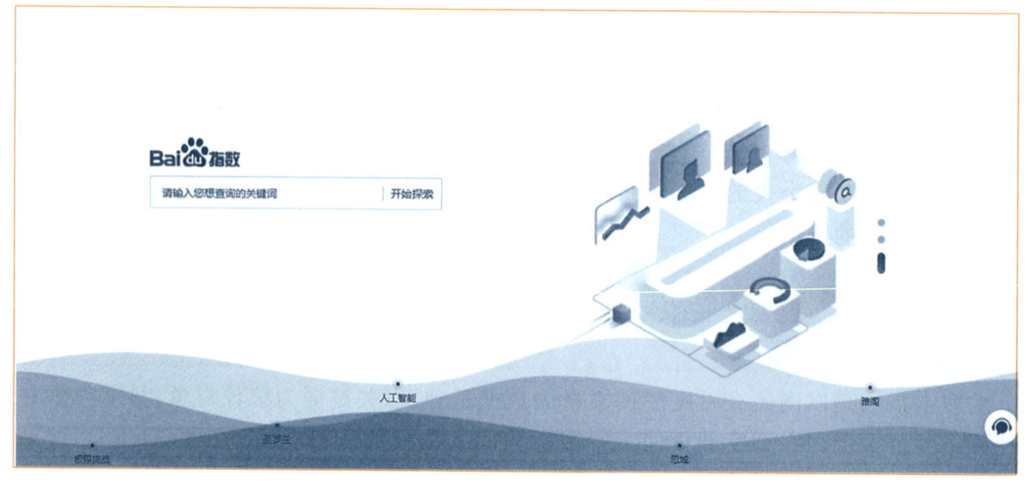

图 1-1　百度指数首页

在搜索框中输入关键词“服装”，单击【开始探索】按钮，服装的搜索指数结果如图 1-2 所示。

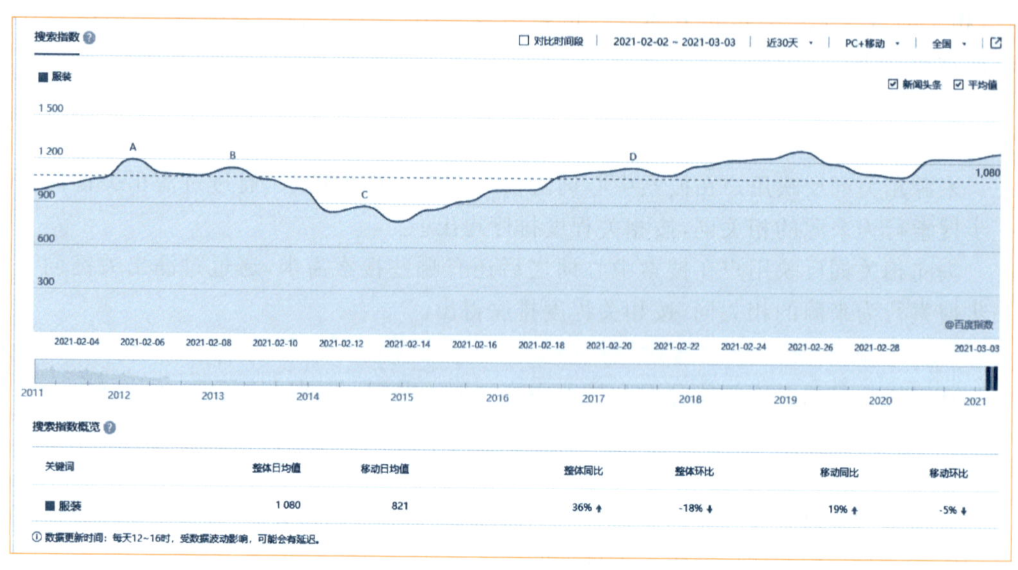

图 1-2　服装的搜索指数结果

搜索指数默认的时间范围为近 30 天，可根据需要在上方日期处或者下方时间轴进行调整。图 1-2 显示的是近 30 天服装的搜索指数。总体而言，全国近 30 天 PC 端与移动端的服装搜索指数较为平稳，在均值 1 080 上下波动。近 30 天内出现四次服装行业的新闻头条，依次以 A、B、C、D 进行标注，单击“A”出现具体新闻信息。例如，2021 年 2 月 5 日的新闻“雅戈尔‘炒股’套现 100 亿元！这一次真要回归服装业?”“顾客持续减少日本大型服装公司‘世界时装’将再次关闭 450 家门店”等。

根据图 1-2 提供的相关数据可以看到，近一个月的服装搜索指数较去年同比上涨 36%，较上一个月环比下降 18%。

（二）资讯指数

在“搜索指数”的下方是服装的资讯指数图，如图 1-3 所示。近 30 日内出现波动的日期与图 1-2 中的 A、B、C、D 点相对应，反映了相关新闻资讯对服装的持续关注度。显然 2021 年 2 月 5 日“雅戈尔‘炒股’套现 100 亿元！这一次真要回归服装业?”等新闻比较吸引网民们的注意力。

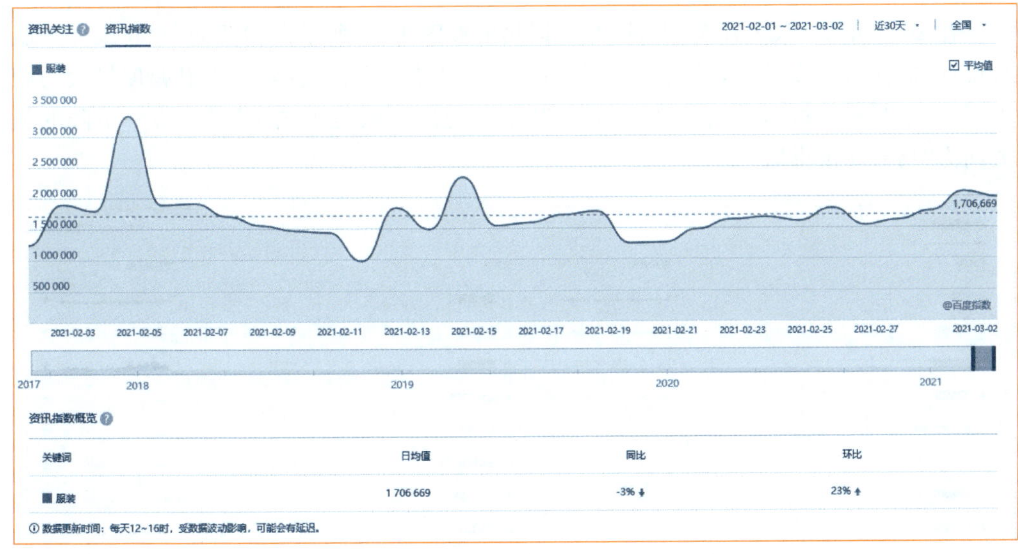

图 1-3　服装的资讯指数

根据“资讯指数概览”提供的相关数据可以看到，服装的资讯指数日均值为 1 706 669，较上一年同比下降 3%，而较上月环比上涨 23%。

二、需求图谱

(一) 需求分布

需求图谱的时间段选择不同，相应的结果也不相同，此处以 2021 年 2 月 22 日至 28 日的需求图谱为例。由图 1-4 可知，与服装相关性最强的词分别为“圣诺亚”“女士服装”“女装男装”“服装搭配”“时尚服装网”“福州喷码机”。相关性最强的词中自身搜索

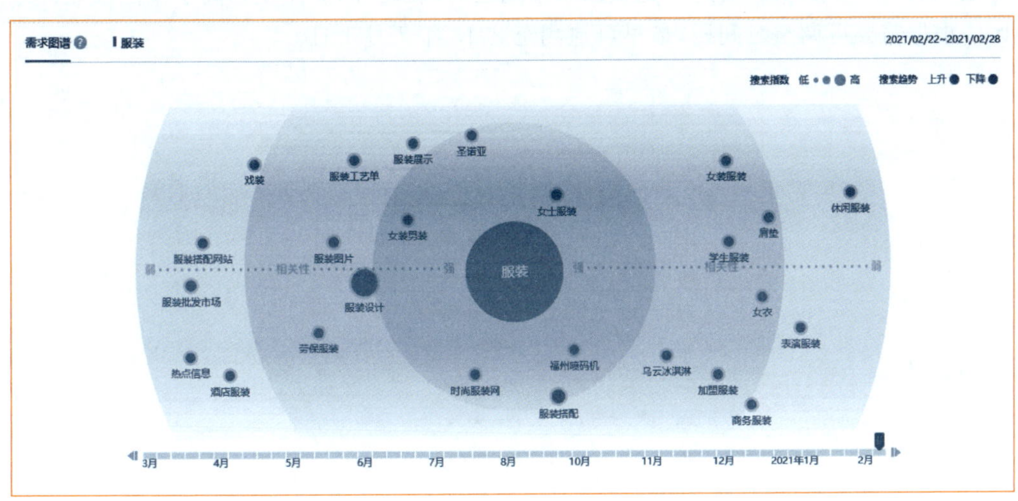

图 1-4　需求分布

指数最大的是“服装设计”，并且搜索趋势呈上升趋势，“女士服装”“女装男装”“时尚服装网”的搜索趋势呈下降趋势。“服装批发市场”与“服装搭配网站”搜索相关性最弱，但在该时间段内搜索趋势是上升的。

(二) 相关词

在 2021 年 2 月 22 日至 28 日，相关词热度如图 1－5 所示。相关词中“衣服”与“服装设计”的搜索热度最高，其次是“服装品牌”“服装搭配”等。搜索率上升幅度最大的相关词为“福州喷码机”，其次是“服装展示”“服装货源”“服装工艺单”等。唯一下降的相关词为“乌云冰淇淋”。

图 1－5　相关词热度

三、人群画像

(一) 地域分布

2021 年 1 月 1 日至 31 日期间，关注“服装”的用户主要来自广东、江苏、浙江、安徽等地，如图 1－6 所示。由此可见我国东南地区对“服装”的关注度要高于我国西北部地区。根据需要可调整时间段，最早可追溯至 2013 年 7 月 1 日。

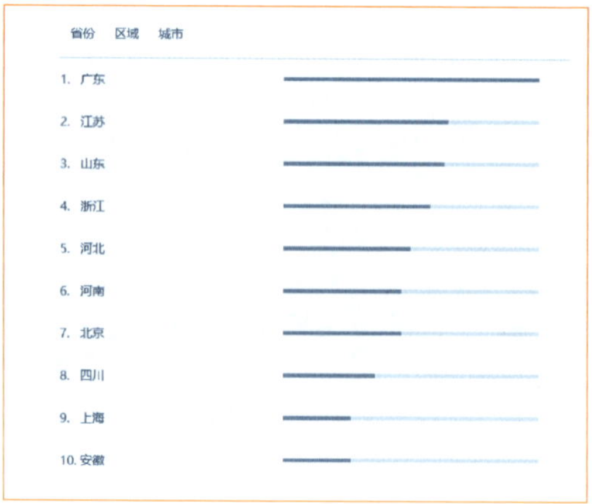

图 1－6　地域分布

(二) 人群属性

百度指数给出关注“服装”的人群属性，如图 1－7 所示，时间段为 2021 年 1 月 1 日至 31 日。在此期间关注“服装”的人群中，年龄在 30～39 岁的人最多，年龄在 19 岁及以下或者 50 岁及以上的人最少，其中女性占 57.02％。TGI(目标群体指数)表明不同特征用户关注问题的差异情况。TGI 指数等于 100 表示平均水平，高于 100 表示该类用户对某类问题的关注程度高于整体水平。从图 1－7 中可以看出，年龄超过 30 岁的人群对“服装”的关注度超过整体水平，30～39 岁人群的 TGI 指数高达 126.71，女性的 TGI 指数高达 118.31。

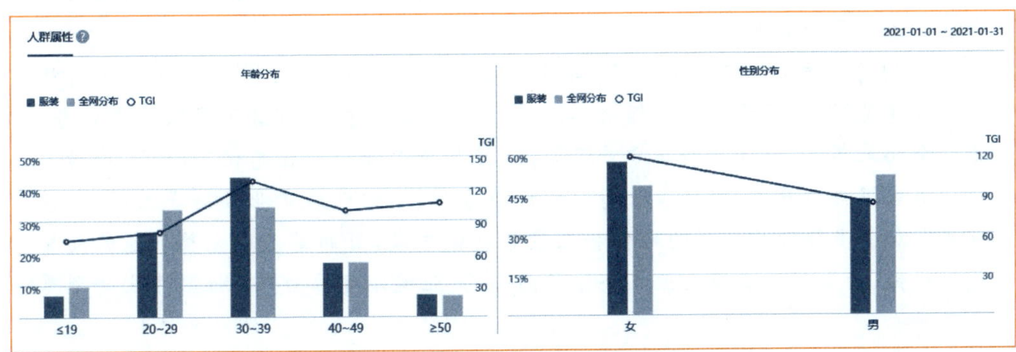

图 1－7 人群属性

(三) 兴趣分布

百度指数给出关注“服装”的人群兴趣分布结果，如图 1－8 所示，时间段为 2021 年 1 月 1 日至 31 日。从“影视音乐”“医疗健康”“资讯”等维度对关注“服装”的人群进行分类。以关注“医疗健康”的人群为例，该类人群中有 91.4％的人同时关注了“服装”，全网分布 86.92％，TGI 指数为 105.61。

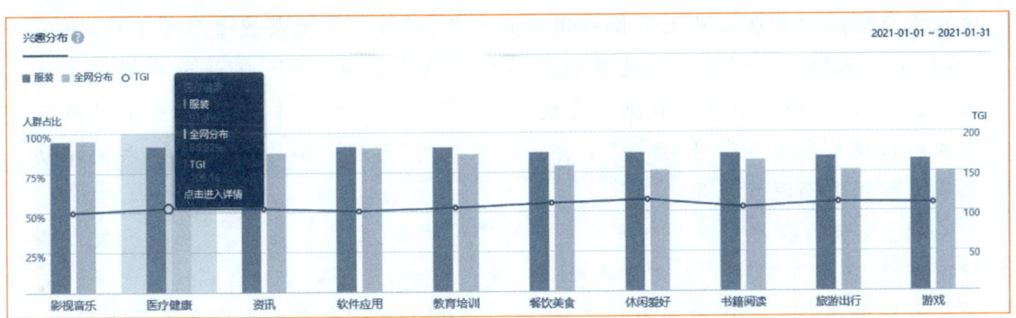

图 1－8 兴趣分布

【课堂研讨】

请根据任务实施的结果为小张的母亲制订合理的方案，提供有价值的建议。

【拓展训练】

请在百度指数中以“人工智能”为关键词进行相关数据查询，并结合查询结果谈谈你的看法。

拓展阅读

重点政策解读——《关于工业大数据发展的指导意见》

工业大数据是工业领域产品和服务全生命周期数据的总称，包括工业企业在研发设计、生产制造、经营管理、运维服务等环节中生成和使用的数据，以及工业互联网平台中的数据等。随着第四次工业革命的深入展开，工业大数据日渐成为工业发展最宝贵的战略资源，是推动制造业数字化、网络化、智能化发展的关键生产要素。未来三年到五年，随着5G、工业互联网、人工智能等的发展，工业大数据将从探索起步阶段迈入纵深发展阶段，迎来快速发展的机遇期，全球工业大数据的竞争也将变得更为激烈。

2020年5月，工信部发布了《关于工业大数据发展的指导意见》（以下简称“《指导意见》”）。关于工业数据采集汇聚方面，《指导意见》部署了多项重点任务，推动全面采集、高效互通和高质量汇聚，包括加快工业企业信息化“补课”、推动工业设备数据接口开放、推动工业通信协议兼容化、组织开展工业数据资源调查“摸家底”、加快多源异构数据的融合和汇聚等具体手段，目的是形成完整贯通的高质量数据链，为更好地支撑企业在整体层面、在产业链维度推动全局性数字化转型奠定基础。

关于促进工业数据共享流通方面，《指导意见》部署了多项重点任务，通过探索建立工业数据空间、加快区块链等技术在数据流通中的应用、完善工业大数据资产价值评估体系等方式，从技术手段、定价机制、交易规则等多个方面着手，激发工业数据市场活力，促进数据市场化配置。

大量工业企业的数据应用仍然是单点的、局部的、低水平的，其原因包括：对数据的不重视，“不想用”；数据分析的手段、人才等缺乏，“不会用”；对数据应用规律缺乏认识，数据应用投入大，“不敢用”等。《指导意见》部署了4项重点任务，通过在需求端组织开展工业大数据应用试点示范、开展工业大数据竞赛等手段，解决“不想用”“不敢用”等问题；通过在供给端培育海量工业APP、工业大数据解决方案供应商、向中小企业开放数据服务能力、培育应用生态等手段，降低企业数据应用的成本投入和专业壁垒，解决“不会用”“不敢用”问题。供需双向发力，共同推动工业大数据全面深度应用。

感悟：大数据推动社会生产要素的网络化共享、集约化整合、协作化开发和高效化利用，改变了传统的生产方式和经济运行机制，可显著提升经济运行水平和效率。大数据产业正在成为新的经济增长点，将对未来信息产业格局产生重要影响。党中央、国务院高度重视大数据在推进经济社会发展中的地位和作用，大数据正逐渐成为各级政府关注的热点，政府数据开放共享、数据流通与交易、利用大数据保障和改善民生等概念深入人心。

项目二

认知云计算、物联网、人工智能

职业能力目标

1. 能够运用云计算、物联网和人工智能等知识。
2. 能够理解大数据与云计算、物联网和人工智能的关系。

职业素养目标

1. 学会思考大数据技术在各个领域的应用潜能和发展前景。
2. 养成对事物分析客观、敏感的职业思维方式。

◇ 知识图谱 ◇

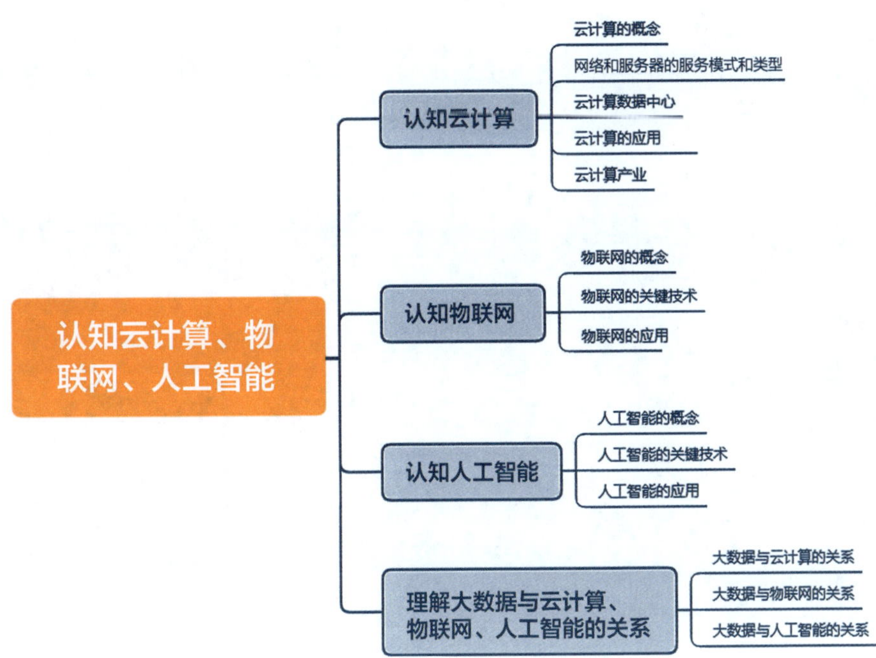

任务一 认知云计算

【任务描述】

早在2008年，华为就对云计算领域开始进行资金投入与技术研发，目前在全国已经有多个云计算节点，是领先的云计算提供商。华为在襄阳的云计算数据中心于2015年开始投产使用；华为与英国Colt DCS达成合作协议，共同迎接云时代下数据中心基础设施领域新挑战；2017年，华为与北京市供销合作总社达成全球合作协议，共建云计算数据中心；2023年，华为在由中国GDCT主办的展览会上展示云计算等技术。

小张想知道什么是云计算以及云计算有哪些应用。

微课视频：大数据的概念、影响与应用

【知识准备】

一、云计算的概念

现阶段对云计算的定义有多种说法，在了解云计算之前，需要先了解什么是软件以及IT系统的构成，这两个概念是理解云计算的前提与基础。

软件其实就是程序员写的让CPU完成某项任务的步骤，包括“输入—计算—输出”。举个简单例子：1+3=4，7+8=15，软件（程序）相当于定义了$X+Y$，使X和Y分别输入1和3会得到4，输入7和8会得到15。再例如，暴风影音就是处理视频代码，使其成为在显示器上显示的影像。Word就是处理键盘输入的信号，转换成Word文档。简单来说，软件（程序）其实就是输入、计算和输出。

如图2-1所示，IT系统共分为9个层次，可以总结浓缩为四个层级：基础设施层、

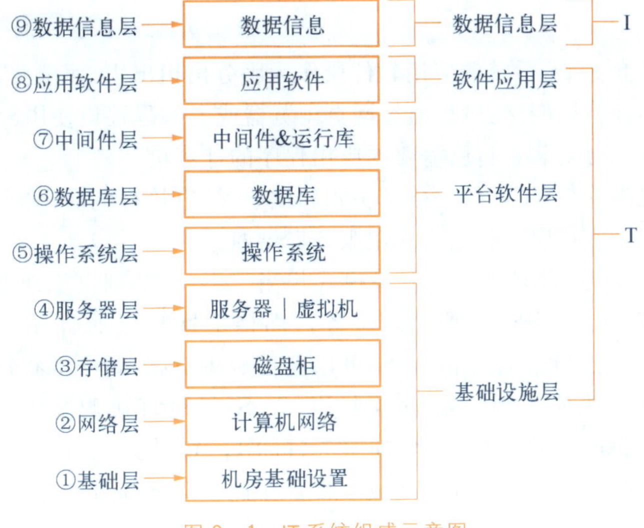

图2-1 IT系统组成示意图

平台软件层、软件应用层和数据信息层。需要注意的是，服务器、虚拟机包括 CPU、内存。网络、硬盘其实也是一种计算资源。

在了解软件和 IT 系统结构后，“云”的概念就很好理解了。在传统电脑中输入一个命令，程序会在这台电脑中进行计算，最后输出到自己的电脑上，比如用鼠标单击“运行浏览器”这个命令，浏览器就会打开。而云计算是把整个计算资源放在云端，也就是输入、输出与计算分离。输入一个命令后通过网络传输到云端，计算好后再传回来，这就是通俗云计算的概念。

关于云计算，有一个非常形象的“水龙头”观点论。当需要“水”的时候，扭开“水龙头”，“水”就来了，用户只需要交“水费”就可以。云计算就像在每个不同地区开设不同的自来水公司，没有地域限制，云软件服务商可以向世界每个角落提供软件服务。

二、网络和服务器的服务模式和类型

（一）服务模式

云计算有三种服务模式，分别为 IaaS（基础设施即服务）、PaaS（平台即服务）、SaaS（软件即服务）。

1. IaaS（基础设施即服务）

云服务提供商把 IT 系统的基础设施建设好，并对计算设备进行池化，然后直接对外出租硬件服务器、虚拟主机、存储或网络设施等（相当于裸机）。

◇ 举例：想喝饮料，于是给家里安了自来水，购买了橘子粉或者菠萝粉。需要把水净化、烧开，加点橘子粉或者菠萝粉。自来水就类似于 IaaS（基础设施即服务），自来水厂就类似于云服务提供商。

2. PaaS（平台即服务）

云服务提供商把基础设施层和平台软件层都搭建好，然后在平台软件层上划分成“小块”（习惯称之为“容器”）并对外出租，相当于买了一台有操作系统的计算机，可以在这基础上进行应用软件的开发。

◇ 举例：想喝饮料，于是直接买了楼下已经处理好的纯净水，加点橘子粉或者菠萝粉就可以了，省去了自己处理自来水这个基础操作步骤。

3. SaaS（软件即服务）

云服务提供商把 IT 系统的应用软件层作为服务出租出去，而消费者可以使用任何云终端设备接入计算机网络，然后通过网页浏览器或者编程接口使用云端的软件，相当于用户直接拥有一台安装了自己需要的应用程序的计算机。

◇ 举例：想喝饮料，不需要去楼下买水和橘子粉，直接打电话让楼下的饮料店把需要的饮料送到家。饮料店就相当于应用服务提供商。

结合上面的举例，自来水厂的服务模式相当于 IaaS（基础设施即服务）；楼下纯净水店的服务模式相当于 PaaS（平台即服务）；而楼下饮料店的服务模式相当于 SaaS（软件即服务）。当然，纯净水店（PaaS）可以直接购买自来水厂（IaaS）提供的服务，也可以自己去组建自来水厂（IaaS）；而饮料店（SaaS）可以直接购买纯净水店（PaaS）提供的服务，或直接购买自来水厂提供的服务（IaaS），当然也可以自己去组建自来水厂（IaaS）和纯净水店（PaaS）这些基础服务，然后在此基础上完成自己需要提供的应用服务。

(二) 类型

云计算按部署类型可以分为公有云、私有云和混合云。

1. 公有云

公有云是指云计算服务由第三方提供商完全承载和管理,为用户提供价格合理的计算资源访问服务,用户无需购买硬件、软件或支持基础架构,只需为其使用的资源付费。公有云面向所有用户提供服务。公有云用户无需支付硬件带宽费用,投入成本低,但数据安全性低于私有云。

2. 私有云

私有云只为特定用户提供服务,比如大型企业出于安全考虑需要自己建设云环境,自己采购基础设施,搭建云平台,在此基础上开发应用云服务。私有云可充分保障虚拟化私有网络的安全,但投入成本相对公有云更高。

3. 混合云

混合云是公有云和私有云两种类型的结合,需要被所有用户访问的数据放到公有云中,需要安全保密的数据放到私有云中。混合云一般由用户创建,而管理和运维职责由用户和云计算提供商共同分担,其在使用私有云作为基础的同时结合了公有云的服务策略,用户可根据业务私密性程度的不同,自主地在公有云和私有云之间进行切换。

三、云计算数据中心

云计算数据中心是一种基于云计算架构的,计算、存储、服务及网络资源的松耦合,各种 IT 设备虚拟化程度、模块化程度、自动化程度和绿色节能程度较高的新型数据中心。云计算数据中心具有如下特点:

(一) 高度虚拟化

服务器、存储器、网络等高度虚拟化,通过虚拟化技术将物理资源抽象整合,动态进行资源分配和调度,从而在更大程度上减轻了数据中心的计算和安全挑战。

(二) 自动化

云计算数据中心包括对物理服务器、虚拟服务器的管理,对相关业务的自动化流程管理、对客户服务收费等自动化管理,从而保证了运维的高效率。

(三) 模块化

云计算数据中心集成了供配电、制冷、机柜、气流遏制、综合布线、动环监控等子系统,提高数据中心的整体运营效率,实现快速部署、弹性扩展和绿色节能。

(四) 绿色节能

云计算数据中心无论在硬件、软件,还是整体架构设计上,都强调绿色节能,尤其是 PUE 值(一种评价数据中心能源效率的指标),一般不超过 1.5。

和传统数据中心相比,在基础设施要求的方面,云计算数据中心要求基础设施具有良好的弹性、扩展性、自动化、数据移动、多租户、空间效率和对虚拟化的支持;在资源的集约化程度方面,云计算数据中心在平台的运行效率更高,它支持多租户业务,针对每个租户的业务能实现快速配置和部署。

此外,云计算数据中心托管的不再是客户的设备,而是计算能力和 IT 可用性。数据在云端进行传输,云计算数据中心为其调配所需的计算能力,并对整个基础构架的后台进行管理。从软件、硬件两方面运行维护，软件层面不断根据实际的网络使用情况对云平台进行调试，硬件层面保障机房环境和网络资源正常运转调配。数据中心完成整个IT的解决方案，客户可以完全不用操心后台，就有充足的计算能力（像水电供应一样）。

四、云计算的应用

随着云计算技术的不断发展，在存储、医疗、金融、教育等领域的应用不断深化，其对促进产业的发展起到了关键性的作用。

（一）存储云

存储云，又称云存储，是在云计算技术上发展起来的一种新的存储技术。存储云是一个以数据存储和管理为核心的云计算系统。用户可以将本地的资源上传至云端，可以在任何地方连入互联网来获取“云”上的资源。大家所熟知的谷歌、微软等大型网络公司均有云存储的服务。在国内，百度云和微云则是市场占有量最大的存储云。存储云向用户提供了存储容器服务、备份服务、归档服务和记录管理服务等，大大地方便了使用者对资源的管理。

（二）医疗云

医疗云，是指在云计算、移动技术、多媒体、5G通信、大数据以及物联网等新技术基础上，结合医疗技术，使用云计算来创建医疗健康服务云平台，实现医疗资源的共享和医疗范围的扩大。云计算技术与医疗领域相结合提高了医疗机构的效率，使居民就医更加便利。

医院的预约挂号、电子病历和电子医保卡等都是云计算与医疗领域结合的产物，医疗云还具有数据安全、信息共享、动态扩展和布局全国的优势。

（三）金融云

金融云，是指利用云计算的模型，将信息、金融和服务等功能分散到庞大分支机构构成的互联网“云”中，旨在为银行、保险和基金等金融机构提供互联网处理和运行服务，同时共享互联网资源，从而解决现有问题并且达到高效率、低成本的目标。2013年阿里云整合阿里巴巴旗下资源推出的阿里金融云服务，其实就是当前基本普及了的快捷支付。因为金融与云计算的结合，现在只需要在手机上简单操作，就可以完成银行存款、保险购买和基金买卖等业务。现在，不仅仅是阿里巴巴，苏宁、京东和腾讯等企业均推出了自己的金融云服务。

（四）教育云

教育云实际上是指教育信息化的一种发展。具体来说，教育云可以将所需要的任何教育硬件资源虚拟化，然后将其传入互联网中，从而向教育机构和学生老师提供一个方便快捷的平台。现在流行的慕课（MOOC，大规模开放的在线课程）就是教育云的一种应用。现阶段国外三大慕课平台为Coursera、edX以及Udacity，国内有中国大学MOOC。

五、云计算产业

云计算产业由云计算服务业、云计算制造业、基础设施服务业以及支持产业等组成。云计算产业链代表企业如图2-2所示。

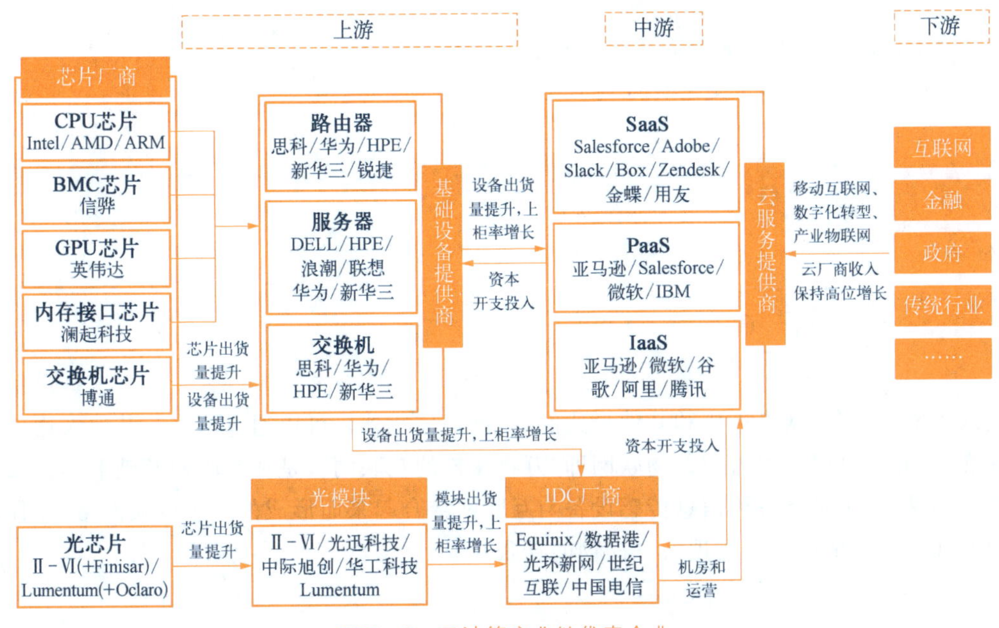

图2-2　云计算产业链代表企业

云计算服务业包括：① SaaS 服务，比如企业应用、娱乐应用和办公应用等；② IaaS 服务，比如虚拟机、Web Hosting 和虚拟存储等；③ PaaS 服务，比如数据库平台、开发测试、应用部署和行业应用等。

云计算制造业包括：① 软件方面，比如系统集成、软件产业、应用软件、基础软件和中间软件等；② 硬件方面，比如服务器、网络设备、终端设备和存储设备等。

基础设施服务业包括网络和数据中心。

支持产业包括云计算的评估认证、设计和咨询等。

【课堂研讨】

对云计算的概念进行讨论。

【拓展训练】

分析短视频推荐用到的云计算技术有哪些。

任务二　认知物联网

【任务描述】

护山员用手机看护着千里之外的山林，一旦发现哪里起火，他就可以遥控直升机前去灭火；消防员可以不用再等待火警电话，因为只要城市任何一个区域的温度异常，该区域就会在他们的手机屏幕上显现；驾驶员开车进车库的时候，汽车会告知

微课视频：物联网

房间里面的灯该亮了或者窗户该打开了。

小张非常好奇，这是怎样做到的呢？

【知识准备】

一、物联网的概念

物联网是指将互联网的概念扩展到物理设备和日常对象之间的连接中。这些设备嵌入了电子设备、网络连接和其他形式的硬件（如传感器），可以通过网络与其他人通信和交互，并且可以远程监控。物联网即“万物相连的互联网”，是在互联网基础上延伸和扩展的网络，也是将各种信息传感设备与互联网结合起来而形成的一个巨大网络，在任何时间和任何地点都能实现人、机、物的互联互通。

二、物联网的关键技术

物联网是近几年的热门话题，目前的发展情况较好，特别是在智慧城市、工业、安防和交通等领域，都取得了较为突出的成就。但在要求物联网实现越来越多功能的同时，其相关技术的难度也越来越大。

要推动物联网产业更好地发展，必须从低功耗、高效率和安全性等方面出发，以下几项关键技术的应用变得更加重要、更加严格。

（一）射频识别技术（RFID）

射频识别技术是一种通信技术，可通过无线电信号识别特定目标并读写相关数据，而无需在识别系统与特定目标之间建立机械或光学接触。它相当于物联网的“嘴巴”，负责让物体“说话”。射频识别技术主要的表现形式就是“RFID（radio frequency identification）”标签，它具有抗干扰性强（不受恶劣环境的影响）、识别速度快（一般情况下小于 100 ms 即可完成识别）、安全性高（所有标签数据都会有密码加密）、数据容量大（可扩充到 10 K）等优点。其主要工作频率有低频、高频以及超高频。

射频识别技术目前在许多方面都有应用，如仓库物资、物流信息追踪、医疗信息追踪、固定资产追踪。该技术发展涉及的难点问题在于最佳工作频率的选择和机密性的保护等，特别是超高频频段技术的应用还不够广泛，技术不够成熟，相关产品价格昂贵，稳定性不高，国际上也没有统一的标准。

（二）传感器技术

传感器能感受规定的被测量值，如温度、湿度、电压和电流，并按照一定的规律转换成可用输出信号。它相当于物联网的“耳朵”，负责接收物体“说话”的内容。传感器技术可应用于生活中空调制冷剂液位的精确控制、数字医疗捕捉电压信号等。

传感器技术的难点在于恶劣环境的考验，自然环境中温度等因素会引起传感器零点漂移和灵敏度的变化。同时，传感器在安装时需要考虑如何克服横向力等问题。

（三）无线网络技术

当物体与物体“交流”的时候，需要高速的、可进行大批量数据传输的无线网络，无线网络的速度决定了设备连接的速度和稳定性。若无线网络的速率太低，会出现设备反应滞后或者连接失败等问题。

目前，通信市场已经逐渐从4G网络转向5G网络，5G网络作为第五代移动通信技术，将把移动市场推向一个全新的高度，而物联网的发展也因其得到很大的突破。

（四）人工智能技术

人工智能是研究、开发用于模拟、延伸和扩展人的智能的相关理论、方法、技术及应用系统的一门新的技术科学。

人工智能与物联网是密不可分的，AI技术相当于物联网的“大脑”，负责学习与思考。其研究领域有智能机器人、虚拟现实技术与应用、工业过程建模与智能控制、机器翻译、知识发现与机器学习等。物联网负责将物体连接起来，而人工智能负责将连接起来的物体进行学习，进而使物体实现智能化。

（五）云计算技术

云计算是把一些相关网络技术和计算机发展融合在一起的产物。它提供动态的、可伸缩的、虚拟化的、资源的计算模式，具有十分强大的运算能力，运算能力高达每秒10万亿次，可以实现模拟核爆炸、预测气候变化和市场发展趋势等。同时，它具有超强的存储能力，同样相当于物联网的“大脑”，还具有计算和存储能力。

云计算将计算分布在大量的分布式计算机上，意味着计算能力也可以作为一种商品进行流通，就像煤气、水、电一样，取用方便，费用低廉。例如，经常使用的“百度一下”搜索功能就是其应用之一。

三、物联网的应用

物联网产业发展涉及的应用领域有物流、交通、安防、能源环保、医疗、建筑、制造、家居、零售和农业等。

（一）物流

在物联网、大数据和人工智能的支撑下，物流的各个环节已经具有系统感知、全面分析处理等功能。

物联网领域的应用主要有仓储、运输监测和快递终端等。结合物联网技术，可以监测货物的温湿度和运输车辆的位置、状态、油耗和速度等。党的二十大报告提出：“加快发展物联网，建设高效顺畅的流通体系，降低物流成本。”这项战略性举措对推动构建新发展格局具有重要的现实意义。

（二）交通

物联网与交通的结合主要体现在人、车、路的紧密结合，使得交通环境得到改善，交通安全得到保障，资源利用率在一定程度上也得到提高，可具体应用在智能公交车、共享单车、车联网、充电桩监测、智能红绿灯、智慧停车等方面。互联网企业中竞争较为激烈的是车联网企业。

（三）安防

传统的安防依赖人力，而智能安防可以利用设备减少对人员的依赖。最核心的智能安防系统主要包括门禁、报警和监控。目前视频监控用得比较多，该系统可以传输存储图像，也可以对图像进行分析处理。

(四) 能源环保

能源环保与物联网的结合包括水能、电能、燃气等资源以及路灯、井盖、垃圾桶这类环保装置。例如,智能井盖可以监测水位,智能水电表可以远程获取读数。将水、电、光能设备联网,可以提高利用率,减少不必要的损耗。

(五) 医疗

利用物联网技术可以获取数据,完成人和物的智能化管理。在医疗领域中的可穿戴设备方面,可以将数据形成电子文件,方便查询。通过传感器,可穿戴设备可以监测人的心跳频率、体力消耗和血压高低。利用 RFID 技术可以监控医疗设备、医疗用品,实现医院的可视化、数字化。

(六) 建筑

建筑与物联网的结合体现在节能方面,与医院医疗设备的管理类似,智慧建筑对建筑设备进行感知,可以节约能源,同时减少运维人员成本,可具体应用于用电照明、消防监测、智慧电梯、楼宇监测等方面。

(七) 制造

制造领域涉及的行业范围较广。制造与物联网的结合,主要是数字化、智能化的工厂,有机械设备监控和环境监控,其中,环境监控主要针对温湿度和烟感。设备厂商们能够远程升级维护设备,了解其使用状况,收集其他关于产品的信息,有利于以后的产品设计和售后。

(八) 家居

家居与物联网的结合,使得很多智能家居类的企业走向物物联动。而智能家居行业的发展首先是单品连接,物物联动处于中间阶段,最终阶段是平台集成。利用物联网技术,可以监测家居产品的位置、状态和变化,及时进行分析反馈。

(九) 零售

零售与物联网的结合体现在无人便利店和自动售货机。智能零售将零售领域的售货机、便利店做数字化处理,形成无人零售的模式,从而节省人力成本,提高经营效率。

(十) 农业

农业与物联网的融合体现在农业种植和畜牧养殖。农业种植方面,利用传感器、摄像头和卫星来促进农作物和机械装备的数字化发展;畜牧养殖方面,通过可穿戴设备、摄像头来收集数据,然后分析并使用算法判断畜禽的状况,精准管理畜禽的健康、喂养、位置等。

通过物联网技术获取数据,利用云技术、边缘计算、人工智能技术分析处理,可以让生活更加数字化、智能化。物联网作为获取数据的入口,有很大的发展潜能。

【课堂研讨】

对日常生活中用到的传感器技术进行讨论。

【拓展训练】

开展研究智能公交中物联网技术应用的活动。

任务三　认知人工智能

【任务描述】

当消费者申请信用卡或贷款时，消费者的信用评分将起到至关重要的作用。在过去，都是由贷款工作人员审查这些贷款和信用卡申请。现在，虽然仍有很多工作人员，但许多关于信用卡的决定或者是否接受消费者的申请，都是由人工智能中的机器学习系统完成的。银行管理人员可以设置使当前的信贷标准变得宽松或紧缩的参数。他们希望银行的机器学习系统能够随着时间的推移而学习，以便更精准地确定哪些申请人是安全的借贷者。

小张想要知道，除了机器学习，人工智能还涉及哪些关键技术。

微课视频：人工智能

【知识准备】

一、人工智能的概念

人工智能(artificial intelligence，简称 AI)，是研究、开发用于模拟、延伸和扩展人的智能的理论、方法、技术及应用系统的一门新技术科学。

人工智能是一个很宽泛的概念，概括而言是对人的意识和思维过程的模拟，利用机器学习和数据分析方法赋予机器人类的能力。人工智能是计算机科学的一个分支，它企图了解智能的实质，并生产出一种新的能以人类智能相似的方式作出反应的智能机器，该领域的研究包括机器人、语言识别、图像识别、自然语言处理和专家系统等。

人工智能自诞生以来，在理论和技术上越来越成熟，应用领域在不断扩大，可以设想，未来人工智能带来的科技产品，将会是人类智慧的“容器”。人工智能可以对人的意识、思维的信息过程进行模拟。虽然人工智能不是人的智能，但可以像人那样思考，最终可能超过人的智能。

二、人工智能的关键技术

人工智能技术关系到人工智能产品是否可以顺利应用到人们日常生活场景中去的问题。人工智能领域普遍包含了机器学习，知识图谱，自然语言处理，人机交互，计算机视觉，生物特征识别，VR、AR 等关键技术。

(一) 机器学习

机器学习(machine learning，简称 ML)是一门涉及统计学、系统辨识、逼近理论、神经网络、优化理论、计算机科学和脑科学等诸多领域的交叉学科，研究计算机怎样模拟或实现人类的学习行为，以获取新的知识或技能，重新组织已有的知识结构，使之不断改善自身的性能，是人工智能技术的核心。基于数据的机器学习是现代智能技术中的重要方法之一，研究从观测数据（样本）出发来寻找规律，利用这些规律对未来数据或无法观测的数据进行预测。根据学习模式将机器学习分类为监督学习、非监督学习和强化学习等。

（二）知识图谱

知识图谱本质上是结构化的语义知识库，是一种由节点和边组成的图数据结构，以符号形式描述物理世界中的概念及其相互关系，其基本组成单位是“实体—关系—实体”三元组以及实体及其相关“属性—值”对。不同实体之间通过关系相互连接构成网状的知识结构。在知识图谱中，每个节点表示现实世界的“实体”，每条边为实体与实体之间的“关系”。通俗地讲，知识图谱就是把所有不同种类的信息连接在一起而得到的一个关系网络，提供了从“关系”的角度去分析问题的能力。

知识图谱可用于反欺诈、不一致性验证、组团欺诈等公共安全保障领域，需要用到异常分析、静态分析、动态分析等数据挖掘方法。知识图谱在搜索引擎、可视化展示和精准营销方面有很大的优势，已成为业界的热门工具。

（三）自然语言处理

自然语言处理是计算机科学领域与人工智能领域中的一个重要方向，研究能实现人与计算机之间用自然语言进行有效通信的各种理论和方法，其涉及的领域较多，主要包括机器翻译、机器阅读理解和问答系统等。

（四）人机交互

人机交互主要研究人和计算机之间的信息交换，主要包括“人—计算机”和“计算机—人”两部分的信息交换，是人工智能领域重要的外围技术。人机交互是与认知心理学、人机工程学、多媒体技术、虚拟现实技术等密切相关的综合学科。传统的人与计算机之间的信息交换主要依靠交互设备进行，主要包括键盘、鼠标、操纵杆、数据服装、眼动跟踪器、位置跟踪器、数据手套、压力笔等输入设备以及打印机、绘图仪、显示器、头盔式显示器、音箱等输出设备。除了传统的基本交互和图形交互以外，人机交互技术还包括语音交互、情感交互、体感交互及脑机交互等。

（五）计算机视觉

计算机视觉是使用计算机模仿人类视觉系统的科学，让计算机拥有类似人类提取、处理、理解和分析图像以及图像序列的能力。自动驾驶、机器人、智能医疗等领域均需要通过计算机视觉技术从视觉信号中提取并处理信息。近年来随着深度学习的发展，预处理、特征提取与算法处理渐渐融合，形成端到端的人工智能算法技术。根据解决的问题，计算机视觉可分为计算成像学、图像理解、三维视觉、动态视觉和视频编解码五大类。

（六）生物特征识别

生物特征识别是指通过个体生理特征或行为特征对个体身份进行识别认证的技术。从应用流程看，生物特征识别通常分为注册和识别两个阶段。其中，注册阶段通过传感器对人体的生物表征信息进行采集，如利用图像传感器对指纹和人脸等光学信息、麦克风对说话声等声学信息进行采集，利用数据预处理以及特征提取技术对采集的数据进行处理，得到相应的特征并进行存储。

生物特征识别技术涉及的内容十分广泛，包括指纹、掌纹、人脸、虹膜、指静脉、声纹和步态等多种生物特征，其识别过程涉及图像处理、计算机视觉、语音识别、机器学习等多项技术。目前生物特征识别作为重要的智能化身份认证技术，在金融、公共安全、教育、交通等领域得到广泛的应用。

（七）VR、AR

VR、AR（即虚拟现实、增强现实）是以计算机为核心的新型视听技术。结合相关科学技术，在一定范围内生成与真实环境在视觉、听觉、触感等方面高度近似的数字化环境。用户借助必要的装备与数字化环境中的对象进行交互，相互影响，获得近似真实环境的感受和体验，其需要通过显示设备、跟踪定位设备、触力觉交互设备、数据获取设备、专用芯片等实现。

VR、AR 展示与交换技术重点研究符合人类习惯的数字内容的各种显示技术及交互方法，以期提高人对复杂信息的认知能力，其难点在于建立自然和谐的人机交互环境。

三、人工智能的应用

（一）天猫精灵

天猫精灵是阿里巴巴集团阿里云智能事业群发布的 AI 智能终端品牌。用户通过对话的交互方式，实现影音娱乐、购物、信息查询、生活服务等功能操作，让天猫精灵成为消费者的家庭助手。天猫精灵不仅能够做到 AI 语音互动，还能够控制各类智能家电产品。例如，在天猫精灵 APP 上接入窗帘、电灯、冰箱、微波炉等智能家电，通过语音下达指令给天猫精灵，天猫精灵控制家电，为消费者提供智能家庭生活体验。

（二）天网监控系统

天网监控系统利用设置在大街小巷的大量摄像头组成了监控网络，是公安机关打击街面犯罪的一项“法宝”，是城市治安的坚强后盾。曾有一名记者来到贵州省贵阳市，经当地警方的许可后，该记者与警方进行了一次模拟演练。警方先用手机拍下记者的面部照片，并将其录入“嫌疑人”名单。随后该记者开始了“潜逃之旅”，他在市中心下车，准备前往车站。在走过一段天桥的时候，该记者发现天桥上有 3 个摄像头。当他经过车站安检时，警方已经在监控中捕捉到他的踪迹。一进车站大厅，该记者就被警察包围了，整个过程只用了 7 分钟。

（三）“小蛮驴”

“小蛮驴”是阿里巴巴推出的物流机器人，集成了人工智能和自动驾驶技术，具有类人的认知智能，大脑应急反应速度达到人类的 7 倍。物流机器人“小蛮驴”是面向末端物流场景、提供最后三公里配送服务的智能机器人。截至 2023 年 3 月 31 日，小蛮驴配送物流订单超 2 900 万单，刷新国内末端无人配送纪录。

（四）电子病历系统

医院通过电子病历系统以无纸化方式记录患者就诊的信息，包括首页、病程记录、检查检验结果、医嘱、手术记录、护理记录等。电子病历系统涉及病人信息的采集、存储、传输、质量控制、统计和利用。电子病历系统在医疗中作为主要的信息源，能帮助医生快速、智能地完成非主观判断性的临床工作内容，辅助其积累临床经验知识，并在与其他医生经验交流、信息共享的过程中提升自己的医疗水平，让医生彻底摆脱重复性的临床工作。电子病历系统推动了医院医疗服务向科技化、规范化、精细化、信息化方向发展。

【课堂研讨】

对生活中人工智能技术的应用进行讨论。

【拓展训练】

开展研究手机唤醒功能用到的人工智能技术的活动。

任务四 理解大数据与云计算、物联网、人工智能的关系

【任务描述】

学习了云计算、物联网和人工智能相关知识后,小张很好奇,大数据和这三者有哪些关系呢?

【知识准备】

一、大数据与云计算的关系

本质上,大数据与云计算的关系是静与动的关系。大数据是计算的对象,是静的概念;而云计算强调的是计算,是动的概念。如果结合实际的应用,云计算强调的是计算能力,大数据看重的是存储能力。但是这并不意味着两个概念就一定是泾渭分明的。一方面,大数据需要具备处理大数据的能力,其实就是具备强大的计算能力;另一方面,云计算的动也是相对而言的,如 Iaas(基础设施即服务)中的存储设备提供的主要是数据存储能力,可谓是动中有静。如果数据是“财富”,那么大数据就是“宝藏”,而云计算就是挖掘和利用“宝藏”的利器。

从技术上来看,大数据和云计算的关系就像一枚硬币的正反面一样密不可分。大数据必然无法用单台的计算机进行处理,必须采用分布式架构。它的特色在于对海量数据进行分布式数据挖掘,但它必须依托云计算的分布式处理、分布式数据库和云存储、虚拟化技术等。

从应用角度上讲,云计算给大数据提供信息化的基础设施,使其能更有效地利用资源;从产业发展的角度上讲,运用云平台,每天可以处理大批量的数据,并对这些数据进行科学、快速、智能的检索。

随着云时代的来临,大数据的关注度也越来越高,分析师团队认为大数据通常用来形容一个企业创造的大量非结构化数据和半结构化数据。

大数据分析常和云计算联系到一起,因为实时的大型数据集分析需要像 MapReduce

(一种编程模型)一样的框架来向数十、数百甚至数千台的计算机分配工作。大数据需要特殊的技术以有效地处理大量的数据。因此适用于大数据的技术，和云平台、云计算是分不开的。

整合是云计算的主要功能，无论采取何种数据分析模型或运算方式，它都是将海量的服务器资源通过网络进行整合，以整理出有效的数据信息，并将其分配给各个目标用户，从而解决用户因存储资源不足所带来的问题。大数据则是数据爆发式增长所带来的一个全新的研究领域，对于大数据的研究，主要集中在如何对其进行存储和有效地分析。大数据主要是依靠云计算技术来进行存储和计算的。

二、大数据与物联网的关系

物联网产生大数据，大数据助力物联网。目前，物联网正在支撑起社会活动和人们生活方式的变革，被称为继计算机、互联网之后冲击现代社会的第三次信息化发展浪潮。物联网在将物品和互联网连接起来，进行信息交换和通信，以实现智能化识别、定位、跟踪、监控和管理的过程中，产生的大量数据也在影响着电力、医疗、交通、安防、物流、环保等领域商业模式的重新形成。物联网联合大数据，正在逐步显示出巨大的商业价值。

例如，街道上随处可见的共享单车，人们在使用时只需打开手机 APP 扫描二维码后单击“确认开锁”，就能打开车锁开始骑行；使用完毕后，将共享单车上的车锁关闭即可，无需在手机上进行操作，系统也能自动判断骑行者已经骑行结束。

三、大数据与人工智能的关系

大数据作为人工智能发展的三个重要基础(数据、算法、算力)之一，本身与人工智能就存在紧密的联系，正是基于大数据技术的发展，目前人工智能技术才在落地应用方面获得了诸多突破。

在当前大数据产业链逐渐成熟的大背景下，大数据与人工智能的结合也在向更全面的方向发展，大数据与人工智能的结合涉及以下几个方式：

(1) 大数据分析。从技术的角度来看，大数据分析是大数据与人工智能一个重要的结合点。机器学习作为大数据重要的分析方式之一，正在被更多的数据分析场景采用。机器学习不仅是人工智能领域的六大主要研究方向之一，还是入门人工智能技术的常见方式。不少大数据研发人员就是通过机器学习转入了人工智能领域。

(2) AIoT(artificial intelligence & Internet of things)技术体系。AIoT 技术体系是人工智能与物联网技术在实际应用中的落地融合。AIoT 技术体系的核心就是物联网与人工智能技术的整合。从物联网的技术层次结构来看，在物联网和人工智能之间还有重要的“一层”，这一层就是“大数据层”，所以在 AIoT 技术体系得到更多重视的情况下，大数据与人工智能的结合也增加了新的方式。

(3) 云计算体系。随着云计算服务的逐渐深入和发展，目前云计算平台正在向“全栈云”和“智能云”方向发展，这两个方向虽然具有一定的区别，但也有一个重要的共同点：都需要大数据的参与，尤其是智能云。

大数据的发展本身开辟出了一个新的价值空间，但是大数据本身并不是目的，大数据的应用才是最终目的，而人工智能正是大数据应用的重要出口，所以未来大数据与人工智能的结合途径会越来越多。

最后，大数据和人工智能的发展还需要两个重要的基础，分别是物联网和云计算，物联网不仅为大数据提供了主要的数据来源渠道，还为人工智能产品的落地应用提供了场景支撑，而云计算则为大数据和人工智能提供了算力支撑。

【课堂研讨】

结合云计算、物联网和人工智能的相关知识，展望这三种技术的综合应用前景，并展开讨论。

【拓展训练】

大数据与云计算和物联网有哪些区别和联系？

项目实训　利用百度地图查看实时公交

【实训背景】

随着生活节奏的加快，人们对了解公交何时到站的需求日益加大。公交作为最大的公共交通设施，成为人们出行必不可缺的工具之一，而加入实时查看公交到站的功能，能够让市民提高出行的效率，避免在公交站过长时间的等待。

小张在暑期去兰州看望年迈的奶奶，准备搭乘公交车前往奶奶家，小张该如何获取实时的公交信息呢？

【实训要求】

利用百度地图查看实时公交。

【知识准备】

实时公交主要是查询城市公交车实时到站信息。无论何时何地，用户通过手机，就可查询到要乘坐的公交车的实时位置、离乘车站还有几站、换乘方案等信息，这样用户可合理计划出行时间，大大缩短候车时间。

实时公交主要有以下几个特色功能：

1. 实时查询

通过手机查询公交车离乘车站还有几站的实时数据，可以随时随地获知车辆到站时间。

2. 公交换乘

除了线路查询、周边站点等便捷的公交查询功能外，更能轻松搜索任意两个地点之间的公交出行建议方案。

3. 站点定位

通过 GPS 精准定位站点，能够判定应用使用者的具体位置，显示周边的站点及经过该站名所有公交线路的列表，更进一步轻松获取经过该站点线路的实时状况。

4. 地图模式

已推出的地图模式，可显示所在位置周边站点位置信息，以地图形式更直观地显示自己所在位置与周边乘车站距离，让乘客减少步行时间。

【实训过程】

在手机中下载安装百度地图 APP，进入首页，展开常用功能，如图 2－3 所示。

图 2－3　展开常用功能

单击“查公交”，在搜索栏中输入想要查询的公交线路、站点即可查询实时公交信息。实时公交查询页面如图 2－4 所示。

图 2－4　实时公交查询页面

以兰州市航天 510 所公交站为例，途经该公交站点的公交线路有 128 路与 138 路，某次搜索时，图 2－5 中显示距离该站点最近的 128 路公交车还有 4 站路，预计 9 分钟后到达该站点，而 138 路公交车还有 3 站路，预计 4 分钟后到达该站点。

单击“128 路”或者“138 路”可使用地图模式查看公交车的具体情况。

图 2－5　实时公交查询

根据实时地图中公交车图标的所在位置可清楚地看到该公交车的到站情况。例如，某实时地图查到甲公交车的行驶状态为在途，即将到达某省检察院站；乙公交车已到达天庆花园站。通过适度放缩地图，可看到各线路上正在行驶的公交车状态，也可看到它们的首站和终点站。

【课堂研讨】

假设小张的奶奶居住在甘肃省气象局站附近的小区中，此时的小张刚刚到达兰州市航天 510 所公交站，那么小张还需多久才能等到公交车呢？

【拓展训练】

请选取自己熟悉的公交站点或公交线路进行实时公交查询。

拓展阅读

云计算助力电信业务增收

根据工信部发布的 2023 年通信业统计公报显示，2023 年电信业务收入累计完成 1.68 万亿元，比上年增长 6.2%。按照上年价格计算的电信业务总量同比增长 16.8%。

分业务来看：① 固定互联网宽带接入业务收入平稳增长。2023 年，完成固定互联网宽带接入业务收入 2 626 亿元，比上年增长 7.7%，在电信业务收入中占比由上年的 15.2%提升至 15.6%，拉动电信业务收入增长 1.2 个百分点。② 新兴业务收入保持较高增速。数据中心、云计算、大数据、物联网等新兴业务快速发展，2023 年共完成业务收入 3 564 亿元，比上年增长 19.1%，在电信业务收入中占比由上年的 19.4%提升至 21.2%，拉动电信业务收入增长 3.6 个百分点。其中，云计算、大数据业务收入比上年均增长 37.5%，物联网业务收入比上年增长 20.3%。③ 5G 网络建设深入推进。截至 2023 年年底，全国移动通信基站总数达 1 162 万个，其中5G基站为337.7万个，占移动基站总数的29.1%，占比较上年年末提升7.8个百分点。

感悟： 云计算是推动信息技术能力实现按需供给、促进信息技术和数据资源充分利用的全新业态，是信息化发展的重大变革和必然趋势。发展云计算，有利于分享信息知识和创新资源，降低全社会创业成本，培育形成新产业和新消费热点，对稳增长、调结构、惠民生和建设创新型国家具有重要意义。云计算已经成为我国社会创新创业的重要基础平台，应用市场需求旺盛，发展前景广阔。

项目三
大数据采集清洗

职业能力目标

1. 能够运用大数据采集与清洗的知识,做好大数据采集与清洗的全面准备工作。

2. 能够使用大数据采集工具采集所需数据。

3. 能够准确把握大数据清洗的内容和目的。

职业素养目标

1. 具备较强的理解能力与实践能力,能够借助工具完成大数据采集与清洗。

2. 具备科学严谨的职业素养,合法合规地进行大数据采集。

3. 具备定义大数据清洗规则的能力。

◇ 知识图谱 ◇

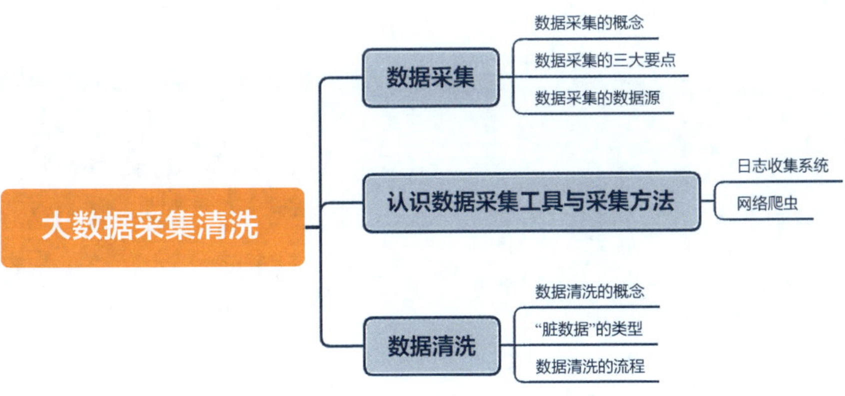

任务一 数据采集

【任务描述】

大数据开启了一个大规模生产、分享和应用数据的时代，它给技术和商业带来了巨大的变化。研究表明，在医疗、零售和制造业领域，大数据每年可以帮助提高劳动生产率0.5%～1%。大数据在核心领域的渗透速度有目共睹。然而，调查显示，未被使用的信息比例高达99.4%，在很大程度上都是由于高价值的信息无法获取采集。因此，在大数据时代背景下，如何从大数据中采集有用的信息，已经是大数据发展的关键因素之一。

小张找到老师并提问：什么是数据采集呢？

【知识准备】

一、数据采集的概念

微课视频：数据采集与预处理

数据采集就是使用某种技术或手段，将数据收集起来并存储在某种设备上。数据采集处于大数据生命周期中的第一个环节，之后的数据分析、数据挖掘都建立在数据采集的基础上。数据采集技术广泛应用在各个领域，比如摄像头和麦克风，都是数据采集工具。

二、数据采集的三大要点

（一）全面性

数据采集具有全面性，采集到的数据需要数量多、范围广，使数据量足够具有分析价值、数据面足够支撑分析需求。比如对于“查看商品详情”这一行为，需要采集用户触发时的环境信息、会话以及背后的用户ID，最后需要统计这一行为在某一时段触发的人数、次数、人均次数、活跃比等。

（二）多维性

数据采集具有多维性，能够灵活、快速地自定义数据的多种属性和不同类型，从而满足不同的分析需求与分析目标。比如“查看商品详情”这一行为，通过埋点，能知道用户查看的商品是什么以及价格、类型、商品ID等多个属性，从而知道用户看过哪些商品、什么类型的商品被查看得多、某一个商品被查看了多少次，而不仅仅是知道用户进入了商品详情页。

（三）高效性

数据采集具有高效性，其包含技术执行的高效性、团队内部成员协同的高效性以及数据分析需求和目标实现的高效性。也就是说，采集数据一定要明确采集目的，带着问题搜集信息，使信息采集更高效、更有针对性。此外，还要考虑数据的及时性。

三、数据采集的数据源

新一代数据体系中，将传统数据体系中没有考虑过的新数据源进行归纳与分类，可将其分为线上行为数据与内容数据两大类。其中，线上行为数据包括页面数据、交互数据、表单数据、会话数据等；内容数据包括应用日志、电子文档、机器数据、语音数据、社交媒体数据等。而大数据的主要来源则可以分为商业数据、互联网数据、传感器数据三大类。

（一）商业数据

商业数据主要来源于企业业务平台的日志文件以及业务处理系统。

许多企业的业务平台每天都会产生大量的日志文件数据。日志文件数据一般由数据源系统产生，用于记录数据源执行的各种操作活动，比如网络监控的流量管理、金融应用的股票记账和 Web 服务器记录的用户访问行为。通过对这些日志信息进行采集，然后进行数据分析，就可以从企业业务平台日志数据中挖掘得到具有潜在价值的信息，为企业决策和企业后台服务器平台性能评估提供可靠的数据保证。日志采集系统能够收集日志数据，用于离线和在线的实时分析。很多互联网企业都有自己的海量数据采集工具，多用于系统日志采集，如 Facebook 的 Scribe、Cloudera 的 Flume、Hadoop 的 Chukwa，这些工具均采用分布式架构，能满足每秒数百 MB 的日志数据采集和传输需求。

许多企业会使用传统的关系型数据库 MySQL 和 Oracle 等来存储业务系统数据。除此之外，Redis 和 MongoDB 这样的 NoSQL 数据库也常用于数据的存储。企业每时每刻产生的业务数据，以数据库一行记录的形式直接写入数据库中。企业可以借助 ETL（Extract－Transform－Load，抽取、转换、加载）工具，把分散在企业不同位置的业务系统的数据，抽取、转换、加载到企业数据仓库中，以供后续商务智能分析使用。通过采集不同业务系统的数据并统一保存到一个数据仓库中，可以为分散在企业不同地方的商务数据提供一个统一的视图，满足企业的各种商务决策分析需求。

（二）互联网数据

互联网数据的采集通常是借助网络爬虫来完成的。所谓网络爬虫，就是一个在网上到处或定向抓取网页数据的程序。利用网络爬虫抓取网页的一般方法是，定义一个入口页面，一般一个页面中会包含指向其他页面的 URL，于是从当前页面获取到这些网址加入爬虫的抓取队列中，进入新页面后再递归地进行上述的操作。爬虫数据采集方法可以将非结构化数据从网页中抽取出来，将其存储为统一的本地数据文件，并以结构化的方式存储。它支持图片、音频、视频等文件或附件的采集，附件与正文可以自动关联。

（三）传感器数据

传感器是一种检测装置，能感受到被测量的信息，并能将感受到的信息，按一定规律变换成为电信号或其他所需形式的信息输出，以满足信息的传输、处理、存储、显示、记录和控制等要求。在工作现场，会安装各种类型的传感器，如压力传感器、温度传感器、流量传感器、声音传感器、电参数传感器。

传感器对环境的适应能力很强，可以应对各种恶劣的工作环境。在日常生活中，温度计、麦克风、DV 录像、手机拍照等功能都属于传感器数据采集的一部分，支持图片、音频、视频等文件或附件的采集工作。

【课堂研讨】

在一些专业的二手平台上，网售大数据采集和定制业务颇多。有些从事信息贩卖的“商家”，兜售着覆盖诸多行业的用户信息，内容颇为庞杂，可谓五花八门。有的“商家”还明码标价，成行成市。这些人打着“专业定制”的旗号，无论需要哪类信息，只要客户提出要求，都能从网上为其采集到。这些数据商的背后隐藏着一条非法获取用户数据的产业链。他们通过专业的“爬虫软件”，侵入搜索引擎、企业网页、公众号及微信朋友圈等，采集各类个人信息及实时数据，经过汇总、整理然后生成所谓的大数据产品出售。

如果任由此类行业继续发展，将会带来怎样的后果？

【拓展训练】

请在网上查找有关数据采集的企业应用实例。

任务二　认知数据采集工具与采集方法

【任务描述】

近年来，由于互联网大数据技术的快速发展以及消费者需求的不断变化，对企业的营销方式也提出了更高的要求，以“产品为中心”的营销观念和手段已无法适应当前市场和消费者需求多样化发展的趋势。某烟草企业就面临着这样的问题。基于大数据采集技术的企业营销创新模式，能够实现对消费者需求变化的及时把控，真正做到以消费者为导向，从而进行有针对性的市场营销活动。

小张想为该烟草公司出谋划策，准备从寻找合适的数据采集工具与方法入手。

在上一个任务中，小张了解到数据采集的数据源主要分为商业数据、互联网数据、传感器数据三大类。根据烟草公司的特性，小张想知道，可以采集到这些数据的工具及方法有哪些呢？

【知识准备】

一、日志收集系统

商业数据主要来源于公司业务平台的日志文件以及业务处理系统，包括 Facebook 的 Scribe、Cloudera 的 Flume 和 Hadoop 的 Chukwa 等。

(一) Scribe

Scribe 是 Facebook 开源的日志收集系统，在 Facebook 内部已经得到应用，其体系架构如图 3－1 所示。Scribe 能够从各种日志源上收集日志，存储到一个中央存储系统(可以是网络文件系统、分布式文件系统等）中，以便进行集中统计分析处理。它为日志的“分布式收集，统一处理”提供了一个可扩展的、高容错的方案。当中央存储系统的网络或者机器出现故障时，Scribe 会将日志转存到本地或者另一个位置。当中央存储系统恢复后，Scribe 会将转存的日志重新传输给中央存储系统。其通常与 Hadoop 分布式文件系统结合使用，Scribe 用于向 HDFS 推送日志，而 Hadoop 通过 MapReduce 作业进行定期处理。

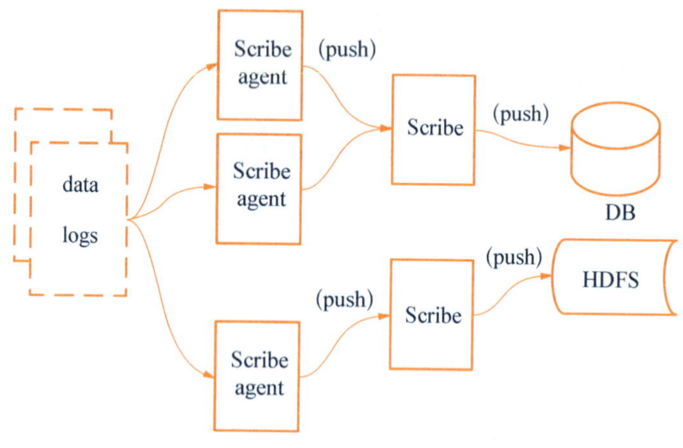

图 3-1　Scribe 体系架构图

（二）Flume

Flume 最早是 Cloudera 提供的日志收集系统，是 Apache 下的一个孵化项目。Flume 支持在日志系统中定制各类数据发送方，用于收集数据。同时，Flume 提供对数据进行简单处理，并写到各种数据接受方（可定制）的功能。Flume 提供了从 console（控制台）、RPC（Thrift-RPC）、text（文件）、tail（UNIX tail）、syslog（syslog 日志系统）、exec（命令执行）等数据源上收集数据的功能，支持 TCP 和 UDP 两种模式。Flume 的体系架构如图 3-2 所示。

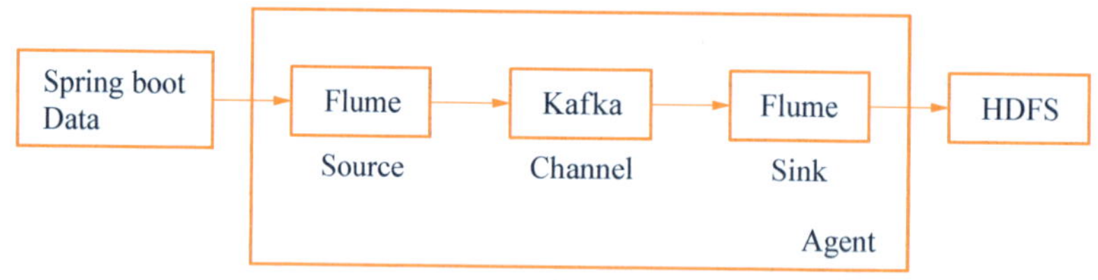

图 3-2　Flume 体系架构图

（三）Chukwa

很多大型企业都有了各自基于 Hadoop 的应用和扩展，Hadoop 是一个被业界广泛认可并加以应用的分布式存储和计算系统。当 1 000 个节点以上的 Hadoop 集群变得常见时，Apache 推出了 Chukwa 用于数据采集与管理。

Chukwa 是一个开源的用于监控大型分布式系统的数据收集系统。这是构建在 Hadoop 的 HDFS 和 Mapreduce 框架之上的，继承了 Hadoop 的可伸缩性和稳定性。Chukwa 还包含了一个强大和灵活的工具集，可用于展示、监控和分析已收集的数据。Chukwa 的体系架构如图 3-3 所示。

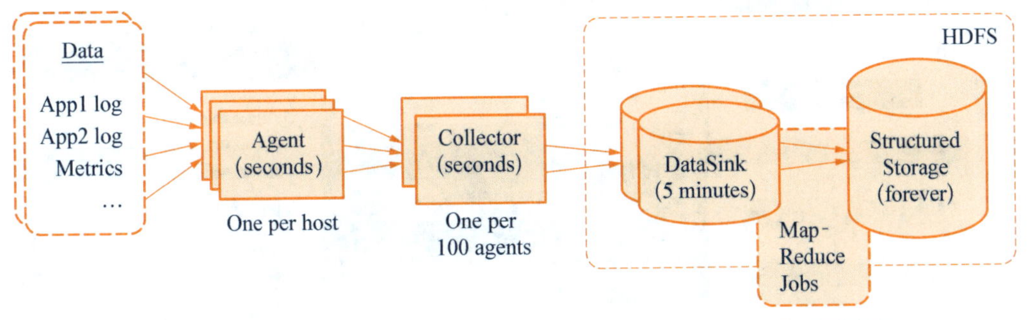

图 3-3　Chukwa 体系架构

二、网络爬虫

（一）Python 网络爬虫

Python 由荷兰数学和计算机科学研究学会的 Guido van Rossum 于 20 世纪 90 年代初设计，被称为"ABC 语言的替代品"。Python 提供了高效的高级数据结构，还能简单有效地面向对象编程。Python 语法和动态类型以及解释型语言的本质，使它成为多数平台上写脚本和快速开发应用的编程语言，随着版本的不断更新和语言新功能的添加，逐渐被用于独立、大型项目的开发。

网络爬虫是一个自动提取网页的程序，它为搜索引擎从万维网上下载网页，是搜索引擎的重要组成部分。传统爬虫从获得一个或若干个初始网页的 URL 开始，在抓取网页的过程中，不断从当前页面上抽取新的 URL 放入队列，直到满足系统一定的停止条件。聚焦爬虫的工作流程较为复杂，需要根据一定的网页分析算法过滤与主题无关的链接，保留有用的链接并将其放入等待抓取的 URL 队列，再根据一定的搜索策略从队列中选择下一步要抓取的网页 URL，并重复上述过程，直到满足系统的某一条件时停止。另外，所有被爬虫抓取的网页将会被系统存贮，进行一定的分析、过滤，并建立索引，以便之后的查询和检索。对于聚焦爬虫来说，这一过程所得到的分析结果还可能对以后的抓取过程给出反馈和指导。

（二）八爪鱼采集器

八爪鱼采集器是一款可视化免编程的网页采集软件，它可以从不同网站中快速提取规范化数据，帮助用户实现数据的自动化采集、编辑以及规范化，降低工作成本。其工作流程如图 3-4 所示。云采集是它的一大特色，相比其他采集软件，云采集能够做到更加精准、高效和大规模。它通过模拟人的操作方式（如打开网页、点击网页中的某个按钮）对网页数据进行全自动提取。流程中的每个步骤可以看作每个对网页的操作，点击流程步骤可执行该步骤，可逐个执行流程步骤、观察网页和预览数据变化来验证采集设置是否正确，可以对每个步骤的设置进行修改。

（三）集搜客采集器

集搜客采集器是一款简单易用的网页信息抓取软件，能够抓取网页文字、图表、超链接等多种网页元素。它同样可以通过简单可视化流程进行采集，服务于任何对数据有采集需求的人群。集搜客网络爬虫系统由服务器和客户端两部分组成，服务器用来存储规则和线索（待抓网址），MS 谋数台用来制作网页抓取规则，DS 打数机用来采集网页数据。根据使用向导可对工作台进行设置，如图 3-5 和图 3-6 所示，从而抓取数据。

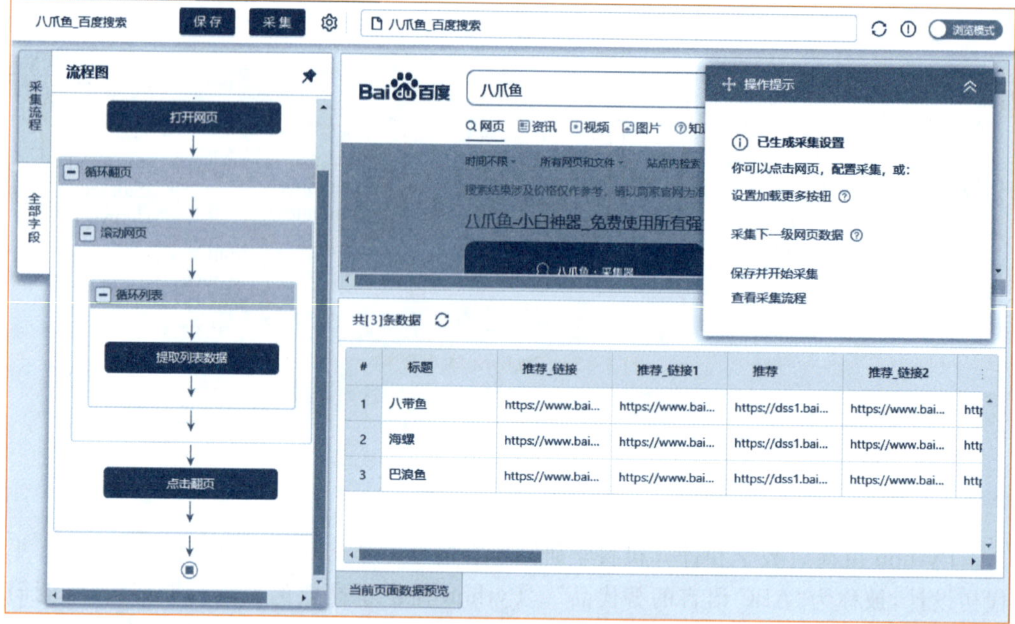

#	标题	推荐_链接	推荐_链接1	推荐	推荐_链接2
1	八带鱼	https://www.bai...	https://www.bai...	https://dss1.bai...	https://www.bai...
2	海螺	https://www.bai...	https://www.bai...	https://dss1.bai...	https://www.bai...
3	巴浪鱼	https://www.bai...	https://www.bai...	https://dss1.bai...	https://www.bai...

图 3-4　八爪鱼采集器工作流程

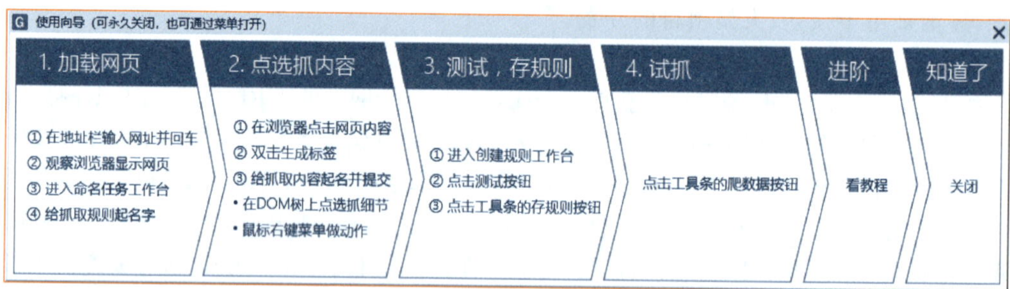

图 3-5　集搜客使用向导

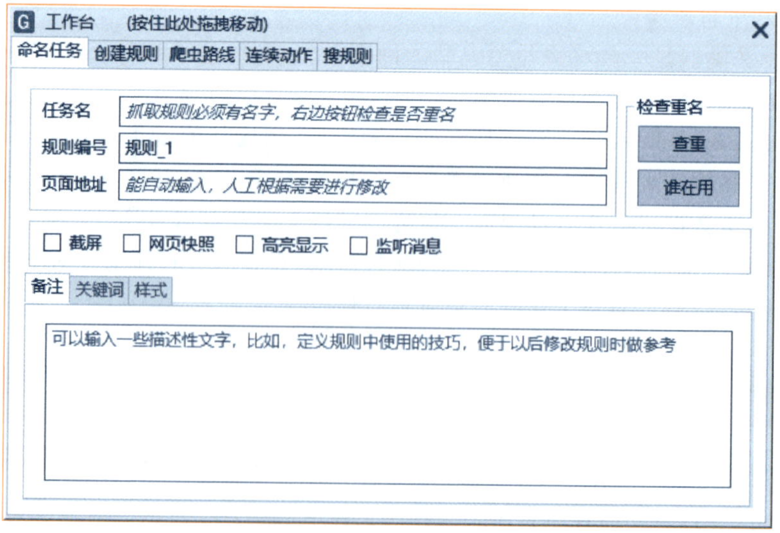

工作台　（按住此处拖拽移动）

命名任务　创建规则　爬虫路线　连续动作　搜规则

任务名	抓取规则必须有名字，右边按钮检查是否重名	检查重名：查重
规则编号	规则_1	谁在用
页面地址	能自动输入，人工根据需要进行修改	

☐ 截屏　☐ 网页快照　☐ 高亮显示　☐ 监听消息

备注　关键词　样式

可以输入一些描述性文字，比如，定义规则中使用的技巧，便于以后修改规则时做参考

图 3-6　集搜客工作台

【课堂研讨】

哪一种数据采集工具更适合小张？理由是什么？

【拓展训练】

尝试使用至少两种工具，采集“链家”平台广州地区的租房信息数据。

任务三　数据清洗

【任务描述】

数据质量的高低对工业、经济等社会的方方面面会产生重大影响，数据质量问题及其所导致的知识和决策错误已经在全球范围内造成了恶劣的后果，严重困扰着信息社会。大数据的广泛应用对数据质量的保障提出了迫切需求。数据清洗是数据质量管理的重要方面，其内容十分丰富，包括缺失数据处理、实体识别与真值发现、错记的主动发现与修复等。

小张对此产生了疑惑：什么是数据清洗呢？如何清洗“脏数据”呢？

【知识准备】

一、数据清洗的概念

数据清洗是一种对数据进行重新审查和校验的过程，目的在于删除重复信息、纠正存在的错误，并提供数据一致性。

来自多样化数据源的数据内容并不一定完美，可能会存在许多“脏数据”，即数据存在不完整、有缺失、错误、重复、不一致或冲突等缺陷。通过数据清洗对数据进行审查和校验，发现不准确、不完整或不合理的数据，进而删除重复信息，纠正存在的错误，并保持数据的一致性、精确性、完整性和有效性，从而提高数据的质量。

数据清洗对随后的数据分析非常重要，因为它能提高数据分析的准确性。但是，数据清洗依赖复杂的关系模型，会带来额外的计算和延迟，因此必须在数据清洗模型的复杂性和分析结果的准确性之间进行平衡。

二、“脏数据”的类型

“脏数据”主要有三种类型：残缺数据、错误数据、重复数据。

（一）残缺数据

残缺数据主要是一些应该有的信息缺失，如供应商的名称、分公司的名称、客户的区域信息缺失、业务系统中主表与明细表不能匹配等。应将这一类数据过滤出来，按缺失的内容分别写入不同 Excel 文件向客户提交，并要求在规定的时间内补全。补全后才能写入数据仓库。

（二）错误数据

数据产生错误的原因是业务系统不够健全，在接收输入后没有进行判断而是直接写入后台数据库，如数值数据输成全角数字字符、字符串数据后面有回车操作、日期格式不正确、日期越界。对于这一类数据要将其进行分类。对于类似于全角字符、数据前后有不可见字符的问题，只能通过写 SQL 语句的方式找出来，并要求客户在业务系统修正之后抽取；日期格式不正确的或者是日期越界的这一类错误会导致 ETL 运行失败，这一类错误需要在业务系统数据库中用 SQL 语句的方式挑出来，交给业务主管部门要求限期修正，修正之后再抽取。

（三）重复数据

对于重复数据，需将其记录的所有字段导出来，让客户确认并整理。数据清洗是一个反复的过程，不可能在几天内完成，只能不断地发现问题、解决问题。

一般要求客户确认是否过滤、是否修正，对于过滤掉的数据，写入 Excel 文件或者将过滤数据写入数据表，在 ETL 开发的初期可以每天向业务单位发送过滤数据的邮件，促使他们尽快地修正错误，同时也可以将其作为将来验证数据的依据。

三、数据清洗的流程

在实际操作中，数据清洗通常会占据分析过程 50%～80%的时间。浅层次的数据清洗流程如图 3-7 所示。

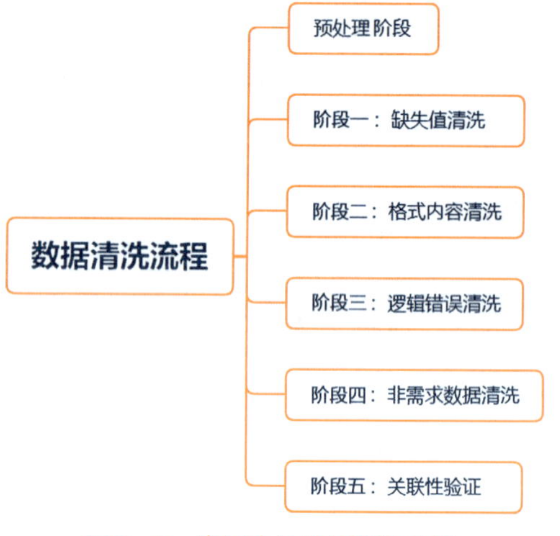

图 3-7　浅层次的数据清洗流程

（一）预处理阶段

1. 将数据导入处理工具

2. 查看数据

（1）查看元数据，包括字段解释、数据来源、代码表等一切描述数据的信息。

（2）抽取一部分数据，使用人工查看方式，对数据本身有一个直观的了解，并且初步发现一些问题，为之后的处理做准备。

（二）阶段一：缺失值清洗

缺失值是最常见的数据问题，处理缺失值也有很多方法。首先，确定缺失值范围，对每个字段都计算其缺失值比例，再按照缺失值比例和字段重要性分别制定策略。数据的缺失率与重要性关系比例如图 3-8 表示。

如果缺失值的重要性较高，为了保证数据的准确性，往往会将数据进行补全。缺失值补全的方法有：① 以同一指标的计算结果（均值、中位数、众数等）填充；② 以业务知识或经验推测填充；③ 以不同指标的计算结果填充等。当缺失值重要性较低且缺失率也较低时，可通过简单填充的方式将数据补全。如果某些指标非常重要但缺失率高，那就需要和取数人员或业务人员沟通是否有其他渠道可以获取相关数据。

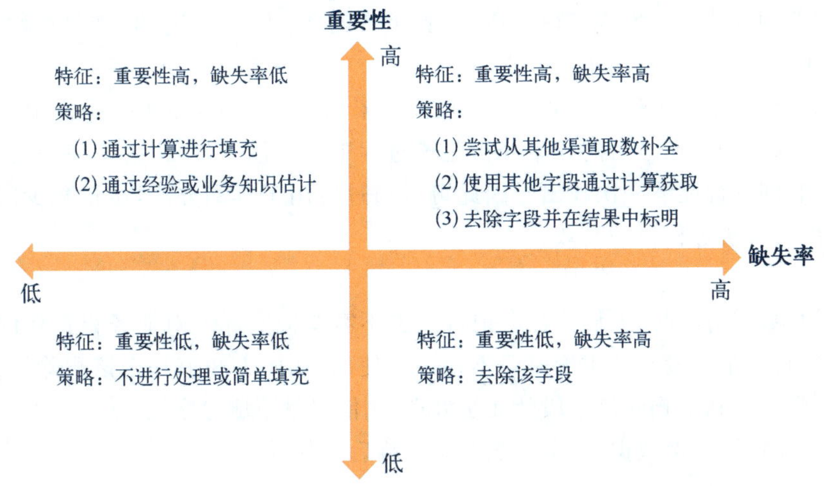

图 3-8 数据的缺失率与重要性关系比例

(三) 阶段二：格式内容清洗

如果数据是从系统日志中获取的，那么在格式和内容上与元数据的描述保持一致。而如果数据是由人工收集或用户填写的，则很可能在格式和内容上存在一些问题。

1. 时间、日期、数值、全半角等显示格式不一致

时间、日期、数值、全半角等显示格式不一致的问题通常与输入端有关，在整合多来源数据时可能遇到。处理方式为将其整理成一致的某种格式。

2. 内容中含有不该存在的字符

内容中含有不该存在的字符，例如，在姓名中存在数字符号，在身份证号中出现汉字等问题。在这种情况下，需要以“半自动校验、半人工”方式来找出可能存在的问题，并去除不需要的字符。

3. 内容与该字段应有内容不符

内容与该字段应有内容不符，例如，在姓名栏中填写了性别，在身份证号栏中填写了手机号等。此时不能简单地将错误数据进行删除，而需要对这类数据进行单独处理。造成这个问题的原因有：① 人工填写错误；② 前端没有校验；③ 导入数据时部分或全部存在列没有对齐。因此要详细识别问题类型，逐一进行处理。

(四) 阶段三：逻辑错误清洗

逻辑错误清洗的工作是去掉一些使用简单逻辑推理就可以直接发现问题的数据，防止分析结果走偏，主要包含去重、去除不合理值以及修正矛盾内容。

1. 去重

当表格中出现两条或多条完全相同的数据时，应将重复值进行删除。

2. 去除不合理值

例如，用 1～7 级量表测量的变量出现了 0 值，体重出现了负数，都应视为超出正常值域范围。对这些不合理的数值应进行有针对性的删改。

3. 修正矛盾内容

有些字段是可以互相验证的。例如，许多调查对象说自己开车上班，又报告没有汽车；或者调查对象报告自己是某品牌的重度购买者和使用者，但同时又在熟悉程度量表

上给了很低的分值。当发现字段矛盾时，要列出问卷序号、记录序号、变量名称、错误类别等，便于进一步核对和纠正。

逻辑错误除了以上列举的情况，还有很多未列举的情况，在实际操作中要酌情处理。另外，这一步骤在之后的数据分析建模过程中有可能重复，因为即使问题很简单，也并非所有问题都能够一次找出。因此可以通过使用工具和方法，尽量减少问题出现的可能性，使分析过程更为高效。

（五）阶段四：非需求数据清洗

在进行数据清洗时，人们往往会把看上去不需要但实际上对业务很重要的字段删除，或者觉得某个字段有使用价值但不知如何使用，从而不知道是否该删除。此时，如果数据量没有大到不删除该字段就无法处理，则能尽量不删除字段。

此外，应该勤备份数据，以免误删数据影响后续分析。

（六）阶段五：关联性验证

如果数据有多个来源，则有必要进行关联性验证。例如，同时获得某品牌汽车的线下购买信息以及相应汽车品牌的电话客服问卷信息，两者通过姓名和手机号进行关联。同一个人线下登记的车辆信息和线上问卷问出来的车辆信息如果不是同一辆，则该条数据需要调整或去除。

【课堂研讨】

小张现在收集到一份“链家”平台广州地区的房屋出租信息，应利用什么工具对这份数据进行清洗？

【拓展训练】

请使用至少两种工具对采集后的“链家”平台数据进行数据清洗。

项目实训一　熟悉大数据基础与实务课程实训平台

操作录屏：认识基于Python语言的大数据统计分析虚拟仿真系统

【实训背景】

在电视剧和电影中，小张常常看到程序员在闪光的屏幕上迅速地输入一串串“1”和“0”，但现代编程没有这么神秘，编程只是输入指令让计算机来执行。这些指令可能运算一些数字，修改文本，在文件中查找信息，或通过因特网与其他计算机进行通信。

【实训要求】

认识并了解大数据基础与实务课程实训平台。

【知识准备】

京东是中国自营式电商企业，旗下设有京东商城、京东金融、拍拍网、京东智能、O2O及海外事业部等。企业在2013年正式获得虚拟运营商牌照。2014年5月，京东在美国纳斯达克证券交易所正式挂牌上市。

2015年7月，京东凭借高成长性入选纳斯达克100指数和纳斯达克100平均加权指数。2016年6月与沃尔玛达成深度战略合作，1号店并入京东。2017年4月25日，京东集团宣布正式组建京东物流子集团。2017年8月3日，2017年“中国互联网企业100强”榜单发布，京东排名第四位。2019年7月，2019年《财富》世界500强榜单发布，京东位列第139位。

京东最早是在1998年6月18日创立的，在2013年正式获得虚拟运营商牌照后，自2014年在美国上市起，京东迎来蓬勃的发展，直到2018年9月发生“刘强东事件”，刑事诉讼到2018年12月月底以刘强东无罪结案，这次事件给京东造成巨大损失，市值损失150亿美元，折合人民币1 000多亿元。此次事件之后，在2020年6月18日，京东在港二次上市，这是继阿里、网易之后，中概股第三家公司二次上市。

【实训过程】

(1) 在浏览器(建议使用谷歌浏览器)中输入系统网址 http://111.230.195.235:8089/Fstcommonframepython2/，进入系统登录界面。

(2) 在登录界面中，输入账号、密码，单击【登录】按钮，如图3-9所示。

大数据基础与实务课程实训平台

账号登录

请输入账号

请输入密码

登录

图3-9　系统登录界面

（3）本实训以“京东”财务指标数据采集为例。登录进入系统后，进入项目“数据采集”中的案例——“京东”财务指标数据采集，如图3－10所示。

京东，中国自营式电商企业，创始人刘强东担任京东集团董事局主席兼首席执行官，旗下设有京东商城、京东金融、拍拍网、京东智能、O2O及海外事业部等。2013年正式获得虚拟运营商牌照。2014年5月在美国纳斯达克证券交易所正式挂牌上市。2015年7月，京东凭借高成长性入选纳斯达克100指数和纳斯达克100平均加权指数。2016年6月与沃尔玛达成深度战略合作，1号店并入京东。2017年4月25日，京东集团宣布正式组建京东物流子集团。2017年8月3日，2017年“中国互联网企业100强”榜单发布，京东排名第四位。2019年12月18日，人民日报发布中国品牌发展指数100榜单，京东排名第19位。2022年7月12日，2022年的《财富》中国500强排行榜出炉，京东排名第7位。

本实验案例选择京东作为研究对象，通过财务分析，挖掘京东近期的公司发展变化，分析京东这几年经历的事件对财务报表中变化的影响。

图3－10　“京东”财务指标数据采集案例

（4）在当前案例的“业务分析”中查看“案例背景与思考”，补充学习与了解“相关知识”后，可在“知识点练习”中对相关知识进行巩固练习，如图3－11所示。

1. 网络爬虫不能自动采集所有能够访问到的页面内容。
   ○ 正确　○ 错误

2. 从哪里可以找到公开财务数据?
   - ☐ A. 信息披露网站
   - ☐ B. 公司官网
   - ☐ C. 投资者关系网其他平台
   - ☐ D. 累计季报

3. 中国《企业财务通则》中为企业规定的三种财务指标为
   - ☐ A. 偿债能力指标
   - ☐ B. 营运能力指标
   - ☐ C. 盈利能力指标
   - ☐ D. 投资能力指标

图3－11　知识点练习

（5）在左侧导航栏中选择实训任务并查看“任务要求”，如图3－12所示。蓝色字体“东方财富网”为超链接，可点击跳转后查看所需采集的页面内容，跳转后的页面如图3－13所示。

（6）依次完成“商务需求获取”中的相关题目，如图3－14所示。填写“技术需求转化”中的参数，如图3－15所示。

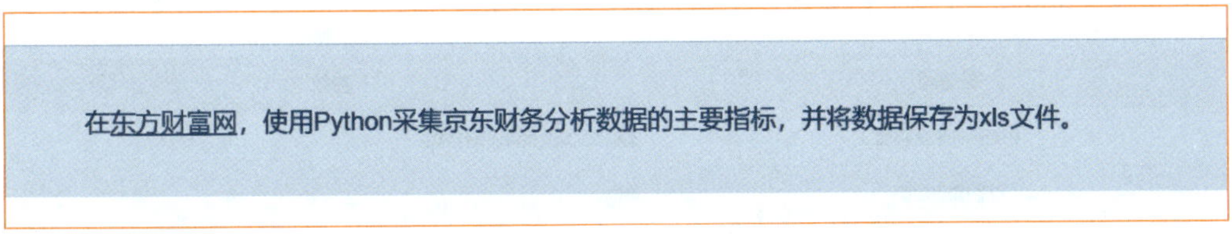

在东方财富网，使用Python采集京东财务分析数据的主要指标，并将数据保存为xls文件。

图 3-12　任务要求

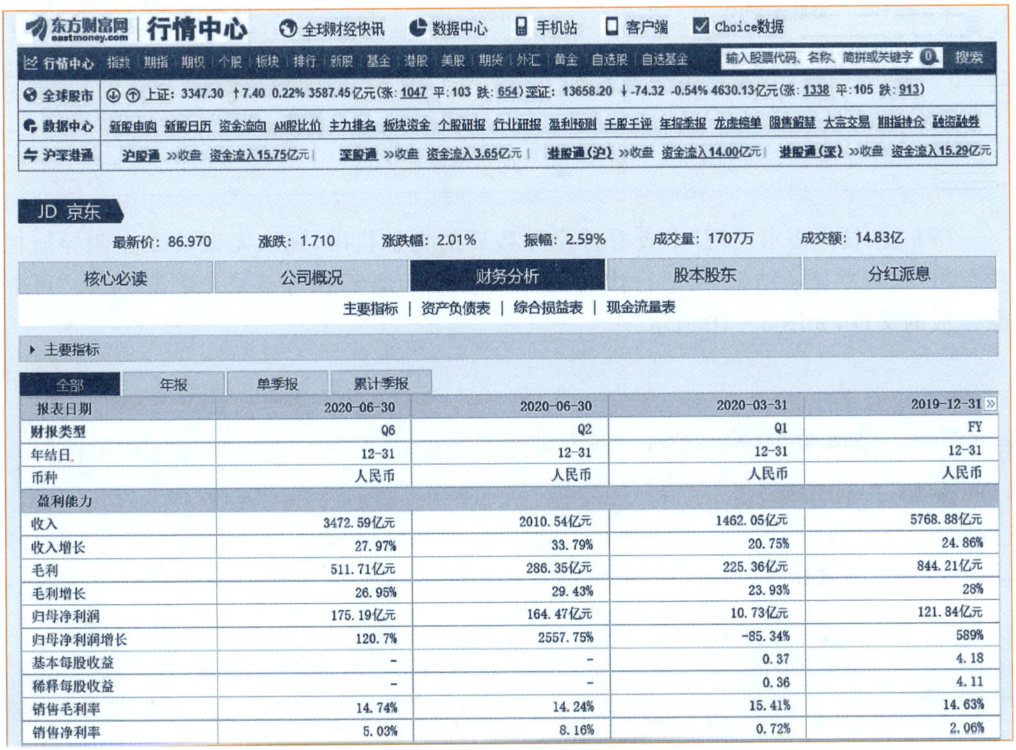

东方财富网 eastmoney.com　行情中心　全球财经快讯　数据中心　手机站　客户端　Choice数据

行情中心　指数｜期指｜期权｜个股｜板块｜排行｜新股｜基金｜港股｜美股｜期货｜外汇｜黄金｜自选股｜自选基金　输入股票代码、名称、简拼或关键字　搜索

全球股市　上证：3347.30 ↑7.40 0.22% 3587.45亿元(涨：1047 平：103 跌：654) 深证：13658.20 ↓-74.32 -0.54% 4630.13亿元(涨：1338 平：105 跌：913)

数据中心　新股申购　新股日历　资金流向　AH股比价　主力排名　板块资金　个股研报　行业研报　盈利预测　千股千评　年报季报　龙虎榜单　限售解禁　大宗交易　期指持仓　融资融券

沪深港通　沪股通 »收盘 资金流入15.75亿元｜深股通 »收盘 资金流入3.65亿元｜港股通(沪) »收盘 资金流入14.00亿元｜港股通(深) »收盘 资金流入15.29亿元

JD 京东

最新价：86.970　涨跌：1.710　涨跌幅：2.01%　振幅：2.59%　成交量：1707万　成交额：14.83亿

核心必读　公司概况　财务分析　股本股东　分红派息

主要指标｜资产负债表｜综合损益表｜现金流量表

主要指标

全部　年报　单季报　累计季报

报表日期	2020-06-30	2020-06-30	2020-03-31	2019-12-31
财报类型	Q6	Q2	Q1	FY
年结日	12-31	12-31	12-31	12-31
币种	人民币	人民币	人民币	人民币
盈利能力				
收入	3472.59亿元	2010.54亿元	1462.05亿元	5768.88亿元
收入增长	27.97%	33.79%	20.75%	24.86%
毛利	511.71亿元	286.35亿元	225.36亿元	844.21亿元
毛利增长	26.95%	29.43%	23.93%	28%
归母净利润	175.19亿元	164.47亿元	10.73亿元	121.84亿元
归母净利润增长	120.7%	2557.75%	-85.34%	589%
基本每股收益	-	-	0.37	4.18
稀释每股收益	-	-	0.36	4.11
销售毛利率	14.74%	14.24%	15.41%	14.63%
销售净利率	5.03%	8.16%	0.72%	2.06%

图 3-13　跳转后的页面

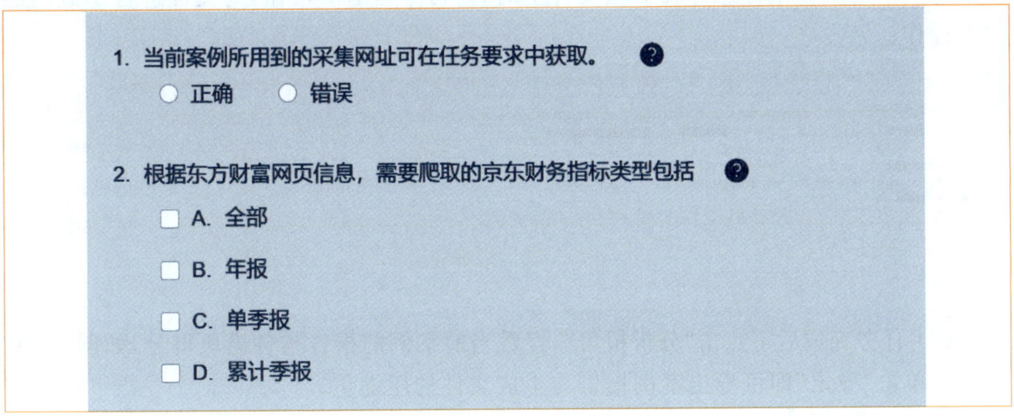

1. 当前案例所用到的采集网址可在任务要求中获取。
   - ○ 正确　○ 错误

2. 根据东方财富网页信息，需要爬取的京东财务指标类型包括
   - □ A. 全部
   - □ B. 年报
   - □ C. 单季报
   - □ D. 累计季报

图 3-14　商务需求获取

关键词	参数
财务指标采集网址	请根据实际采集网址进行填写
财务指标类型1	全部
财务指标类型2	年报
财务指标类型3	单季报
财务指标类型4	累计季报
设置存储数据的数据表名	可自定义

图 3－15　技术需求转化

（7）在“技术需求实现”中查看补全参数后的完整代码，确认无误后在左侧导航栏中单击“执行并显示结果”可运行代码，运行结束后可查看执行结果。单击“下载”可下载生成的文件，如图 3－16 所示。

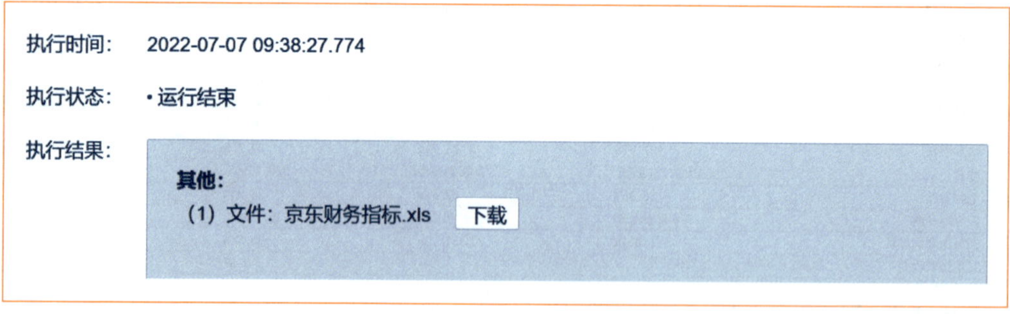

图 3－16　执行并显示结果

还可以单击界面右上角的“数据中心”，选择项目与案例后，查看对应的生成文件，如图 3－17 所示。鼠标悬停在对应文件上时，还可单击对应按钮，对文件进行下载与删除的操作。

图 3－17　数据中心

（8）任务完成后可点击“分析报告”，查看当前案例的报告与各模块得分，如图 3－18 所示。单击“导出”即可导出案例报告与生成文件的压缩包。

（9）在 Excel 中打开生成的表格，查看数据采集结果，共有 4 张表，依次为“全部”“年报”“单季报”“累计季报”，如图 3－19 所示。

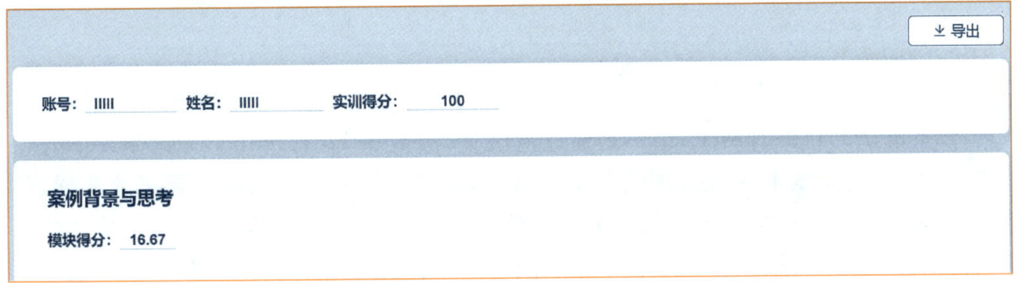

图 3-18 查看各模块得分

	A	B	C	D	E	F	G
1	报表日期	2020-06-30	2020-06-30	2020-03-31	2019-12-31	2019-12-31	2019-09-30
2	财报类型	Q6	Q2	Q1	FY	Q4	Q9
3	年结日	12-31	12-31	12-31	12-31	12-31	12-31
4	币种	人民币	人民币	人民币	人民币	人民币	人民币
5	收入	347259267000	201054058000	146205209000	576888484000	170684038000	406204446000
6	收入增长	27.9691706338723	33.7857683056127	20.7498598108561	24.8622970689875	26.5896397167423	24.1504660283023
7	毛利	51170997000	28635487000	22535510000	84421093000	23998203000	60422890000
8	毛利增长	26.9476911773396	29.4258187981669	23.9324302794804	28.0006713201076	25.1741446171113	29.1590230213558
9	归母净利润	17519434000	16446613000	1072821000	12184155000	3633954000	8550201000
10	归母净利润增长	120.704766343955	2557.75067588641	-85.3422393062129	589.002794552809	175.632908099234	269.643633005677
11	基本每股收益	--	--	0.37	4.18	2.49	2.94
12	稀释每股收益	--	--	0.36	4.11	2.44	2.89
13	销售毛利率	14.7356750021591	14.2426804436845	15.4136163507006	14.633866915603	14.0600159693902	14.8749947458724
14	销售净利率	5.03088258836876	8.16348755318334	0.723081624266889	2.06107286412741	2.08211502472188	2.05223110728827
15	应收账款周转率(次)	43.7772191700149	22.4160862303398	20.2294212751415	66.6900898559678	27.9698821246808	47.4420269039599
16	存货周转率(次)	6.17850123808256	3.82736155148835	2.6946083977317	11.3157279400688	3.21446115475015	8.80225581448238
17	总资产周转率(次)	1.13445579628791	0.650474947047337	0.556527589959052	2.46066350080995	0.675233343964868	1.78552633905164
18	应收账款周转天数	4.11172759285931	4.01497384847611	4.44896563158704	5.39810338803712	3.21774684636884	5.69115650447607
19	存货周转天数	29.1332789399685	23.5148936909296	33.4000295092085	31.8141264889594	27.9984718020322	30.6739551417908
20	总资产周转天数	158.66638487721	138.36044018072	161.717049835071	146.302003456183	133.287256626774	151.215915494928
21	净资产收益率	16.0580161135665	14.9083932371917	1.29142086178181	15.463280769064	4.60720710447935	11.2779303497859
22	总资产净利率	5.72339613012646	5.32101158598999	0.408367451249606	5.19703657261965	1.43760772242482	3.75835598059545
23	流动比率(倍)	1.19498951878119	1.19498951878119	1.05823364995699	0.993411779557858	0.993411779557858	0.976129545655915
24	速动比率(倍)	0.878169421109391	0.878169421109391	0.687914317611962	0.579660968504679	0.579660968504679	0.612609863415482
25	经营业务现金净额/流动负债	0.14582894854212	0.154799523303819	-0.0112921319936309	0.176987196435211	0.0000264325006600448	0.186616223824755
26	资产负债率	55.7412115654022	55.7412115654022	61.141921875436	61.257201614528	61.257201614528	61.8773773119401
27	产权比率	125.943826157312	125.943826157312	157.346746999269	158.112485848463	158.112485848463	162.311438586622
28							

全部 年报 单季报 累计季报

图 3-19 数据采集结果

项目实训二 了解链家房源数据情况

操作录屏："链家"租房数据清洗

【实训背景】

"广州本地宝"作为广州地区的生活服务类公众号，目前策划推出以广大流动人口租房分析为主题的推文。在对各大房源发布平台进行分析后，选择了"链家"平台数据进行分析，对租房房源数据试采集后，发现采集回来的数据"良莠不齐"。为了使房源图鉴更具可信度，作为负责此次租房数据分析的小张，试图对数据进行预处理，以期提升数据质量。

【实训要求】

本案例将对采集后的"链家"平台数据进行数据清洗，以提升数据质量，为后续分析提供数据基础。

【知识准备】

数据清洗的目的有两个，第一是通过清洗让"脏数据"变得可用。无论是线下人工填写的表单，还是线上通过工具收集到的数据，又或者是 CRM 系统中导出的数据，并非所有收集到的数据都能直接用于分析。例如，有些数据中存在重复值、异常值、空值、多余的空格、大小写错误等问题。数据清洗可简要总结为以下六个步骤：

（1）预处理，将数据导入处理工具，同时查看数据发现问题。

（2）缺失值清洗，确定缺失值范围、去除不需要的字段、填充缺失内容、重新取数。

（3）格式内容清洗，主要对时间、日期、数值、全半角等显示格式不一致，内容中有不该存在的字符以及内容与该字段应有内容不符的数据进行清洗。

（4）逻辑错误清洗，主要是去除重复值、去除不合理值、修正矛盾内容。

（5）非需求数据清洗，主要是删去不需要的字段。

（6）关联性验证，如果数据有多个来源，那么有必要进行关联性验证。

【实训过程】

一、案例背景了解与数据下载

登录大数据基础与实务课程实训平台后，在下拉列表中选择"数据清洗"，并在实训任务中下载案例数据。

案例待清洗数据集如图 3－20 所示。

	A	B	C	D	E	F	G	H	I	J	K	L	M	N	O	P	Q	R	S
1	城市	房源标题	房源上架时间	价格	租赁方式	房型	楼层	面积(m²)	朝向	地铁	小区	位置	经度	纬度	房源照片	房源介绍	当前时间	页面网址	深圳市房产局核验码
2	广州	整租·中海金沙里3室2厅	2020-11-18	3000元/月	整租	3室2厅1卫	高楼层/48	89	朝向：东南		中海金沙里	佛山南海金沙洲的中海金沙里	113.21246733352	23.187754497609	https://vrlab-image4.ljc	基本信息 面积：89m²	2020-11-23 16:01:07.718	https://gz.lianjia.com/zufang/	
3	广州			塞纳河五星公							集贤前街7号（白云大道北地铁站A1		113.306898	23.237378	https://image1.ljcdn.com/rent-		2020-11-23 16:01:16.492	https://gz.lianjia.com/apartme	
4	广州	整租·白天鹅花园3室2厅	2020-11-20	1600元/月	整租	3室2厅1卫	中楼层/8层	95	朝向：东南		白天鹅花园	佛山南海金沙洲的白天鹅花园	113.198356	23.130872	https://image1.ljcdn.com/11000	基本信息 面积：95m²	2020-11-23 16:01:25.478	https://gz.lianjia.com/zufang/	
5	广州			塞纳河五星公							南村镇金源路7号（板桥地铁A出口门		113.393648	23.022471	https://image1.ljcdn.com/rent-		2020-11-23 16:01:46.578	https://gz.lianjia.com/apartme	
6	广州	整租·万科四季花城蔷薇苑	2020-11-14	2600元/月	整租	3室2厅1卫	低楼层/6层	88	朝向：西北		万科四季花城蔷薇苑	佛山南海金沙洲的万科四季花城蔷	113.18838878238	23.155067079085	https://image1.ljcdn.com/11000	基本信息 面积：88m²	2020-11-23 16:01:55.474	https://gz.lianjia.com/zufang/	
7	广州			梦之家公馆							广东省广州市荔湾区裕海路，		113.204489	23.073402	https://image1.ljcdn.com/rent-		2020-11-23 16:02:16.257	https://gz.lianjia.com/apartme	
8	广州	整租·沙田中心 2室1厅 东	2020-11-20	1800元/月	整租	2室1厅1卫	低楼层/20	54	朝向：东南		沙田中心	佛山南海金沙洲的沙田中心	113.21145586273	23.183972501548	https://vrlab-image4.ljc	基本信息 面积：54m²	2020-11-23 16:02:25.455	https://gz.lianjia.com/zufang/	

图 3－20　案例待清洗数据集

观察数据集，可发现"深圳市房产局核验码"列中并无数据，"经度""纬度"数据与此次数据清洗目的无关，可将其视为"脏数据"，并在后续的数据清洗操作中将其处理。

二、数据清洗

（一）去除无用的房源信息列

在"任务要求"中可知，该任务的主要内容为去除数据集中与本次数据分析目的无关的数据列，如“经度”“纬度”“深圳市房产局核验码”。

完成“商务需求获取”中的题目后，在“技术需求转化”中填写相关参数，去除无用的房源信息列的参数，如图 3 - 21 所示。

关键词	参数
无用信息1	经度
无用信息2	纬度
无用信息3	深圳市房产局核验码
设置新的数据表名	可自定义

图 3 - 21 去除无用的房源信息列的参数

确认无误后，单击“需求实现”查看完整代码，并单击“执行并显示结果”。代码执行结果如图 3 - 22 所示。

执行时间: 2022-07-07 10:09:46.472

执行状态: • 运行结束

执行结果:

其他:

(1) 文件: 去除无用数据0620.csv 下载

图 3 - 22 代码执行结果

下载生成文件并在 Excel 中打开，可看到“经度”“纬度”“深圳市房产局核验码”已被去除，如图 3 23 所示。

	A	B	C	D	E	F	G	H	I	J	K	L	M	N	O	P
1	城市	房源标题	房源上架时间	价格	租赁方式	房型	楼层	面积(m²)	朝向	地铁	小区	位置	房源照片	房源介绍	当前时间	页面网址
2	广州	整租·中海金沙里 3室2厅东南	2020/11/18	3000元/月	整租	3室2厅1卫 89m²	高楼层/48层	89	朝向：东南		中海金沙里	佛山南海金沙洲的中海金沙	https://vrlab-image4.ljc	基本信息 面积：89	01:07.7	https://gz.lianjia.com/zufang
3	广州			塞纳河五星公寓·白云一期							集贤前街7号（白云大道北		https://image1.ljcdn.com/rent		01:16.5	https://gz.lianjia.com/apartm
4	广州	整租·白天鹅花园 3室2厅东南	2020/11/20	1600元/月	整租	3室2厅1卫 95m²	中楼层/8层	95	朝向：东南		白天鹅花园	佛山南海金沙洲的白天鹅花	https://image1.ljcdn.com/110	基本信息 面积：95	01:25.5	https://gz.lianjia.com/zufang
5	广州			塞纳河五星公寓·板桥一期							南村镇金源路7号（板桥地		https://image1.ljcdn.com/rent		01:46.6	https://gz.lianjia.com/apartm
6	广州	整租·万科四季花城蔷薇苑 3室2厅	2020/11/14	2600元/月	整租	3室2厅1卫 88m²	低楼层/6层	88	朝向：西北		万科四季花城蔷薇苑	佛山南海金沙洲的万科四季	https://image1.ljcdn.com/110	基本信息 面积：88	01:55.5	https://gz.lianjia.com/zufang
7	广州			梦之家公馆·龙溪安居公寓							广东省广州市荔湾区裕海		https://image1.ljcdn.com/rent		02:16.3	https://gz.lianjia.com/apartm

图 3 - 23 去除无用信息列后的数据表

(二) 房源标题缺失值处理

通过查看去除无用数据列后的数据表，可以发现，“房源标题”“房源上架时间”“租赁方式”“房型”“楼层”“面积”“朝向”“地铁”“位置”“房源介绍”各列中均存在缺失情况，这些数值无法通过求均值等操作填补完整。而缺失了“房源标题”信息的行数据往往也会缺失其他字段信息，这些“异常”情况都会对数据的质量造成影响，因此可删除房源标题为空的行数据，从而达到数据清洗的效果。

完成“商务需求获取”中的题目后，在“技术需求转化”中填写相关参数。房源标题缺失值处理的参数如图 3-24 所示。

关键词	参数
去除无用信息后的数据表表名	去除无用数据0620
待处理的列名称	房源标题
处理缺失值后的新表名称	无缺失值0620

图 3-24　房源标题缺失值处理的参数

执行代码后，下载处理后的表格，查看表格数据可知，原来的缺失值已被删除，删除缺失值后的数据表如图 3-25 所示。

	A	B	C	D	E	F	G	H	I	J	K	L	M	N	O	P
1	城市	房源标题	房源上架时间	价格	租赁方式	房型	楼层	面积(m²)	朝向	地铁	小区	位置	房源照片	房源介绍	当前时间	页面网址
2	广州	整租·中海金沙里 3室2厅 东南	2020/11/18	3000元/月 (月付价)	整租	3室2厅1卫 89 m²	高楼层/48层	89	朝向：东南		中海金沙里	佛山南海金沙洲的中海金沙里	https://vrlab-image4.ljcdn.	基本信息 面积：89m²	01:07.7	https://gz.lianjia.com/zufang/FS2507193
3	广州	整租·白天鹅花园 3室2厅 东南	2020/11/20	1600元/月 (月付价)	整租	3室2厅1卫 95 m²	中楼层/8层	95	朝向：东南		白天鹅花园	佛山南海金沙洲的白天鹅花园	https://image1.ljcdn.com/110000-	基本信息 面积：95m²	01:25.5	https://gz.lianjia.com/zufang/FS2526711
4	广州	整租·万科四季花城蔷薇苑 3室2厅 西北	2020/11/14	2600元/月 (月付价)	整租	3室2厅1卫 88 m²	低楼层/6层	88	朝向：西北		万科四季花城蔷薇苑	佛山南海金沙洲的万科四季花城蔷薇苑	https://image1.ljcdn.com/110000-	基本信息 面积：88m²	01:55.5	https://gz.lianjia.com/zufang/FS2508740
5	广州	整租·沙田中心 2室1厅 东南	2020/11/20	1800元/月 (月付价)	整租	2室1厅1卫 54 m²	低楼层/20层	54	朝向：东南		沙田中心	佛山南海金沙洲的沙田中心	https://vrlab-image4.ljcdn.	基本信息 面积：54m²	02:25.5	https://gz.lianjia.com/zufang/FS2342022
6	广州	整租·万科四季花城别墅 3室2厅 南	2020/11/20	10000元/月 (月付价)	整租	3室2厅2卫 200 m² 精装修	低楼层/3层	200	朝向：南		万科四季花城别墅	佛山南海金沙洲的万科四季花城别墅	https://image1.ljcdn.com/440600-	基本信息 面积：200m²	05:58.7	https://gz.lianjia.com/zufang/FS2534715

图 3-25　删除缺失值后的数据表

(三) 房源信息重复值处理

在该任务中，主要对房源信息表中的重复值进行去重。通过观察数据表可知，同一小区内可能有多套房源出租，房源信息也很相近，但“页面网址”是数据表的主键(即每一数值都是唯一的)，可以通过查询“页面网址”了解表格中是否有重复值。查询后发现，在页面网址不同的情况下，房源还是存在较多的相同数据，可能是平台的不同“管家”重复上传了同一房源，所以需要对房源标题进行去重。考虑到可能存在同一小区同一栋楼的情况，可加上“房型”“价格”“楼层”字段作为条件，判断房源数据是否重复。

完成“商务需求获取”中的题目后，在“技术需求转化”中填写相关参数，房源信息重复值处理如图 3-26 所示。

执行代码后，下载处理后的表格，查看表格数据可知，重复值已被清除。无重复值的数据表如图 3-27 所示。

(四) 首尾空格值处理

在该任务中，主要对数据表的空格值进行去除。由于表中数据存在空格，为了让数据排列整齐，同时节省空间，对字符串类型的字段删除其首尾空格。

完成“商务需求获取”中的题目后，在“技术需求转化”中填写相关参数。首尾空格值处理的参数如图 3-28 所示。

关键词	参数
处理缺失值后的数据表表名	无缺失值0620
包含重复项的列01	房源标题
包含重复项的列02	房型
包含重复项的列03	价格
包含重复项的列04	楼层
处理重复值后生成的新表名称	无重复值0620

图 3－26　房源信息重复值处理的参数

	A	B	C	D	E	F	G	H	I	J	K	L	M	N	O	P
1	城市	房源标题	房源上架时间	价格	租赁方式	房型	楼层	面积(m²)	朝向	地铁	小区	位置	房源照片	房源介绍	当前时间	页面网址
2	广州	整租·中海金沙里 3室2厅 东	2020/11/18	3000元/月 (月付价)	整租	3室2厅1卫 89m²	高楼层/48层	89	朝向：东南		中海金沙里	佛山南海金沙洲的中海金沙	https://vrlab-image4.li	基本信息 面积：89	01:07.7	https://gz.lianjia.com/zufa
3	广州	整租·白天鹅花园 3室2厅 东	2020/11/20	1600元/月 (月付价)	整租	3室2厅1卫 95m²	中楼层/8层	95	朝向：东南		白天鹅花园	佛山南海金沙洲的白天鹅花	https://image1.ljcdn.com/11	基本信息 面积：95	01:25.5	https://gz.lianjia.com/zufa
4	广州	整租·万科四季花城蔷薇苑	2020/11/14	2600元/月 (月付价)	整租	3室2厅1卫 88m²	低楼层/6层	88	朝向：西北		万科四季花城蔷薇苑	佛山南海金沙洲的万科四季	https://image1.ljcdn.com/11	基本信息 面积：88	01:55.5	https://gz.lianjia.com/zufa
5	广州	整租·沙田中心 2室1厅 东	2020/11/20	1800元/月 (月付价)	整租	2室1厅1卫 54m²	低楼层/20层	54	朝向：东南		沙田中心	佛山南海金沙洲的沙田中心	https://vrlab-image4.li	基本信息 面积：54	02:25.5	https://gz.lianjia.com/zufa
6	广州	整租·万科四季花城别墅 3	2020/11/20	10000元/月	整租	3室2厅2卫 200m² 精装修	低楼层/3层	200	朝向：南		万科四季花城别墅	佛山南海金沙洲的万科四季	https://image1.ljcdn.com/44	基本信息 面积：200	05:58.7	https://gz.lianjia.com/zufa

图 3－27　无重复值的数据表

关键词	参数
处理重复值后的数据表表名	无重复值0620
对每一个数据进行处理	applymap
处理空格值后生成的新表名称	无空格值0620

图 3－28　首尾空格值处理的参数

执行代码后，下载处理后的表格，查看表格数据可知，无空格值已被清除。无空格值的数据表如图 3－29 所示。

	A	B	C	D	E	F	G	H	I	J	K	L	M	N	O	P
1	城市	房源标题	房源上架时间	价格	租赁方式	房型	楼层	面积(m²)	朝向	地铁	小区	位置	房源照片	房源介绍	当前时间	页面网址
2	广州	整租·中海金沙里 3室2厅 东	2020/11/18	3000元/月 (月付价)	整租	3室2厅1卫 89m²	高楼层/48层	89	朝向：东南		中海金沙里	佛山南海金沙洲的中海金沙	https://vrlab-image4.li	基本信息 面积：89	01:07.7	https://gz.lianjia.com/zufa
3	广州	整租·白天鹅花园 3室2厅 东	2020/11/20	1600元/月 (月付价)	整租	3室2厅1卫 95m²	中楼层/8层	95	朝向：东南		白天鹅花园	佛山南海金沙洲的白天鹅花	https://image1.ljcdn.com/11	基本信息 面积：95	01:25.5	https://gz.lianjia.com/zufa
4	广州	整租·万科四季花城蔷薇苑	2020/11/14	2600元/月 (月付价)	整租	3室2厅1卫 88m²	低楼层/6层	88	朝向：西北		万科四季花城蔷薇苑	佛山南海金沙洲的万科四季	https://image1.ljcdn.com/11	基本信息 面积：88	01:55.5	https://gz.lianjia.com/zufa
5	广州	整租·沙田中心 2室1厅 东	2020/11/20	1800元/月 (月付价)	整租	2室1厅1卫 54m²	低楼层/20层	54	朝向：东南		沙田中心	佛山南海金沙洲的沙田中心	https://vrlab-image4.li	基本信息 面积：54	02:25.5	https://gz.lianjia.com/zufa
6	广州	整租·万科四季花城别墅 3	2020/11/20	10000元/月	整租	3室2厅2卫 200m² 精装修	低楼层/3层	200	朝向：南		万科四季花城别墅	佛山南海金沙洲的万科四季	https://image1.ljcdn.com/44	基本信息 面积：200	05:58.7	https://gz.lianjia.com/zufa

图 3－29　无空格值的数据表

(五) 数据列处理

对数据进行简单处理后,可以看到,有些数据是没办法直接使用的,例如"价格"字段中包含了"(月付价)""分享""关注的房源请在链家 APP 中查看""关注"等无用数据,因此应将价格中的金额单独提出处理,新增"租金"字段储存;"朝向"字段的内容中还含有了"朝向:",删除该字段。为了更改,直接对"朝向"这一字段进行分析,需删除此类"脏数据"。

完成"商务需求获取"中的题目后,在"技术需求转化"中填写相关参数。数据列处理的参数如图 3-30 所示。

关键词	参数
处理空格值后的数据表表名	无空格值0620
新建"租金"列	租金
去除"朝向"列中的多余数据	朝向:
处理数据列后生成的新表名称	数据列处理后0620

图 3-30　数据列处理的参数

执行代码后,下载处理后的表格,查看表格数据可知,"朝向"列中的"朝向:"已被删去,表格末尾已增加了"租金"列,具体如图 3-31 所示。

	A	B	C	D	E	F	G	H	I	J	K	L	M	N	O	P	Q
1	城市	房源标题	房源上架时间	价格	租赁方式	房型	楼层	面积(m²)	朝向	地铁	小区	位置	房源照片	房源介绍	当前时间	页面网址	租金
2	广州	整租·中海金沙里 3室2厅 东	2020/11/18	3000元/月 (月付价)	整租	3室2厅1卫 89m²	高楼层/48层	89	东南		中海金沙里	佛山南海金沙洲的中海金沙	https://vrlab-image4.li	基本信息 面积: 89	01:07.7	https://gz.lianjia.com/zufa	3000
3	广州	整租·白天鹅花园 3室2厅 东	2020/11/20	1600元/月 (月付价)	整租	3室2厅1卫 95m²	中楼层/8层	95	东南		白天鹅花园	佛山南海金沙洲的白天鹅花	https://image1.ljcdn.com/11	基本信息 面积: 95	01:25.5	https://gz.lianjia.com/zufa	1600
4	广州	整租·万科四季花城蔷薇苑	2020/11/14	2600元/月 (月付价)	整租	3室2厅1卫 88m²	低楼层/6层	88	西北		万科四季花城蔷薇苑	佛山南海金沙洲的万科四季	https://image1.ljcdn.com/11	基本信息 面积: 88	01:55.5	https://gz.lianjia.com/zufa	2600
5	广州	整租·沙田中心 2室1厅 东	2020/11/20	1800元/月 (月付价)	整租	2室1厅1卫 54m²	低楼层/20层	54	东南		沙田中心	佛山南海金沙洲的沙田中心	https://vrlab-image4.li	基本信息 面积: 54	02:25.5	https://gz.lianjia.com/zufa	1800
6	广州	整租·万科四季花城别墅 3	2020/11/20	10000元/月	整租	3室2厅2卫 200m² 精装修	低楼层/3层	200	南		万科四季花城别墅	佛山南海金沙洲的万科四季	https://image1.ljcdn.com/44	基本信息 面积: 200	05:58.7	https://gz.lianjia.com/zufa	10000

图 3-31　处理后的房源数据表

(六) 重要信息提取

在"数据列处理"输出表格的基础上,观察发现"房源介绍"中含有较多信息需要提取:"维护""入住""电梯""车位""用水""用电""燃气""租期""看房""配套设施"。而"页面网址"列中不存在重复值。

因此,需要在当前任务中提取这些信息,以"页面网址"为信息索引并临时保存在平台中。通过字段匹配的方式将提取的这些基本信息数据拼接回新表中,从而形成完整的数据集并导出,为后续数据分析与可视化提供高质量的数据。

完成"商务需求获取"中的题目后,在"技术需求转化"中填写相关参数。重要信息提取的参数如图 3-32 所示。

关键词	参数
处理数据列后生成的数据表表名	数据列处理后0620
提取信息01	维护
提取信息02	入住
提取信息03	电梯
提取信息04	车位
提取信息05	用水
提取信息06	用电
提取信息07	燃气
提取信息08	租期
提取信息09	看房
提取信息10	配套设置
匹配字段	页面网址
被提取信息字段名	房源介绍
信息提取后生成的新表名称	提取后0620

图 3-32　重要信息提取的参数

执行代码后，下载处理后的表格，查看表格数据可知，需要提取出来的信息均已新增在原表格的右侧，如图 3-33 所示。

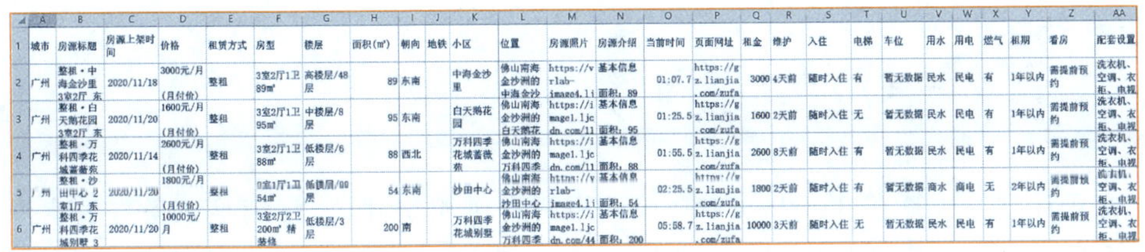

城市	房源标题	房源上架时间	价格	租赁方式	房型	楼层	面积(㎡)	朝向	地铁	小区	位置	房源照片	房源介绍	当前时间	页面网址	租金	维护	入住	电梯	车位	用水	用电	燃气	租期	看房	配套设置
广州	整租·中海金沙里3室2厅 东	2020/11/18	3000元/月 (月付价)	整租	3室2厅1卫 89㎡	高楼层/48层	89	东南		中海金沙里	佛山南海金沙洲的中海金沙	https://vrlab-image4.li	基本信息 面积：89	01:07.7	https://gz.lianjia.com/zufa	3000	4天前	随时入住	有	暂无数据	民水	民电	有	1年以内	需提前预约	洗衣机、空调、衣柜、电视
广州	整租·白天鹅花园3室2厅 东	2020/11/20	1600元/月 (月付价)	整租	3室2厅1卫 95㎡	中楼层/8层	95	东南		白天鹅花园	佛山南海金沙洲的白天鹅花	https://image1.ljcdn.com/11	基本信息 面积：95	01:25.5	https://gz.lianjia.com/zufa	1600	2天前	随时入住	无	暂无数据	民水	民电	有	1年以内	需提前预约	洗衣机、空调、衣柜、电视
广州	整租·万科四季花城蔷薇苑	2020/11/14	2600元/月 (月付价)	整租	3室2厅1卫 88㎡	低楼层/6层	88	西北		万科四季花城蔷薇苑	佛山南海金沙洲的万科四季	https://image1.ljcdn.com/11	基本信息 面积：88	01:55.5	https://gz.lianjia.com/zufa	2600	8天前	随时入住	有	暂无数据	民水	民电	有	1年以内	需提前预约	洗衣机、空调、衣柜、电视
广州	整租·沙田中心 2室1厅 东	2020/11/20	1800元/月 (月付价)	整租	2室1厅1卫 54㎡	低楼层/33层	54	东南		沙田中心	佛山南海金沙洲的沙田中心	https://vrlab-image4.li	基本信息 面积：54	02:25.5	https://gz.lianjia.com/zufa	1800	2天前	随时入住	有	暂无数据	商水	商电	无	2年以内	需提前预约	洗衣机、空调、衣柜、电视
广州	整租·万科四季花城别墅 3	2020/11/20	10000元/月	整租	3室2厅2卫 200㎡ 精装修	低楼层/3层	200	南		万科四季花城别墅	佛山南海金沙洲的万科四季	https://image1.ljcdn.com/44	基本信息 面积：200	05:58.7	https://gz.lianjia.com/zufa	10000	3天前	随时入住	无	暂无数据	民水	民电	有	1年以内	需提前预约	洗衣机、空调、衣柜、电视

图 3-33　新增提取信息的数据表

（七）合并房源信息至表格

需要在重要信息提取后生成的数据表上，将“链家租房房源信息（越秀区）”的表格内容合并进去，并去除一些多余的信息后，生成一张新的广佛地区房源信息表。越秀区房源信息表部分内容如图 3-34 所示。

城市	房源标题	房源上架时间	价格	租赁方式	房型	楼层	面积(㎡)	朝向	地铁	小区	位置	经度	纬度	房源照片	房源介绍	当前时间	页面网址	深圳市房产局核验码	租金	维护	入住	电梯
广州越秀	整租·连新路 2室1厅 东	2020-11-20	2400元/月 (月	整租	2室1厅1卫 65㎡	中楼层/9层	65	东	距离2号线-纪念堂102m	连新路	广州越秀公园前的连新路	113.269787	23.135378	https://image1.ljcdn.com/4	基本信息 面积：65	2020-11-23 18:00:05.	https://gz.lianjia.com/zufang		2400	3天前	随时入住	无
广州越秀	整租·东湖路 2室1厅 西北	2020-11-22	3400元/月 (月	整租	2室1厅1卫 48㎡ 精装修	3/9层	48	西北		东湖路	广州越秀东湖的东湖路	113.29726824392	23.126898017436	https://image1.ljcdn.com/r	基本信息 面积：48	2020-11-23 18:00:14.	https://gz.lianjia.com/zufang		3400	今天	随时入住	无
广州越秀	整租·麓景路 3室1厅 南	2020-11-12	3200元/月 (月	整租	3室1厅1卫 58㎡ 精装修	高楼层/8层	58	南	距离5号线-小北219m	麓景路	广州越秀麓景的麓景路	113.285157	23.155823	https://vrlab-image4.ljc	基本信息 面积：58	2020-11-23 18:00:23.	https://gz.lianjia.com/zufang		3200	11天前	随时入住	无
广州越秀	整租·越秀南路 2室1厅 南	2020-11-12	4650元/月 (月	整租	2室1厅1卫 58㎡	3/8层	58	南	距离6号线-北京路1023m	越秀南路	广州越秀越秀南的越秀南路	113.28480746731	23.125310281444	https://image1.ljcdn.com/r	基本信息 面积：58	2020-11-23 18:00:32.	https://gz.lianjia.com/zufang		4650	11天前	随时入住	无
广州越秀	整租·环市东路 4室2厅 东/	2020-11-13	95000元/月 (月	整租	4室2厅3卫 266㎡	低楼层/3层	266	东 南 西 北	距离5号线-动物园87m	环市东路	广州越秀建设路的环市东路	113.29807211049	23.141004720112	https://image1.ljcdn.com/4	基本信息 面积：	2020-11-23 18:00:41.	https://gz.lianjia.com/zufang		95000	9天前	随时入住	无
广州越秀	整租·东湖御苑 3室2厅 西	2020-11-11	6900元/月 (月	整租	3室2厅2卫 124㎡	8/51层	124	西南	距离6号线-东湖682m	东湖御苑	广州越秀东湖的东湖御苑	113.29381860633	23.125352809862	https://image1.ljcdn.com/r	基本信息 面积：	2020-11-23 18:00:50.	https://gz.lianjia.com/zufang		6900	12天前	随时入住	有

图 3-34　越秀区房源信息表

完成“商务需求获取”中的题目后，在“技术需求转化”中填写相关参数，如图 3－35 所示。

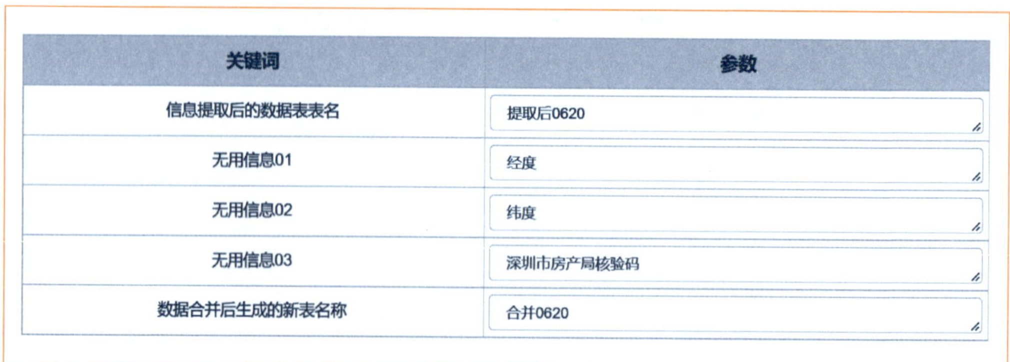

关键词	参数
信息提取后的数据表表名	提取后0620
无用信息01	经度
无用信息02	纬度
无用信息03	深圳市房产局核验码
数据合并后生成的新表名称	合并0620

图 3－35　“合并表格”的参数

执行代码后，下载处理后的表格，查看表格数据可知，越秀区房源信息数据已添加至表格末尾，如图 3－36 所示。

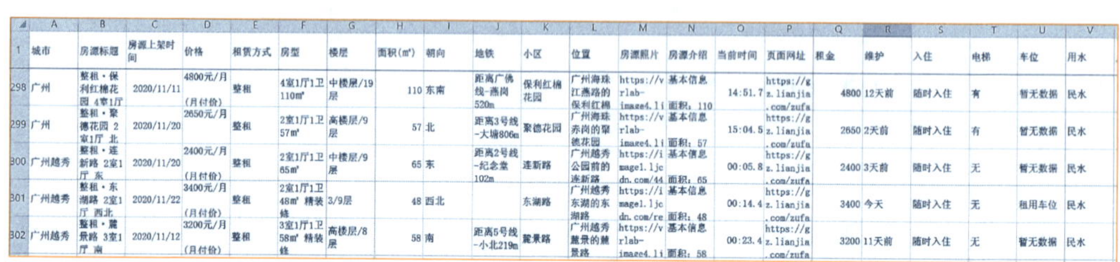

	A	B	C	D	E	F	G	H	I	J	K
1	城市	房源标题	房源上架时间	价格	租赁方式	房型	楼层	面积(m²)	朝向	地铁	小区
298	广州	整租・保利红棉花园 4室1厅	2020/11/11	4800元/月 (月付价)	整租	4室1厅1卫 110m²	中楼层/19层	110	东南	距离广佛线-燕岗520m	保利红棉花园
299	广州	整租・聚德花园 2室1厅 北	2020/11/20	2650元/月	整租	2室1厅1卫 57m²	高楼层/9层	57	北	距离3号线-大塘806m	聚德花园
300	广州越秀	整租・连新路 2室1厅 东	2020/11/20	2400元/月 (月付价)	整租	2室1厅1卫 65m²	中楼层/9层	65	东	距离2号线-纪念堂102m	连新路
301	广州越秀	整租・东湖路 2室1厅 西北	2020/11/22	3400元/月 (月付价)	整租	2室1厅1卫 48m² 精装修	3/9层	48	西北		东湖路
302	广州越秀	整租・麓景路 3室1厅 南	2020/11/12	3200元/月 (月付价)	整租	3室1厅1卫 58m² 精装修	高楼层/8层	58	南	距离5号线-小北219m	麓景路

	L	M	N	O	P	Q	R	S	T	U	V
1	位置	房源照片	房源介绍	当前时间	页面网址	租金	维护	入住	电梯	车位	用水
298	广州海珠江燕路的保利红棉	https://vrlab-image4.li	基本信息 面积：110	14:51.7	https://gz.lianjia.com/zufa	4800	12天前	随时入住	有	暂无数据	民水
299	广州海珠赤岗的聚德花园	https://vrlab-image4.li	基本信息 面积：57	15:04.5	https://gz.lianjia.com/zufa	2650	2天前	随时入住	有	暂无数据	民水
300	广州越秀公园前的连新路	https://image1.ljcdn.com/44	基本信息 面积：65	00:05.8	https://gz.lianjia.com/zufa	2400	3天前	随时入住	无	暂无数据	民水
301	广州越秀东湖的东湖路	https://image1.ljcdn.com/re	基本信息 面积：48	00:14.4	https://gz.lianjia.com/zufa	3400	今天	随时入住	无	租用车位	民水
302	广州越秀麓景的麓景路	https://vrlab-image4.li	基本信息 面积：58	00:23.4	https://gz.lianjia.com/zufa	3200	11天前	随时入住	无	暂无数据	民水

图 3－36　合并后的房源信息数据表

三、简单数据分析

（一）房屋租金记录筛选

由于计划给预算在 3 000～6 000 元的用户提供租房建议，将满足该条件的房源单独提取出来，同时，房源信息须包括地铁站信息，为用户判断通勤时间提供支持。

完成“商务需求获取”中的题目后，在“技术需求转化”中填写相关参数。记录筛选的参数如图 3－37 所示。

关键词	参数
数据合并后生成的数据表表名	合并0620
筛选值的下限	3000
筛选值的上限	6000
关键信息的列名称	地铁
数据筛选后的表格名称	筛选后0707

图 3－37　记录筛选的参数

执行代码后，下载处理后的表格，查看表格数据可知，筛选后的表中仅剩下租金在 3 000～6 000 元的房源，并且该房源含有地铁信息，如图 3－38 所示。

	A	B	C	D	E	F	G	H	I	J	K	L	M	N	O	P	Q
1	城市	房源标题	房源上架时间	价格	租赁方式	房型	楼层	面积(m²)	朝向	地铁	小区	位置	房源照片	房源介绍	当前时间	页面网址	租金
2	广州	整租·时代美居 3室2厅 复	2020/11/21	4000元/月 (月付价)	整租	3室2厅3卫 154m² 精装修	低楼层/6层	154	南	距离9号线-花果山公园416m	时代美居	广州花都旧区的时代美居	https://vrlab-image4.li	基本信息 面积：154	34:18.9	https://gz.lianjia.com/zufa	4000
3	广州	整租·萝岗奥园广场 2室1厅	2020/11/10	3500元/月	整租	2室1厅1卫 51m² 精装修	中楼层/19层	51	南	距离6号线-香雪514m	萝岗奥园广场	广州黄埔香雪的萝岗奥园广	https://image1.ljcdn.com/44	基本信息 面积：51	36:20.4	https://gz.lianjia.com/zufa	3500
4	广州	整租·奥园越时代 1室0厅 东	2020/11/18	3500元/月 (月付价)	整租	1室0厅1卫 55m² 精装修	低楼层/27层	55	东南	距离2号线,7号线-石壁877m	奥园越时代	广州番禺广州南站的奥园越	https://image1.ljcdn.com/11	基本信息 面积：55	36:38.3	https://gz.lianjia.com/zufa	3500
5	广州	整租·教育路(越秀) 2室1	2020/11/19	3000元/月 (月付价)	整租	2室1厅1卫 65m²	高楼层/8层	65	东南	距离21号线-中新150m	教育路(越秀)	广州越秀北京路的教育路(越	https://vrlab-image4.li	基本信息 面积：65	38:09.9	https://gz.lianjia.com/zufa	3000
6	广州	整租·吉祥北园 3室2厅 南	2020/11/18	3500元/月 (月付价)	整租	3室2厅1卫 99m² 精装修	高楼层/7层	99	南	距离2号线-南浦970m	吉祥北园	广州番禺洛溪的吉祥北园	https://vrlab-image4.li	基本信息 面积：99	38:19.3	https://gz.lianjia.com/zufa	3500

图 3－38　租金在 3 000～6 000 元的房源信息数据表

(二) 随机抽取 100 条房源记录

为了查看数据的随机分布状况(如地铁、价格)，随机抽取 100 条房源记录存储到新表中进行分析。

完成"商务需求获取"中的题目后，在"技术需求转化"中填写相关参数，如图 3－39 所示。

关键词	参数
数据合并后生成的数据表表名	合并0620
抽取数据行数	100
随机抽取数据后生成的新表名称	随机抽取0707

图 3－39　随机抽取房源记录的参数

执行代码后，下载处理后的表格，查看表格数据，随机筛选的数据表如图 3－40 所示。

	A	B	C	D	E	F	G	H	I	J	K	L	M	N	O	P	Q	R	S	T	U	V
1	城市	房源标题	房源上架时间	价格	租赁方式	房型	楼层	面积(m²)	朝向	地铁	小区	位置	房源照片	房源介绍	当前时间	页面网址	租金	维护	入住	电梯	车位	用水
2	广州	整租·南沙碧桂园 3室2厅 东	2020/11/17	2100元/月 (月付价)	整租	3室2厅1卫 110m² 精装修	中楼层/18层	110	东北		南沙碧桂园	广州南沙金洲的南沙碧桂园	https://vrlab-image4.li	基本信息 面积：110	02:18.1	https://gz.lianjia.com/zufa	2100	6天前	随时入住	有	暂无数据	民水
3	广州越秀	整租·东湖御苑 3室2厅 西	2020/11/11	6900元/月 (月付价)	整租	3室2厅2卫 124m²	8/51层	124	西南	距离6号线-东湖682m	东湖御苑	广州越秀东湖的东湖御苑	https://image1.ljcdn.com/re	基本信息 面积：124	00:50.1	https://gz.lianjia.com/zufa	6900	12天前	随时入住	有	暂无数据	民水
4	广州	合租·粤和楼 1居室 南卧	2020/11/14	1500元/月 (月付价)	合租	1室1厅1卫 20m²	高楼层/18层	20	南		粤和楼	广州天河天河公园的粤和楼	https://image1.ljcdn.com/11	基本信息 面积：20	07:56.3	https://gz.lianjia.com/zufa	1500	9天前	随时入住	有	租用车位	民水
5	广州	整租·光复北路 1室0厅 西	2020/11/23	1400元/月 (月付价)	整租	1室0厅1卫 28m²	低楼层/2层	28	西	距离1号线-西门口205m	光复北路	广州荔湾龙津的光复北路	https://image1.ljcdn.com/11	基本信息 面积：28	39:22.1	https://gz.lianjia.com/zufa	1400	今天	随时入住	无	暂无数据	暂无数据
6	广州	整租·雅居乐七里海 3室1厅	2020/11/21	2770元/月 (月付价)	整租	3室1厅1卫 99m² 精装修	中楼层/17层	99	东南		雅居乐七里海	广州番禺石楼的雅居乐七里	https://vrlab-image4.li	基本信息 面积：99	02:09.0	https://gz.lianjia.com/zufa	2770	2天前	随时入住	有	暂无数据	民水

图 3－40　随机筛选的数据表

(三) 简单计算

针对合并后的房源数据信息，计算表中所有房源的每平方租金(租金之和除以面积之和)。

完成"商务需求获取"中的题目后，在"技术需求转化"中填写相关参数，如图 3－41 所示。

关键词	参数
数据合并后的数据表表名	合并0620
字段1	租金
求和函数	sum
除法运算符	/
字段2	面积

图 3-41　“简单计算”的参数

执行代码后，查看计算结果可知，每平方米广佛地区的租金均价为 48.92 元/m^2，如图 3-42 所示。

执行时间：　2022-07-07 12:02:22.439

执行状态：　• 运行结束

执行结果：

输出：
48.92元/㎡

运行结束

图 3-42 每平方米租金计算结果

图 3-42　每平方米租金计算的结果

【课堂研讨】

小张发现经过缺失值和重复值处理后的数据仍存在空格，研讨应该怎么做才能让数据排列整齐，并完成“任务四：空格值处理”。

【拓展训练】

1. 查看各字段的数据分布状况（如地铁、价格），完成“任务七：随机抽取”，随机抽取 100 条数据存储到新表中并进行分析。

2. 请完成“任务八：任务合并”，将采集过的广州越秀区房源信息与现有表格信息合并在一张表中。

3. 请完成“任务九：字段匹配”，将任务五中拆分的字段重新合并回表中。

4. 请完成“任务十：简单计算”，通过计算，了解广州地区每平方米的平均租金。

拓展阅读

APP越界采集用户数据应被更严厉监管

2018年，一款全屏手机被网友称作“流氓软件鉴别神器”，这源于此款手机有自动升降摄像头的设计。有用户发现，在使用一些APP时，这款摄像头会突然默默升起，使用完毕后又默默缩回。

腾讯社会研究中心与中国互联网数据中心曾联合发布《2017年度网络隐私安全及网络欺诈行为分析报告》，对1 129款手机APP获取用户隐私权限的情况进行统计分析，结果发现，在2017年下半年，852个安卓手机有98.5%的APP中都要求获取用户隐私权限。可以说，越界获取隐私是一种时常发生的情况。

此外，一些APP看起来比较规范，在获取和收集数据前会向用户请求授权，但是如果用户选择不同意，不让渡自己的个人数据和隐私，就无法正常打开应用。这实际上是商业买卖中的强买强卖和捆绑销售现象。个人数据的收集和使用，固然在很多方面有利于社会和个人，例如，个人诊疗信息有助于就诊和研发药物等。但是，这必须首先让用户授权，并且，即使用户同意，这样的数据也不得对外泄露。

《规范互联网信息服务市场秩序若干规定》指出，互联网信息服务提供者应当遵循平等、自愿、公平、诚信的原则提供服务。同时，针对用户个人信息及合法权益保护，《互联网应用程序信息服务管理规定》要求，移动互联网应用程序提供者应当建立健全用户信息安全保护机制，收集和使用用户个人信息应当遵循合法、正当、必要的原则，明示收集使用信息的目的、方式和范围，并经用户同意。但是，在互联网信息服务提供者违规后该如何处理，相对来说却显得太过“温柔”。

感悟：随着大数据应用范围越来越广泛，各领域都离不开数据和数字基础设施，各类大数据平台承载着海量的数据资源，大量敏感资源和重要数据的安全保护尤为重要。而在大数据环境中，作为生产资料的数据资源具有数据量巨大、数据变化快等特征，会导致大数据分析及应用场景更为复杂，因此必须遵守一定的法律法规以及道德标准，同时政府部门需要进一步完善相关法律法规，保障数据不被窃取、破坏和滥用以及确保大数据系统的安全可靠运行，并发挥大数据的最大作用和价值。

项目四
数据存储管理

职业能力目标

1. 能够运用数据存储和管理技术等知识做好准备工作。

2. 能够区分传统的数据存储和管理技术与大数据时代的数据存储和管理技术间的不同。

职业素养目标

1. 养成对数据存储与管理的职业习惯。

2. 养成对事物分析客观、敏感的职业思维方式。

◇ 知识图谱 ◇

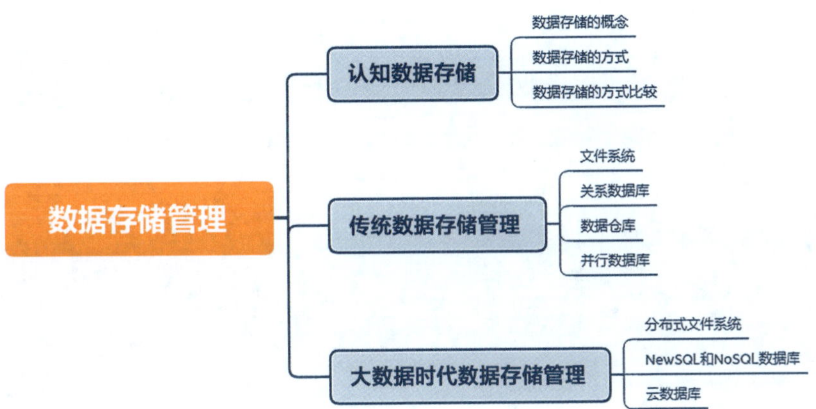

微课视频：数据存储和管理

任务一　认知数据存储

【任务描述】

自人类诞生以来，数据的存储就一直伴随在人们左右。早期原始人类采用结绳记事的方式实现数据的记录与存储，商代利用甲骨文记录信息，西周和春秋时期则利用竹简作为信息记录的载体，再到东汉造纸术的成功出现都持续地体现了数据存储对人类生活的重要性。从公元1900年到现在，人们在相对较快地经历了机器打孔、电子存储计算器、在线数据库、关系型数据库、多类型数据处理五个阶段后，正式进入了大数据处理阶段。

小张不禁有些疑惑，什么是数据存储？数据存储的方式又有哪些？它们有什么异同？

【知识准备】

一、数据存储的概念

数据存储是指数据流在加工过程中产生的临时文件或加工过程中需要查找的信息。

数据以某种格式记录在计算机内部或外部存储介质上。常用的存储介质为磁盘和磁带。数据存储组织方式因存储介质而异。在磁带上数据仅按顺序文件方式存取；在磁盘上则可按使用要求采用顺序存取或直接存取方式。数据存储方式与数据文件组织密切相关，其关键在于建立记录的逻辑与物理顺序之间的对应关系，确定存储地址，以提高数据存取速度。数据存储要命名，这种命名要反映信息特征的组成含义。数据流反映了系统中动态的数据，表现出动态数据的特征；数据存储反映系统中静止的数据，表现出静态数据的特征。

广泛应用的硬盘驱动器可以存储大量的数据，但只能在室温下使用大约10年的时间。这是因为硬盘的磁能势垒较低，因此在一段时间后，其储存的信息就会逐渐丢失。CD和DVD光盘、纸张、磁带、陶瓷、泥版和石头等介质的寿命也是有限的。

二、数据存储的方式

（一）直接附加存储

直接附加存储（direct attached storage，简称DAS），该存储方式与普通的PC存储架构一样，外部存储设备都是直接挂接在服务器内部总线上，数据存储设备是整个服务器结构的一部分。DAS存储方式主要适用以下环境：

1. 小型网络

小型网络因为网络规模较小，数据存储量小，复杂程度低，采用这种存储方式对服务器的影响不会很大。这种存储方式也十分经济，适合拥有小型网络的企业用户。

2. 地理位置分散的网络

虽然企业总体网络规模较大，但在地理分布上很分散，通过存储区域网络或网络附加存储在它们之间进行互联非常困难，此时各分支机构的服务器也可采用 DAS 存储方式，这样可以降低成本。

3. 特殊应用服务器

在一些特殊应用服务器上，如微软的集群服务器或某些数据库使用的原始分区，均要求存储设备直接连接到应用服务器。

4. DAS 存储性能的提升

在服务器与存储的各种连接方式中，DAS 曾被认为是一种低效率的结构，且不方便进行数据保护。直连存储无法共享，因此经常出现的情况是某台服务器的存储空间不足，而其他一些服务器却有大量的存储空间处于闲置状态无法利用。如果存储不能共享，也就谈不上容量分配与使用需求之间的平衡。

DAS 结构下的数据保护流程相对复杂，如果进行网络备份，那么每台服务器都必须单独进行备份，而且所有的数据流都要通过网络传输。如果不进行网络备份，那么就要为每台服务器都配一套备份软件和磁带设备，导致备份流程的复杂度大大增加。想要拥有可用性高的 DAS 存储，就要先降低解决方案的成本，例如：LSI 的 12 GB/s SAS，它有 DAS 直连存储，通过 DAS 能够很好地为大型数据中心提供支持。大型的数据中心、云计算、存储和大数据的出现，对 DAS 存储性能提出了更高的要求，云和企业数据中心数据的爆炸性增长也推动了市场对于可支持更高速数据访问的高性能存储接口的需求，因而 LSI 的 12 GB/s SAS 正好能够满足这种性能增长的要求，它可以提供更高的每秒进行读写操作的次数（input or output operations per second，简称 IOPS）和更高的吞吐能力，12 GB/s SAS 提高了写入的性能，并且提高了整个磁盘阵列综合性能。

（二）网络附加存储

网络附加存储（network attached storage，简称 NAS），该存储方式则全面改进了以前低效的 DAS 存储方式。NAS 是通过网线连接的磁盘阵列，具备磁盘阵列所有的主要特征：高容量、高效能、高可靠。NAS 是部件级的存储方法。NAS 将存储设备通过标准的网络拓扑结构连接到一群计算机上，所以 NAS 无需服务器就能直接上网。它不依赖通用的操作系统，而采用一个面向用户设计的、专门用于数据存储的简化操作系统，内置了与网络连接所需的协议，因此使整个系统的设置和管理较为简单，是真正"即插即用"的产品。它的物理位置灵活，可放置在工作组内，也可放置在其他地点与网络连接，管理容易且成本低。它采用独立于服务器，单独为网络数据存储而开发的一种文件服务器来连接存储设备，形成一个网络。这样，数据存储就不再是服务器的附属，而是作为独立网络节点存在于网络之中，可由所有的网络用户共享。NAS 数据存储方式是基于现有的企业以太网而设计的，按照 TCP/IP 协议进行通信，以文件的 I/O 方式进行数据传输。

（三）存储区域网络

1991 年，IBM 公司在 S/390 服务器中推出了 ESCON（enterprise system connection）技术。它是基于光纤介质，最大传输速率达 17 MB/s 的服务器访问存储器的一种连接方式。在此基础上，进一步推出了功能更强的 ESCONDirector（FCSWitch），构建了一套最原始的存储区域网络（storage area network，简称 SAN）系统。SAN 存储方式创造了存储网络化，顺应了计算机服务器体系结构网络化的趋势。SAN 的支撑技术是光纤通道技术，光纤通道技术是为网络和通道 I/O 接口建立的一个标准集成，使 SAN 存储带宽、存储性能明显提高。SAN 的光纤通道使用全双工串行通信原理传输数据，传输速率高达 1 062.5 MB/s。光纤通道技术支持 HIPP、IP、SCSIIP、ATM 等多种高级协议，其最大的特性是将网络和设备的通信协议与传输物理介质隔离开，这样多种协议可在同一个物理连接上同时传送。用光纤通道构建的 SAN 由以下三个部分组成：① 存储和备份设备，包括磁带、磁盘和光盘库等；② 光纤通道网络连接部件，包括主机总线适配卡、驱动程序、光缆、集线器、交换机、光纤通道和 SCSI 间的桥接器；③ 应用和管理软件，包括备份软件、存储资源管理软件和存储设备管理软件。由于 SAN 采用了网络结构，扩展能力更强，光纤接口提供了 10 公里的传输距离，这使得在 SAN 模式下实现物理上分离、不在本地机房的存储变得非常容易。

三、数据存储的方式比较

比较 DAS、NAS 和 SAN 三种存储方式，存储应用最大的特点是没有标准的体系结构，这三种存储方式共存，互相补充，能满足企业信息化应用。

从连接方式上对比，DAS 采用了存储设备直接连接应用服务器的方式，具有一定的灵活性和限制性；NAS 通过网络（TCP/IP，ATMFDD）技术连接存储设备和应用服务器，存储设备位置灵活，随着万兆网的出现，传输速率有了很大的提高；SAN 则是通过光纤通道技术连接存储设备和应用服务器，具有很大的传输速率和很强的扩展性能。三种存储方式各有优势，相互共存，占据了 70%以上的磁盘存储市场。SAN 和 NAS 产品的价格远远高于 DAS。

SAN 和 NAS 可共存于一个系统网络中，但 NAS 通过一个公共的接口实现空间的管理和资源共享，SAN 仅为服务器存储数据提供了一个专门的快速后方通道。在空间的利用上，SAN 和 NAS 也有截然不同之处，SAN 是只能独享的数据存储池，NAS 是共享与独享能兼顾的数据存储池。因此，NAS 与 SAN 的关系也可以表述为：NAS 是网络外挂式，而 SAN 是通道外挂式。区分 NAS 与 SAN 最简单的方法是想象两者在技术上是如何实施的。NAS 通常是一个服务器群包括应用服务器、邮件服务器等，存储设备易于附加在这个系统上。SAN 多部署于电子商务应用中，大量的数据备份和其他业务需要在网上频繁地存储和传输；可以从主网上卸掉大量的数据流量，使以太网从数据拥塞中解脱出来。在技术上比较，NAS 简单灵活，SAN 高效可扩。客观地说，NAS 和 SAN 系统已经可以利用类似自动精简配置（thin provisioning）这样的技术来弥补早期存储分配不灵活的短板。然而，之前它们消耗了太多的时间来解决存储分配的问题，以至于给 DAS 留有足够的时间在数据中心领域站稳脚跟。

【课堂研讨】

数据存储方式的变化给人们的生活带来了哪些变化？

【拓展训练】

简述你所了解的生活中数据存储的情形。

任务二 传统数据存储管理

【任务描述】

小张发现，由于云计算、物联网、社交网络的发展使人类社会的数据产生方式发生了变化，社会数据的规模正在以前所未有的速度增长，数据的种类不胜枚举。这种海量、异构的数据不仅改变人们的生活，还带来了数据存储技术的变革与发展。那么，传统的数据存储用到了哪些管理技术？

【知识准备】

一、文件系统

文件系统是操作系统用于明确存储设备（常见的是磁盘，也有基于 Nand-flash 的固态硬盘）或分区上的文件的方法和数据结构，即在存储设备上组织文件的方法。操作系统中负责管理和存储文件信息的软件机构称为文件管理系统，简称“文件系统”。文件系统由三部分组成：文件系统的接口、对象操纵和管理的软件集合、对象及属性。从系统角度来看，文件系统是对文件存储设备的空间进行组织和分配，负责文件存储并对存入的文件进行保护和检索的系统。具体地说，它负责为用户建立文件，存入、读出、修改、转储文件，控制文件的存取，当用户不再使用时撤销文件等。

二、关系数据库

目前市场上常见的关系数据库产品包括 Oracle、SQL Server、MySQL、DB2 等。一个关系数据库可以看成是许多关系表的集合，每个关系表可以看成一张二维表格，示例如表 4-1 所示。

表 4-1 学生信息表

学 号	姓 名	性 别	年 龄	考试成绩
95001	张 三	男	21 岁	88 分
95002	李 四	男	22 岁	95 分
95003	王 梅	女	22 岁	73 分
95004	林 莉	女	21 岁	96 分

总体而言，关系数据库的特点具体体现在以下几个方面：

（一）存储方式

关系数据库采用表格的储存方式，数据以行和列的方式进行存储，要读取和查询都十分方便。

(二) 存储结构

关系数据库按照结构化的方法存储数据，每个数据表的结构都必须事先定义好（如表名称、字段名称、字段类型、约束），然后再根据表的结构存入数据，这样做的好处就是，由于数据的形式和内容在存入数据之前就已经定义好了，所以，整个数据表的可靠性和稳定性都比较高，但带来的问题是，数据模型不够灵活，一旦存入数据后，如果需要修改数据表的结构就会十分困难。

(三) 存储规范

关系数据库为了规范化数据、减少重复数据以及充分利用好存储空间，把数据按照最小关系表的形式进行存储，这样数据管理就可以变得很清晰、一目了然。当存在多个表时，表和表之间通过主外键关系发生关联，并通过连接查询获得相关结果。

(四) 扩展方式

关系数据库将数据存储在数据表中，数据操作的瓶颈出现在多张数据表的操作中，且数据表越多这个问题越严重。要解决这个问题，只能提高处理能力，也就是选择速度更快、性能更高的计算机，这样的方法虽然具有一定的拓展空间，但是这样的拓展空间是非常有限的。一般的关系型数据库只具备有限的纵向扩展能力。

(五) 查询方式

关系数据库采用结构化查询语言（structured query language，简称 SQL）来对数据库进行查询。结构化查询语言是高级的非过程化编程语言，允许用户在高层数据结构上工作。它不要求用户指定对数据的存放方法，也不需要用户了解具体的数据存放方式，所以各种具有完全不同底层结构的数据库系统，可以使用相同的结构化查询语言作为数据输入与管理的接口。结构化查询语言语句可以嵌套，这使关系数据库具有极大的灵活性和强大的功能性。

(六) 事务性

关系数据库可以支持事务的 ACID 特征，即原子性（atomicity）、一致性（consistency）、隔离性（isolation）、持久性（durability）特性。当事务被提交给了数据库管理系统（database management system，简称 DBMS），则需要确保该事务中的所有操作都成功完成且其结果被永久保存在数据库中。如果事务中有的操作没有成功完成，则事务中的所有操作都需要被回滚，回到事务执行前的状态，从而确保数据库状态的一致性。

(七) 连接方式

不同的关系数据库产品都遵守一个统一的数据库连接接口标准，即 ODBC（open database connectivity）。ODBC 的一个显著优点是，用它生成的程序是与具体的数据库产品无关的，这样可以为数据库用户和开发人员屏蔽不同数据库异构环境的复杂性。ODBC 提供了数据库访问的统一接口，为应用程序实现与平台的无关性和可移植性提供了基础，因而获得了广泛的支持和应用。

三、数据仓库

数据仓库（data warehouse）是一个面向主题的、集成的、相对稳定的、反映历史变化的数据集合，用于支持管理决策。

(一) 面向主题

操作型数据库的数据组织面向事务处理任务，而数据仓库中的数据是按照一定的主题域进行组织的。主题是指用户使用数据仓库进行决策时所关心的重点方面，一个主题通常与多个操作型信息系统相关。

（二）集成

数据仓库的数据来自分散的操作型数据，所需要的数据需从原来的数据中抽取出来，通过加工与集成、统一与综合之后才能进入数据仓库。

（三）相对稳定

数据仓库是不可更新的，数据仓库主要为决策分析提供数据，所涉及的操作主要是数据的查询。

（四）反映历史变化

在构建数据仓库时，会每隔一定的时间（比如每周、每天或每小时）从数据源中抽取数据并加载到数据仓库。

一个典型的数据仓库系统通常包含数据源、数据存储和管理、OLAP 服务器、前端工具和应用四个部分，如图 4－1 所示。

> ◇ 小贴士
>
> OLAP 服务器（联机分析处理）是共享多维信息的、针对特定问题的联机数据访问和分析的快速软件技术，常用于数据仓库系统。

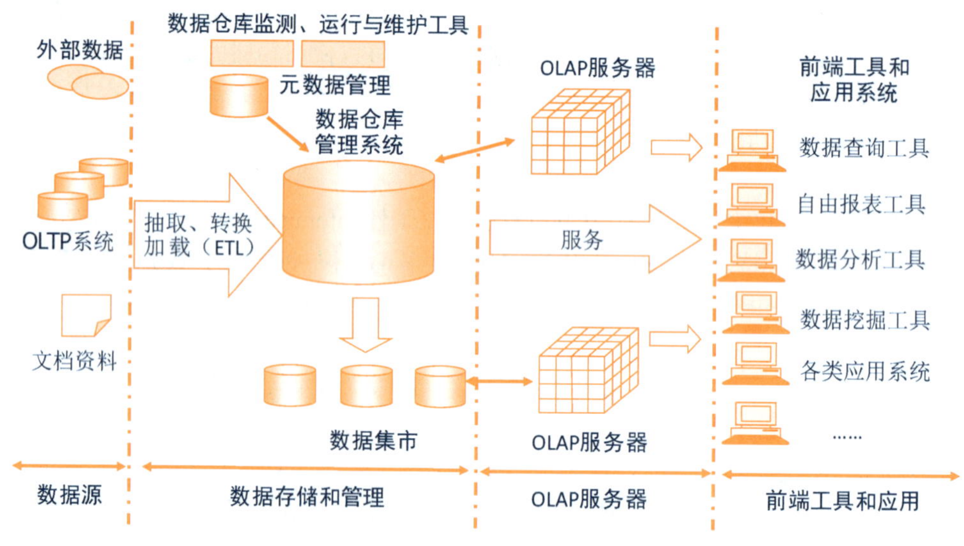

图 4－1 数据仓库体系架构

四、并行数据库

并行数据库是指那些在无共享的体系结构中进行数据操作的数据库系统。这些系统大部分采用了关系数据模型并且支持 SQL 语句查询，但为了能够并行执行 SQL 的查询操作，系统中采用了两个关键技术：关系表的水平划分和 SQL 查询的分区执行。

并行数据库系统的目标是高性能和高可用性，它通过多个节点并行执行数据库任务，以提高整个数据库系统的性能和可用性。

并行数据库系统的主要缺点是没有较好的弹性，但这种特性对中小型企业和初创企业是适用的。人们在对并行数据库进行设计和优化的时候认为集群中节点的数量是固定的，若需要对集群进行扩展和收缩，则必须为数据转移过程制定周全的计划。这种数据转移的代价是昂贵的，并且会导致系统在某段时间内不可访问，而这种较差的灵活性直接影响到并行数据库的弹性以及现用现付商业模式的实用性。

并行数据库的另一个问题是系统的容错性较差，过去人们认为节点故障是个特例，并不经常出现，因此系统只提供事务级别的容错功能，如果在查询过程中节点发生故障，那么整个查询都要从头开始重新执行。这种重启任务的策略使得并行数据库难以在拥有数以千个节点的集群上处理较长的查询，因为在这类集群中节点的故障经常发生。

基于这种分析，并行数据库只适用于资源需求相对固定的应用程序。但总体来说，并行数据库的许多设计原则为其他海量数据系统的设计和优化提供了比较好的借鉴。

【课堂研讨】

传统的数据存储管理技术有哪些特点？

【拓展训练】

请在网上查找有关传统的数据存储管理技术的应用实例。

任务三　大数据时代数据存储管理

【任务描述】

存储本身就是大数据中一个很重要的组成部分，随着大数据技术的到来，对于结构化、半结构化、非结构化的数据存储呈现出新的要求，特别是对统一存储的要求也有了新的变化。大数据容易消耗巨大的时间和成本，从而造成非结构化数据的崩塌。也就是说，如果没有合适的大数据存储方式，就不能轻松访问或部署大量数据。

小张想知道大数据时代的数据存储管理是怎样的。

【知识准备】

一、分布式文件系统

分布式文件系统(distributed file system)是一种通过网络实现文件在多台主机上进行分布式存储的文件系统。

计算机通过文件系统来管理、存储数据。在信息爆炸时代中，人们可获取的数据呈指数倍地增长，因此单纯通过增加硬盘个数来扩展计算机文件系统的存储容量的方式，在容量大小、容量增长速度、数据备份、数据安全等方面的表现都不尽如人意。分布式文件系统可以有效解决数据的存储和管理难题：将固定于某个地点的某个文件系统，扩展到任意多个地点、多个文件系统，众多的节点组成一个文件系统网络。每个节点可以分布在不同的地点，通过网络进行节点间的通信和数据传输。人们在使用分布式文件系统时，无需关心数据是存储在哪个节点上或者是从哪个节点获取的，只需要像使用本地文件系统一样管理和存储文件系统中的数据即可。分布式文件系统是建立在客户机、服务器技术基础之上的，一个或多个文件服务器与客户机文件系统协同操作，这样客户机就能够访问由服务器管理的文件。分布式文件系统的发展大体上经历了三个阶段：第一阶段是网络文件系统，第二阶段是共享 SAN 文件系统，第三阶段是面向对象的并行文件系统。

分布式文件系统把大量数据分散到不同的节点上存储，大大减小了数据丢失的风险，分布式文件系统的整体结构如图 4-2 所示。分布式文件系统具有冗余性，部分节点的故障并不影响整体的正常运行，而且即使出现故障的计算机中存储的数据已经损坏，也可以由其他节点将损坏的数据恢复出来。因此，安全性是分布式文件系统最主要的特征。分布式文件系统通过网络将大量零散的计算机连接在一起，形成一个巨大的计算机集群，使各主机均可以充分发挥其价值。此外，集群之外的计算机只需要经过简单的配置，就可以加入分布式文件系统中，具有极强的可扩展能力。

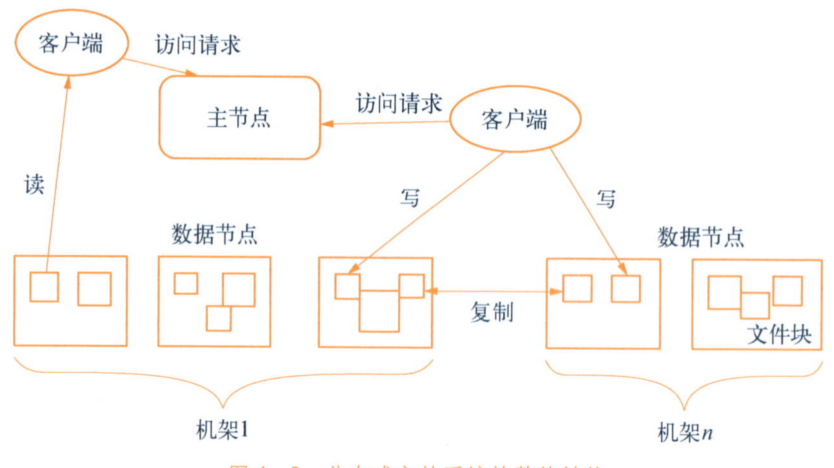

图 4-2 分布式文件系统的整体结构

二、NewSQL 和 NoSQL 数据库

（一）NewSQL 数据库

NewSQL 是对各种新的可扩展、高性能数据库的简称，这类数据库不仅具有对海量数据的存储管理能力，还保持了传统数据库支持 ACID 和 SQL 等特性。

目前具有代表性的 NewSQL 数据库主要包括 Spanner、Clustrix、GenieDB、ScalArc、Schooner、VoltDB、RethinkDB、ScaleDB、Akiban、CodeFutures、ScaleBase、Translattice、NimbusDB、Drizzle、Tokutek、JustOne DB 等。

（二）NoSQL 数据库

NoSQL 是一种不同于关系数据库的数据库管理系统设计方式，是对非关系型数据库的统称，它所采用的数据模型并非传统关系数据库的关系模型，而是类似键/值、列族、文档等非关系模型。

NoSQL 数据库没有固定的表结构，通常也不存在连接操作，也没有严格遵守 ACID 约束，因此，与关系数据库相比，NoSQL 具有灵活的水平可扩展性，可以支持海量数据存储。

(三) 大数据引发数据库架构变革

大数据引发数据库架构变革，如图 4－3 所示。美国著名数据库科学家迈克尔·斯通布雷克(Michael Stonebraker)指出，行业技术的发展趋势是由一种架构支持所有应用转变为用多种架构支持多类应用。在大数据和云计算的背景下，这一理论导致了数据库市场的大裂变：数据库市场分化为三大阵营，包括 OldSQL(传统数据库)、NewSQL(新型数据库)和 NoSQL(非关系型数据库)。为了提升性能，NewSQL 阵营普遍采用了列存储技术；NoSQL 阵营普遍采用了 KV(关于键值的分布式存储)技术。三个阵营都不同程度地采用了分布式计算、分布式文件系统、内存计算技术，并积极地使用新的硬件技术，如大内存、Flash、SSD 和高速网络连接(万兆交换机和无限带宽)等。

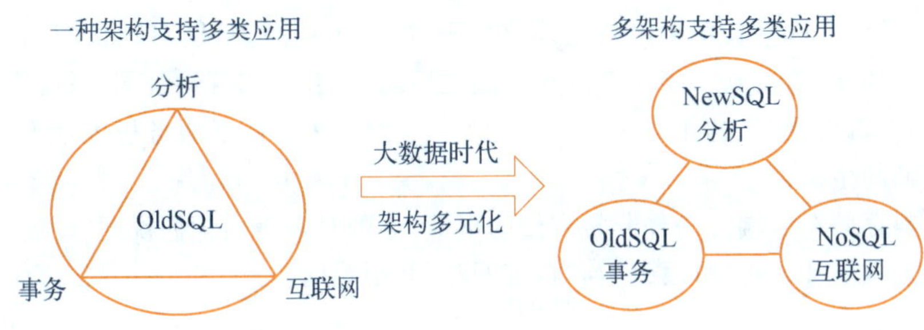

图 4－3　大数据引发数据库架构变革

三者在数据管理能力、数据的价值密度以及数据处理的实时性等方面各有所长，从而势必造成在未来的数据库软件市场上出现结构混搭、多种技术并存，并且和谐相处的局面。然而，由于受数据管理能力所限，伴随着数据量的逐年增加，OldSQL 生命活力受到极大影响，未来将呈现不断弱化的趋势。在 NoSQL 领域，虽然其在数据管理能力方面具备先天优势，但是因为 NoSQL 处理的大多为互联网数据，其价值密度较低，因此其市场活力呈现较为稳定的态势；在 NewSQL 领域，其数据管理能力高于 OldSQL，又面向数据价值密度较高的行业大数据，促使其具备较高的市场活力。

三、云数据库

互联网数据中心(Internet data center，简称 IDC)预言，大数据将按照每年增长 60%的速度增加，其中包含结构化和非结构化数据。如何方便、快捷、低成本地存储这些海量数据，是许多企业和机构面临的一个严峻挑战。云数据库就是一个非常好的解决方案，目前云服务提供商正通过云技术推出更多可在公有云中托管数据库的方法，将用户从烦琐的数据库硬件定制中解放出来，同时让用户拥有强大的数据库扩展能力，满足海量数据的存储需求。此外，云数据库还能够很好地满足企业动态变化的数据存储需求和中小企业的低成本数据存储需求。可以说，在大数据时代，云数据库将成为许多企业数据的目的地。

【课堂研讨】

比较传统的数据存储与管理技术与大数据时代的数据存储与管理技术，讨论两者的异同。

【拓展训练】

请在网上查找有关大数据时代的数据存储与管理技术的应用实例。

项目实训　使用百度网盘存储服务

操作录屏：百度网盘存储服务

【实训背景】

网盘，是由互联网公司推出的在线存储服务，能为用户提供存储、访问、备份、共享等文件管理功能。自 2009 年 115 网盘上线之后，各大互联网移动公司都推出了自己的网盘服务，如百度网盘、腾讯微云、金山快盘、360 网盘等。网盘服务极大地方便了信息化时代人们的生活。

将资料存储在云端是一件非常方便的事情，小张时常听同学们说起“百度云”，但在实际使用过程中却发现“百度云”与“百度网盘”并不等同。

【任务要求】

了解“百度云”与“百度网盘”的区别，并使用百度网盘完成相应文件上传与下载操作。

【知识准备】

一、百度云与百度网盘的区别

百度云，全称为“百度智能云”，于 2015 年正式对外开放运营，是基于百度多年技术沉淀打造的智能云计算品牌，致力于为客户提供全球领先的人工智能、大数据和云计算服务。其凭借先进的技术和丰富的解决方案，全面赋能各行业，加速产业智能化。百度智能云为金融、城市、医疗、客服与营销、能源、制造、电信、文娱、交通等众多领域的领军企业提供服务，包括中国联通、国家电网、南方电网、浦发银行、央视网、携程、四川航空等诸多客户。

百度网盘（原百度云）是百度推出的一项云存储服务，已覆盖主流 PC 和手机操作系统，包含 Web 版、Windows 版、Mac 版、Android 版、iPhone 版。用户可以轻松地将自己的文件上传到网盘上，并可跨终端随时随地查看和分享。2016 年，百度网盘总用户数突破 4 亿人。2016 年 10 月 11 日，百度云改名为“百度网盘”，更加专注发展个人存储、备份功能。

由此可见，百度网盘是一项面向个人的云存储服务，而百度云不仅包含了数据存储功能还包含其他云服务。

二、百度网盘的功能

百度网盘(个人版)是百度面向个人用户的网盘存储服务，为满足用户工作生活各类需求，已上线的功能包括网盘、个人主页、群组功能、相册、人脸识别、通讯录备份、手机找回、手机忘带、记事本等。

(一) 网盘

网盘提供多元化数据存储服务，支持最大 2 TB 容量空间，用户可自由管理网盘存储文件。

(二) 个人主页

个人主页提供个性化分享功能，用户可通过关注功能获得好友分享动态，实现文件共享。

(三) 群组功能

百度网盘推出多人群组功能，既能够单纯点对点，又可以一对多、多对多地直接对话。

(四) 相册

用户可以通过云相册来便利地存储、浏览、分享、管理自己的照片，用照片记录和分享生活中的美好。

(五) 人脸识别

百度网盘不仅能实现图片智能分类、自动去重等功能，还能以图搜图，在海量图片中精准定位目标。

(六) 通讯录备份

百度网盘手机 APP 提供通讯录同步、短信备份功能。iPhone 用户可同步通讯录；Android 用户可同步通讯录，备份恢复手机短信。Windows 用户暂不支持此功能。

(七) 手机找回

手机找回为百度网盘 Android 版的独有功能。用户设置找回功能后，在手机遗失时，可通过百度网盘 Web 版在线锁定手机，避免信息泄露，同时可通过发出警报、追踪定位来提升手机找回的可能性。

(八) 手机忘带

用户需要在 Android 手机上安装新版百度网盘 APP，同时在 PC 端安装新版百度网盘 PC 版。当百度网盘 APP 和百度网盘 PC 版中的“发现——手机忘带”功能同时处于开启状态时，手机上的通讯信息能自动同步到百度网盘 PC 版中。用户通过百度网盘 PC 版发起需求，即可查询近三天手机上的通话记录、短信。

(九) 记事本

百度网盘可在线编辑文档，作网络笔记，直接保存至百度网盘。支持文字、图片、语音三种类型记事。

【实训过程】

(1) 在浏览器中输入百度网盘网址(https://pan.baidu.com/)，并登录百度网盘，如图 4－4 所示。可选用账号密码登录，也可通过短信快捷登录和扫描二维码的方式进行登录。进入百度网盘用户首页，如图 4－5 所示。

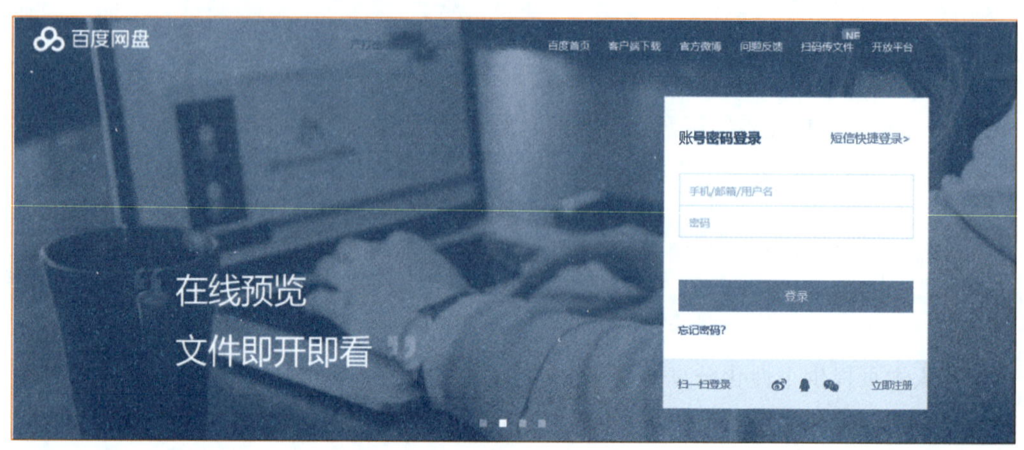

图 4－4　百度网盘登录

图 4－5　百度网盘用户首页

（2）单击“上传”按钮将已准备好的文件“演示文稿.pptx”上传到网盘中，如图 4－6 所示。

图 4－6　上传文件

（3）将鼠标移至想要下载的文件，单击“…”按钮，选择“下载”，即可将该文件下载至本地，如图 4－7 所示。也可通过该方法对文件进行管理，如移动或复制到其他文件夹、重命名、删除。

图 4-7　下载文件

【课堂研讨】

登录百度智能云网站(https://cloud.baidu.com/)，了解相关云服务及相应产品。

【拓展训练】

上网查询其他云服务(如阿里云、腾讯云)的相关资料。

拓展阅读

腾讯云用户数据丢失事件

由于数据的重要性，很多互联网公司都推出了云服务平台，比如阿里云与腾讯云。但很不幸的是，2018 年，腾讯云好像遇到了麻烦。前沿数控使用了腾讯云，可发现数据已经丢失，而这些数据价值上千万元。前沿数控基于自身评估就此次故障提出的赔偿要求为 1 101.6 万元，双方未达成一致。腾讯云表示，经过分析，该硬盘静默错误是在极小概率下被触发的，并随即对固件版本有程序错误的硬盘全部进行下线处理，确保相关隐患全部排除。

事实上，腾讯云早前也出现过很多意外情况。继 2018 年 7 月末阿里云服务出现技术故障后，腾讯云服务又出了大岔子，陆续有网友反映，腾讯云服务出现宕机。随后，腾讯云广州区域全面断网，腾讯云主页、控制台、DNSPod 等业务都没法使用。约两个小时后，腾讯云在微博发布通知，表示“广州区域部分用户资源访问失败、控制台登录异常问题已解决”，并解释道“故障已确定是运营商光缆中断所致”。在大家看来，这显然是技术上的乏力所致。

感悟：互联网时代，保护自己的数据和隐私是非常重要的。服务商应当做好数据保护措施，及时防范风险，并制定危机应对方案。有关部门应当出台相关法规和政策，做好管控，最大程度保障用户权益。

项目五
数据挖掘分析

职业能力目标

1. 能够掌握数据挖掘和机器学习的含义。
2. 能够掌握大数据处理与分析技术。
3. 能够运用决策树模型解决实际问题。

职业素养目标

1. 养成对大数据挖掘和分析的职业习惯。
2. 养成对事物分析客观、敏感的职业思维方式。

◇ 知识图谱 ◇

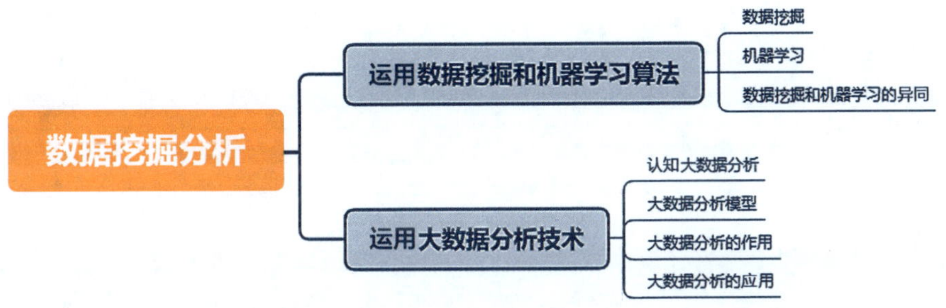

任务一　运用数据挖掘与机器学习算法

【任务描述】

小张经常去超市购物，他发现了一个规律，他在购物清单上列举好的某些商品可能会被超市理货员摆放在相邻的区域。例如，面包柜台旁边会摆上黄油、面条柜台附近一定会有老干妈等。这样的物品摆放会让他的购物过程更加快捷、轻松。

如何知道哪些物品该摆放在一块，又或者用户在购买某一个商品的情况下购买另一个商品的概率有多大，就要利用关联数据挖掘的相关算法来解决。

微课视频：数据处理与分析

【知识准备】

一、数据挖掘

(一) 数据挖掘的概念

数据挖掘(data mining)，又称为数据库文件的专业知识发觉(knowledge - discovery in databases，简称 KDD)，它是指从大量的数据中通过算法搜索隐藏于其中的信息的过程。数据挖掘通常与计算机科学有关，并通过统计学、信息检索、机器学习、数据库系统和模式识别等诸多方法来实现上述目标，其体系如图 5 - 1 所示。

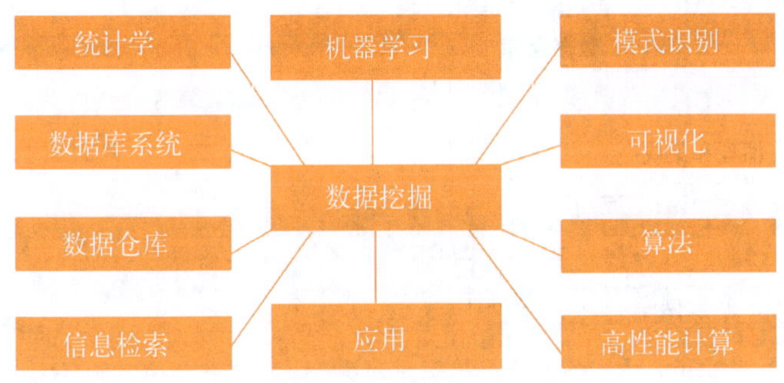

图 5 - 1　数据挖掘体系

数据挖掘是一门涉及面很广的交叉学科，在处理各种问题时，只有清楚了相关业务逻辑才可以将遇到的问题转换为相应的数据挖掘问题。数据挖掘的处理过程一般包括数据预处理(ETL、数据清洗、数据集成等)、数据仓库(可以是 DBMS、大型数据仓库以及分布式存储系统)与 OLAP，使用各种算法(主要是机器学习的算法)进行挖掘以及最后的评估工作。

简单来说，数据挖掘是一系列的处理过程，最终的目的是从数据中挖掘出想要的或者意外收获的信息。

(二) 数据挖掘的流程

KDD 过程迭代序列如下：

(1) 数据清理：消除噪声和删除不一致数据。

(2) 数据集成：多种数据源可以组合在一起。

(3) 数据选择：从数据库中提取与分析任务相关数据。

(4) 数据变换：通过汇总或聚集操作，把数据变换和统一成适合挖掘的形式。

(5) 数据挖掘：使用一定的模型算法提取数据模式。

(6) 模式评估：根据某种兴趣度量，识别代表知识的真正有趣的模式。

(7) 知识表示：使用可视化和知识表示技术，向用户提供挖掘的知识。

数据挖掘被视为知识发现过程的一个步骤，如图 5-2 所示。

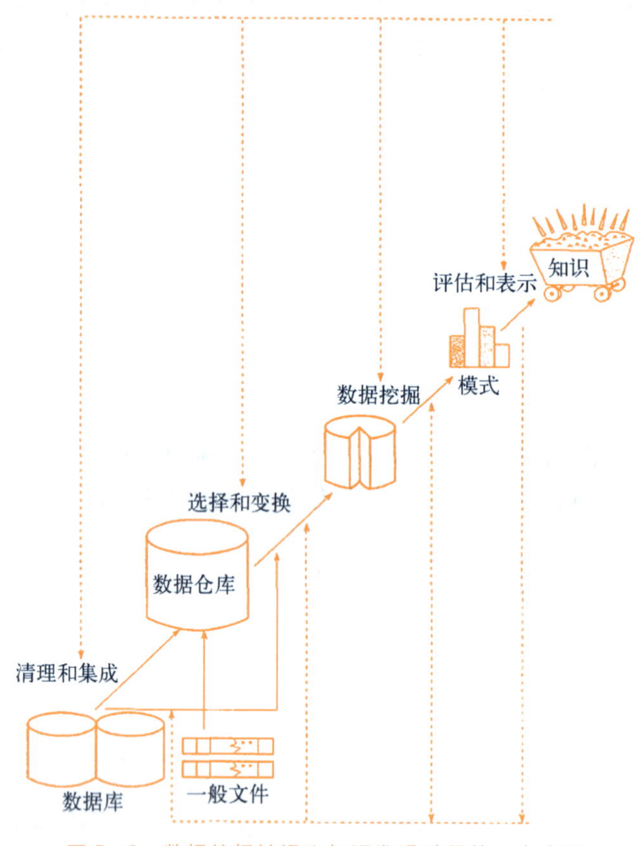

图 5-2　数据挖掘被视为知识发现过程的一个步骤

(三) 数据挖掘的应用

1. 市场营销领域

(1) 目标市场。著名的市场营销学者曾提出应当把消费者看作一个特定的群体，这样的群体被称为目标市场。通过市场细分，有利于明确目标市场，随后有针对性地应用市场营销策略，满足目标市场的需要。

数据挖掘能帮助市场营销者进行市场分析，开拓市场，确定企业的目标市场，准确制订市场营销活动方案，使营销活动更能满足顾客的需求以及对商品的期望。如果顾客的数据信息比较完整，数据挖掘可以模拟实际的顾客行为，找出与当前营销问题相符的模型，辅助制订有效的营销计划。

（2）交叉销售。交叉销售在传统的银行业和保险业等领域的作用最为明显，因为消费者在购买这些产品或服务时必须提交真实的个人资料，这些数据一方面可以作为市场调研的基础，从而有针对性地为顾客提供更多更好的服务；另一方面也可以在保护用户个人隐私的前提下将这些用户资源与其他具有互补型产品的企业共享，有针对性地开展营销活动。

采用数据挖掘的相关技术手段一方面可以发现能给企业带来最大利润的顾客群，依据数据统计顾客的消费模型，可以发展和保持与这些顾客的关系，既能发现他们的现有需求，又能预测他们的未来需求，并加以满足，使这些顾客群带给企业的利润达到最大化。另一方面，由数据挖掘得到的信息可以扩展顾客对企业产品和服务的需求；依据关联分析，顾客的现有消费需求可能会导致与此相关的其他需求。企业如果能满足这些扩展需求，就能在现有的顾客利润基础上找到新的利润点。

2. 风险管理领域

（1）客户风险来源分析。客户风险是指因借款人或交易对手违约而导致损失的可能性。假定可将客户风险分为高管风险、股权风险、财务风险、担保风险、行业风险、政策风险、法律风险、价格风险这八类风险。对客户风险数据从上述八类风险维度进行主成分分析和聚类分析，可得到客户风险的主要来源，从而有针对性地进行风险防范。

（2）存款外流风险分析。存款外流是指由于储户提取现金或要求支付而引起的存款减少。存款外流会影响银行的流动性管理和负债管理。假设主要的存款来源有企业存款、财政存款、事业单位存款、同业存款、特种存款、其他存款六种。影响存款外流的因素包括利率政策、汇率、股票价格、房地产价格、企业投资情况、渠道、存款品种、存款利率、贷款便利性、激励机制、营销活动等。

运用因子分析法建立模型，估算影响存款外流的主要因素，从而有针对性地进行存款营销活动，增加相应的存款。

3. 文本挖掘

文本挖掘是指从大量文本数据中抽取事先未知的、可理解的、最终可用的知识的过程，同时运用这些知识更好地组织信息以便将来参考。直观地说，当数据挖掘的对象完全由文本这种数据类型组成时，这个过程就称为文本挖掘。文本挖掘也称为文本数据挖掘。

（1）社交媒体文本分析。各大社交媒体（如新浪微博、小红书、抖音）是大多数非结构化数据的聚集地。企业可以使用这些非结构化数据去分析和预测客户需求并了解客户对其品牌的看法。通过分析大量非结构化数据，能够提取意见，了解情感和企业产品之间的关系，以帮助企业发展。

（2）垃圾信息过滤。日常生活中的常见垃圾信息有手机中诈骗短信、骚扰短信、电子邮件中的广告邮件等。文本挖掘可以有效地解决识别有用信息的需求，自动对短信、电子邮件等进行分类，帮助用户更好地专注于对自己有价值的信息上，而不需要为无关的内容耗费精力。同时，该技术也降低了用户被“骚扰”或被“欺骗”的系统风险。

（3）文本情感分析。文本情感分析又称意见挖掘、倾向性分析等。文本情感分析是对带有情感色彩的主观性文本进行分析、处理、归纳和推理的过程。互联网上产生了大量针对各个人物、各类型事件、各类产品等有价值的评论信息，这些评论信息表达了人们的各种情感色彩和情感倾向性，如喜、怒、哀、惧、憎、忧。政府部门可以通过舆情监控系统对敏感事件进行监控，防止事态进一步扩大造成不良影响，企业可以通过浏览这些主观色彩的评论来了解大众舆论对于某产品的看法，便于后续开展相关工作。

二、机器学习

(一) 机器学习的概念

机器学习是一门涉及概率论、统计学、逼近论、凸分析、算法复杂度理论等多门学科的多领域交叉学科。它是人工智能的核心，是使计算机具有智能的根本途径，其应用遍及人工智能的各个领域。利用机器学习的模型算法，可以从现实世界的海量数据里提炼出有价值的知识、规则和模式，并应用到前台系统，辅助业务活动进行，如用户推荐、预测结果、精准分类等能使业务产生更大的效益。

(二) 机器学习的方法

在机器学习领域，有几种主要的学习方式：

1. 监督式学习(supervised learning)

监督式学习是指利用一组已知类别的样本调整分类器的参数，使其达到所要求性能的过程，也被称为监督训练或有导师训练。

监督式学习是从标记的训练数据来推断一个功能的机器学习任务。训练数据包括一套训练示例。在监督学习中，每个实例都是由一个输入对象(通常为矢量)和一个期望的输出值(也称为监督信号)组成的。监督式学习算法通过分析该训练数据，产生一种推断的功能，可以用于映射出新的实例。常见的监督式学习算法有：KNN(K 近邻法)、决策树、支持向量机、朴素贝叶斯、Logistics 回归等。

2. 无监督式学习(unsupervised learning)

在无监督式学习中，数据并不被标识，学习模型是为了推断出数据的一些内在结构。现实生活中常常会有这样的问题：缺乏足够的先验知识，因此难以人工标注类别或进行人工类别标注的成本太高。于是人们希望计算机能够代替人工完成这些工作，或至少提供一些帮助。根据未知类别(没有被标记)的训练样本来解决模式识别中的各种问题，被称为无监督式学习。比如“鸡尾酒会问题(cocktail party problem)”就是一个无监督式学习问题。

实际上，可以把无监督式学习看作是聚类问题。常见的无监督式学习算法有：层次聚类、均值聚类、主成分分析等。

3. 半监督式学习(semi-supervised learning)

半监督式学习是监督式学习与无监督式学习相结合的一种学习方法。它主要考虑如何利用少量的标注样本和大量的未标注样本进行训练和分类的问题。其主要算法有五类：① 基于概率的算法；② 在现有监督算法基础上作修改的方法；③ 直接依赖于聚类假设的方法；④ 基于多视图的方法；⑤ 基于图的方法。

4. 强化学习(reinforcement learning)

强化学习模式，不像监督式模型那样，输入数据仅仅是作为一个检查模型对错的方式，而将输入数据作为对模型的反馈。在强化学习模式下，输入数据直接反馈到模型，模型必须对此立刻作出调整。常见的应用场景包括动态系统以及机器人控制等。常见算法包括 Q 学习以及时间差学习。

三、数据挖掘和机器学习的异同

(一) 相同点

数据挖掘和机器学习都使用数据，都用于解决复杂的问题，并且均属于数据科学的范畴。机器学习有时被用作进行有用数据挖掘的一种手段，因此部分人将这两个术语互换使用，这两个概念之间的界限不是很明显。

(二) 不同点

1. 产生时间

数据挖掘产生于 20 世纪 30 年代，比机器学习早 20 年。机器学习首次出现在棋盘游戏程序中，它最初被称为数据库中的知识发现(KDD)。而在某些领域，数据挖掘仍然被称为“KDD”。

2. 目的

数据挖掘是为了从大量数据中提取规则，而机器学习则是教计算机如何学习和理解给定的参数。换句话说，数据挖掘根据收集的数据总量来确定特定的结果，只是一种研究方法。而机器学习训练一个系统去执行复杂的任务，并利用收集到的数据和经验变得更聪明，是一种应用方法。

3. 使用对象

数据挖掘依赖于大量的数据存储(如大数据)，而这些数据反过来又被用来为企业和其他组织作出预测。机器学习使用的是算法，而不是原始数据。

4. 影响因素

数据挖掘依赖人为干预，最终是为使用而创建的。而机器学习存在的全部原因是它可以自学，而不依赖人类的影响或行动。如果没有一个活生生的人使用并与之交互，数据挖掘就无法正常工作。而人类与机器学习的接触，很大程度上仅限于建立初始算法，然后顺其自然，就像“设置好，然后忘记”的过程。人们“照看”数据挖掘，这些系统通过机器学习来“照顾”自己。

5. 联系

机器学习数据挖掘是一个包含两个元素的过程：数据库和机器学习。数据库提供数据管理技术，而机器学习提供数据分析技术。因此，虽然数据挖掘需要机器学习，但机器学习并不一定需要数据挖掘。但在某些情况下，机器学习需要来自数据挖掘的信息用于查看关系之间的连接。总体来看，通过数据挖掘收集和处理的信息可以用来帮助机器学习，但这不是必需的，更多地是为了方便。

6. 能力

数据挖掘无法自动学习或适应所搜集的数据，而这正是机器学习的全部意义所在。数据挖掘遵循预先设定的规则，是静态的，而机器学习则根据合适的情况调整算法，是动态的。数据挖掘只有在用户输入参数时才算智能，机器学习意味着这些计算机变得越来越智能。

7. 实用性

数据挖掘应用于零售业，以了解客户的购买习惯，从而帮助企业制定更成功的销售策略。社交媒体是数据挖掘的“沃土”，因为从用户档案、查询、关键字和共享中收集的信息可以放在一起，它将帮助广告商组织相关的促销活动。金融界使用数据挖掘来研究潜在的投资机会，甚至是初创企业成功的可能性。收集这些信息有助于投资者决定是否要投资新项目。如果数据挖掘早在 20 世纪 90 年代中期就得到完善，它完全可以防止 20 世纪 90 年代末期优秀的互联网初创企业倒闭。

【课堂研讨】

写一段程序让计算机自己进行一个学习过程，直到达到一个满意程度。研讨学习的目的、学习的途径以及学习的满意程度是如何定义的。

【拓展训练】

1. 阐述数据挖掘的概念。
2. 阐述机器学习领域有几种主要的学习方式。
3. 阐述数据挖掘和机器学习的关系。

任务二　运用大数据分析技术

【任务描述】

与往届世界杯不同的是，数据分析成为巴西世界杯赛事外的精彩看点。伴随赛场上球员的奋力角逐，大数据也在全力演绎世界杯背后的分析故事。一向以严谨著称的德国队引入专门处理大数据的足球解决方案，进行比赛数据分析，优化球队配置，并通过分析对手数据找到比赛的“制敌”方式；谷歌、微软、Opta 等公司通过大数据分析预测比赛结果。大数据，不仅成为赛场上的“第 12 人”，还在某种程度上充当了世界杯的“预言帝”。

大数据分析邂逅世界杯是大数据时代的必然。小张想要知道大数据分析技术在我们的生活中有哪些作用。

【知识准备】

一、认知大数据分析

大数据分析技术主要包括已有数据的分布式统计分析和未知数据的分布式挖掘、深度学习。分布式统计分析可由数据处理技术完成，分布式挖掘和深度学习技术则在大数据分析阶段完成，包括聚类与分类、关联分析、深度学习等，它可挖掘大数据集合中的数据关联性，形成对事物的描述模式或属性规则，可通过构建机器学习模型和海量训练数据提升数据分析与预测的准确性。

二、大数据分析模型

常见的数据分析模型可以从机器学习模型和业务模型两个角度来区分。

(一) 机器学习模型

机器学习下的模型算法众多,划分方法也较多,根据学习方式可将机器学习分为监督学习和无监督学习。在本项目的任务一中已经介绍了监督学习、无监督学习等的相关概念,现将这几个概念进一步细分。这里为方便讲解引入一张数据集表格示例,如表 5-1 所示。

表 5-1 数据集示例

序号	性别	婚姻情况	年龄/岁	月收入/元	是否购买汽车
1	男	单身	39	6 500	是
2	男	已婚	25	3 500	否
3	女	已婚	26	4 500	是
4	男	单身	26	4 500	否
5	女	已婚	21	4 000	否
6	男	单身	27	5 200	是

表 5-1 是某地区消费者的基本信息以及最终是否购车的统计表。如果我们需要根据表格中的数据对消费者是否购车进行预测,也就是判断该名消费者“是否购买汽车”列中的“是”和“否”。需要解决的问题就是一个分类问题:将消费者分为“购买汽车”和“不购买汽车”两类。如果我们需要建立年龄与月收入之间的关系,最常见的解决方式就是将该问题转化为一个回归问题,认为年龄与月收入存在某种相关关系。分类问题与回归问题都可以统称为“监督学习”。

如果表 5-1 中没有“婚姻状况”这一列的数据,也可以通过其他列提供的数据特征来对数据进行聚类,从而将消费者划分至不同类别。聚类可以对数据进行潜在的概念划分,将表格中的消费者划分为“已婚”或者“单身”。这种无标签情形下的机器学习也就是“无监督学习”。当然,无监督学习下也不是只有聚类这一种算法,还包括降维等其他算法。

1. 回归分析

回归分析是一种数据分析方法,它是研究变量 X 对因变量 Y 的数据分析。回归分析中,只包括一个自变量和一个因变量,且两者的关系可用一条直线近似表示,这种回归分析称为一元线性回归分析。如果回归分析中包括两个或两个以上的自变量,且因变量和自变量之间是线性关系,则称为多元线性回归分析。根据因变量和自变量之间是否是线性的,可以分为线性回归和非线性回归。

此外,时间序列是一种用于研究数据随时间变化的算法,也是一种常用的回归预测方法。原则是事物的连续性。所谓连续性,是指客观事物的发展具有规律性、连续性,事物的发展是按照其内在规律进行的,在一定的条件下,事物的基本发展趋势就会持续到未来。

2. 分类分析

分类分析算法是解决分类问题的一种方法，是数据挖掘、机器学习和模式识别的一个重要研究领域。分类在于根据其特性将数据“分门别类”，所以在许多领域都有广泛的应用。例如，在银行业务中，可以构建一个客户分类模型，对客户按照贷款风险的大小进行分类；在图像处理中，分类可以用来检测图像中是否有人脸出现；在手写识别中，分类可以用于识别手写的数字；在互联网搜索中，网页的分类可以帮助网页抓取、索引与排序。

3. 聚类分析

简单来说，“物以类聚”这一成语就是聚类分析的基本思想。聚类分析法是大数据挖掘和测算中的基础任务，是将大量统计数据集中具备“类似”特征的数据点划分为统一类型，并最终生成多个“类”的方法。大量数据集中必须有相似的数据点。基于这一假设，可以区分数据并且找到每个数据集的特征。

4. 数据降维

对大量的数据和大规模的数据进行挖掘时，往往会面临“维度灾害”。数据集的维度无限地增加，但由于计算机的处理能力和速度有限，且数据集的多个维度之间可能存在共同的线性关系，会立即造成学习模型的可扩展性不足，乃至许多时候优化算法结果无效。因而，必须减少维度总数并减少维度间共线性危害。

数据降维，也称为数据归约或数据约减，其目的是减少数据计算和建模中涉及的维数。有两种数据降维思想：一种是基于特征选择的降维；另一种是基于维度变换的降维。

机器学习模型还可根据学习目标进行划分，如概念学习、规则学习、函数学习、类别学习、贝叶斯网络学习。规则学习中最广为人知的就是关联规则算法。

5. 关联规则

关联规则通过深入分析数据集，寻找事物间的关联性，挖掘频繁出现的组合，并描述组合内对象同时出现的模式和规律。例如，对超市购物的数据进行关联分析，通过发现顾客所购买的不同商品之间的关系，分析顾客的购买习惯，设计商品的组合摆放位置，制定相应的营销策略，从而制造需求，提高销售额，创造额外收入。

(二) 业务模型

业务模型是一类根据业务情景而定，用以解决某一具体问题的实体模型。这种实体模型跟数据分析实体模型的差别在于其情景化的运用。

1. 会员数据化运营分析模型

老用户对企业来说是非常重要的收入来源，由于拓展新用户的成本是老用户的数倍，所以提高老用户的活跃度是有必要的。会员数据化运营是企业运营的重要基础，了解会员数据化运营的角度、相关指标、方法、模型等，建立较为系统的思考逻辑是非常重要的。

2. 商品数据化运营分析模型

数据在商品运营过程中扮演着非常重要的角色，从销售预测到库存管理，从商品结构优化到动销管理，从捆绑策略到捆绑组合等各方面都需要数据支持。在海量商品数据和复杂的用户购物需求中，通过数据来发现销售规律，已经成为商品运营的关键。

商品数据化运营关键指标主要包括销售指标、促销指标和供应链指标，主要应用场景包括销售预测、库存分析、市场分析、促销分析等。

3. 流量数据化运营分析模型

媒体信息时代，在用户行为移动化、需求个性化的复杂背景下，企业想要获得用户关注愈发困难，并且随着营销成本的增加，企业流量能够更多地转化为客户数量，精准营销需求日益突出。流量数据化运营需要解决的本质问题是如何提高客户转化率的问题。流量数据运营指标主要包括站外营销推广指标和网站流量质量指标。

4. 内容数据化运营分析模型

内容运营是指基于内容的策划、编辑、发布、优化、营销等一系列工作，主要集中在互联网、媒体等以内容为主的行业领域。内容数据化运营根据内容生产方式的不同可分为 UGC、PGC 和 OGC 三种。

（1）UGC（user-generated content），用户生产内容。这是论坛、贴吧、微博时代的主要内容生产方式，内容主要由参与内容载体的用户产生，运营方本身不产生任何实质性内容。这些用户一般都是非专业“评论者”，通常基于兴趣、爱好等共同语言而自发形成内容。

（2）PGC（professionally-generated content），专业生产内容。PGC 相比 UGC，虽然都由用户产生内容，但是这里的用户主要是指有专业背景、资历的用户，包括行业领袖、知识专家、书籍作者等。这些人通常能产生非常高质量的专业内容。现在很多知识性网站都是此类形式，如知乎、个人微信、公众号。

（3）OGC（occupationally-generated content），职业生产内容。OGC 相比 PGC 在内容专业度上相当，但是 OGC 的特点是将内容生产作为一门“职业”，从内容生产中获取收入是这一类型的显著性特征。OGC 的普遍代表是各个新闻类网站和媒体，一般都以付费投稿、分成等方式吸引高质量的“创作者”参与内容生产。除了邀请外部专家参与内容生产，这类网站自身拥有很多职业内容生产者。

三、大数据分析的作用

（一）现状分析

现状分析，是指分析企业目前阶段的整体运营情况，并通过各种运营指标来衡量企业当前的运营状况，指出存在的优势与不足。其次，通过分析企业每个业务的组成，以便了解企业每个业务的发展和变化情况，并对企业的业务状态有更深入的了解。

现状分析通常以报告形式呈现，如每日、每周和每月报告。

（二）原因分析

在对现状进行分析之后，对企业的运营有了基本的了解，但是仍不知道是什么因素促使该企业保持现有的优势，又是什么因素导致了企业存在这样的不足。这时需要进行进一步分析，以确定业务变更的具体原因。

原因分析通常通过主题分析进行，即根据企业的经营情况，从一定的现状出发进行分析。

（三）预测分析

在了解企业运营的现状和进行原因分析后，有时需要对企业的未来发展趋势进行预测，为企业制定业务目标，并提供有效的战略和决策依据，以确保企业持续、健康地发展。

预测分析通常是通过主题分析来完成的。主题分析一般在制定企业的季度和年度计划时进行。

四、大数据分析的应用

随着大数据的发展，数据分析已经渗透至各行各业，特别是互联网、电子商务、金融三大产业。同时，数据分析在电信、旅游、医疗卫生等领域有着广泛的应用。

（一）数据分析在互联网中的应用

随着移动互联网技术的发展，利用手机终端接收新闻、听音乐、看电视是众多消费者的第一选择。营销者想要在激烈的市场竞争中占据一席之地，就需要对海量用户数据进行挖掘分析，在此基础上发现用户的个性喜好，并将其与业务支撑系统数据结合进行分析，展现用户动态与静态数据的互补性，为市场营销人员寻找目标客户打下良好的基础，提升营销准确率。

（二）数据分析在电子商务中的应用

就电子商务行业来说，数据分析在企业内部非常重要，营销管理、客户管理等环节都需要应用数据分析的结果。利用数据分析可发现企业内部管理的不足、营销手段的不足、客户体验的不足等。利用数据挖掘可了解客户的内在需求。例如，客户可能喜欢哪种类型的商品，就对其进行智能推荐。

（三）数据分析在金融中的应用

数据分析技术对金融行业的影响巨大。信息系统在金融行业中的实际应用前景非常大。金融行业对信息系统的实用性要求很高，且积累了大量的客户交易数据。目前金融行业的信息需求主要包括客户行为分析、金融分析等。

（四）数据分析在其他行业中的应用

数据分析可以进行人流量、车流量等数据统计，使旅游行业中的企业可以更好地了解用户的想法和需求；数据分析可以帮助电信行业进行增值业务推荐和新套餐科学定价分析；数据分析还可以帮助房地产行业作出投资决策建议；等等。

【课堂研讨】

如何正确看待大数据安全和传统数据安全之间的关系？

【拓展训练】

1. 针对大数据处理的主要计算模型有哪些？
2. 大数据分析技术主要包括哪些？

项目实训　构建决策树模型

操作录屏：构建决策树模型

【实训背景】

某便利店上个月为了促销，举办了一系列活动，其中就有办理会员卡充值满 100 元可得 110 元、充值满 300 元可得 335 元的活动。消费者需要通过扫码在小程序中填写基本的个人实名信息，随后充值对应金额即可在该便利店消费并积分。活动较为火爆，便利店负责人说经常来消费的顾客通常都会选择办理一张电子会员卡。

近期，有一个品牌饮料经销商找到该便利店，希望该便利店能代为销售该品牌新推出的果味汽水饮料，便利店负责人同意代为销售 3 天试试。第一天上午，便利店负责人发现该饮料售卖出 10 瓶，下午尝试推销后又卖出去 4 瓶，有 6 人拒绝了推销。

结束营业后，便利店负责人想到：我们经常通过一个人的生活情况、行为举止来判断一个人的最终决定，那么在销售时，是否可以通过顾客的性别、婚姻、年龄、收入等情况，判断其是否会购买某种产品，并将顾客分类，以此作为推销的依据。

于是，便利店负责人找到小张，希望小张能根据现有的销售数据，建立一个分类模型，并推测未来两天的代售期中什么样的消费者会购买这款新出的果味汽水饮料。

【实训描述】

通过顾客的基本信息（如性别、婚姻、年龄、收入），建立决策树来将顾客进行分类，并判断两位此前未购买过汽水的消费者是否会购买新推出的果味汽水饮料。

【知识准备】

一、决策树的概念

决策树（decision tree）是一种基本的分类与回归方法。它是一个树形结构，对于指定特征空间的数据点来说，其总能顺着决策树的根节点一步步分配到子节点，最终到达叶子节点，而叶子节点表示了该数据点所属的分类。每一次分配到子节点的过程，可以看作是对数据点中特有的特征属性值进行的“if-then”判断。

二、决策树组成部分

决策树由节点和有向边组成。节点有决策节点和叶节点两种类型。通常，一个决策树包含一个根节点、若干个决策节点和若干个叶子节点。

根节点。根节点是一个特殊的分支节点，它是决策树的起点，代表整个样本，并进一步划分为两个或多个同类集。

决策节点（分支节点）。决策节点决定输入数据进入哪一个分支。每个决策节点对应一个分支函数（劈分函数），将不同预测变量的值域映射到有限、离散的分支上。

叶子节点。叶子节点表示最终的决策结果，它们没有子节点。银行贷款决策树如图 5－3 所示。在

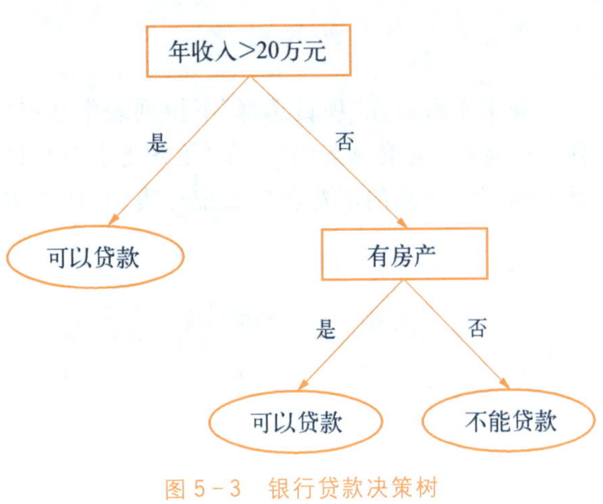

图 5－3　银行贷款决策树

图 5-3 中，叶子节点的值有两种，即“可以贷款”和“不能贷款”。对于分类问题，所有类别的后验概率都存储在叶子节点，观测走过全树从上到下的某一条路径（决策过程）之后，根据叶子节点给出一个“观测属于哪一类”的预报；对于回归问题，叶子节点上存储了训练集目标变量的中位数，不同观测走过决策路径后如果到达了相同的叶子节点，则对它们给出相同预报。

三、树形决策过程

首先看一个简单的例子。银行要确定是否向客户发放贷款，为此需要考察客户的收入与房产情况。在进行决策之前，会先获取客户的这两个数据。如果把这个决策看作分类问题，两个指标就是特征向量的分量，类别标签是“可以贷款”和“不能贷款”。银行按照下面的过程进行决策：① 判断客户的年收入指标，如果年收入大于 20 万元，则可以贷款，否则不能贷款；② 判断客户是否有房产，如果有房产，则可以贷款，否则不能贷款。

用图形表示这个过程就是一颗决策树，如图 5-3 所示。决策过程从树的根节点开始，在内部节点处需要做判断，直至到达叶子节点处，得到决策结果。决策树由一系列分层嵌套的判定规则组成，是一个递归的结构。

收入为数值型特征，可以比较大小，这种特征为整数或实数。房产情况为类别型特征，取值为“有房产”或“没有房产”两种情况，这种特征不能比较大小。决策树所有节点为矩形，叶子节点（即决策结果）为椭圆形。

四、应用范围

决策树的应用范围十分广泛，既可以进行分类问题预测，又可以进行回归问题预测。对于分类问题，如用户流失预测，可以根据用户性别、年龄、最近一次消费时间、消费金额等特征来判断用户是否流失；对于回归问题，如用户消费金额预测，可根据用户特征属性构造回归树来进行预测。

【实训过程】

一、查看案例数据

登录平台后在“项目选择”下拉列表中选择“数据挖掘”项目，并在“案例选择”下拉列表中选择“决策树案例”。在“任务要求”中可以看到该便利店销售果味饮料的第一天是否购买该产品的消费者信息统计表，具体如表 5-2 所示。

表 5-2 消费者信息统计表

序 号	性 别	婚姻情况	年 龄	月收入/元	是否购买该产品
1	男	单身	39 岁	1 271	否
2	男	已婚	25 岁	2 484	否
3	女	已婚	26 岁	3 609	否

续　表

序　号	性　别	婚姻情况	年　龄	月收入/元	是否购买该产品
4	男	单身	26 岁	1 370	否
5	女	已婚	21 岁	2 441	否
6	男	单身	27 岁	961	否
7	男	单身	29 岁	2 333	是
8	女	已婚	26 岁	3 763	是
9	女	已婚	26 岁	4 812	是
10	男	单身	47 岁	1 213	是
11	男	单身	32 岁	2 238	是
12	女	已婚	59 岁	5 045	是
13	男	单身	56 岁	3 618	是
14	男	单身	51 岁	3 595	是
15	女	已婚	31 岁	2 782	是
16	男	单身	23 岁	882	是
17	女	已婚	28 岁	1 376	是
18	男	单身	45 岁	3 750	是
19	男	单身	36 岁	2 337	是
20	男	单身	36 岁	3 542	是

两位此前未购买过汽水的消费者个人信息统计表如表 5－3 所示。

表 5－3　新消费者的基本情况

序　号	性　别	婚姻情况	年　龄	月收入/元
1	男	单身	24 岁	2 000
2	女	已婚	44 岁	2 000

二、信息转换

代码不能直接识别诸如“男”“女”这样的文字，需要先将其转化为计算机可以识别的语言。通常，将这类文字转而使用“0”“1”进行表达。

当前案例中信息转换对应表如表 5－4 所示。

表 5－4　信息转换对应表

类　别	原表中显示的内容	转化后的内容
性　别	男	0
	女	1

续 表

类 别	原表中显示的内容	转化后的内容
婚姻情况	单 身	0
	已 婚	1
是否购买该产品	是	0
	否	1

三、填写参数

根据信息转化表与“商务需求获取”中的提示，可以将两位新消费者的信息进行转换。例如，新消费者中的第一位是男性、单身、24 岁、月收入 2 000 元，那么在信息转换表中可以找出“男”对应的转换内容为“0”，“单身”对应的转换内容为“0”，因此这位消费者转换后的信息为“0,0,24,2 000”。由于代码中需要用英文字符将各个信息隔开，所以在输入的时候需要注意。同样地，第二位消费者是女性、已婚、44 岁、月收入 2 000 元，那么这位消费者转换后的信息为“1,1,44,2 000”。

于是，在“技术需求转化”中应填写如图 5 - 4 所示的参数。

关键词	参数
第一个预测人	0,0,24,2000
第二个预测人	1,1,44,2000
输出图片名称	可自定义

图 5 - 4 构建决策树模型的参数

确认无误后，单击“需求实现”可查看完整代码，单击“执行并显示结果”可查看建模与预测结果。

四、结果解读

“执行并显示结果”的内容如图 5 - 5 所示。根据对 20 位消费者的购买情况进行建模，并对两位未购买过果味汽水饮料的消费者进行预测，两位消费者的预测结果分别为“[1]”“[0]”。结合表 5 - 4 信息转换表中的内容可以知道此处的“0”“1”分别对应“是否购买该产品”下的“是”“否”。也就是说，第一位消费者可能不会购买该产品，而第二位消费者可能会购买该果味汽水饮料。

在决策树分类的建模过程中，主要用到的是基尼系数这一概念。

基尼系数起初是 20 世纪初意大利经济学家基尼根据劳伦斯曲线所定义的判断收入分配公平程度的指标。现在也可以用基尼系数来反映一组数据的离散程度，其功能类似于标准差。基尼系数越大，则平均指标（如平均数、中位数和众数）对一组数据的代表性越差；反之则越好。这里就使用基尼系数来反映一组数据中分类类别的杂乱程度。

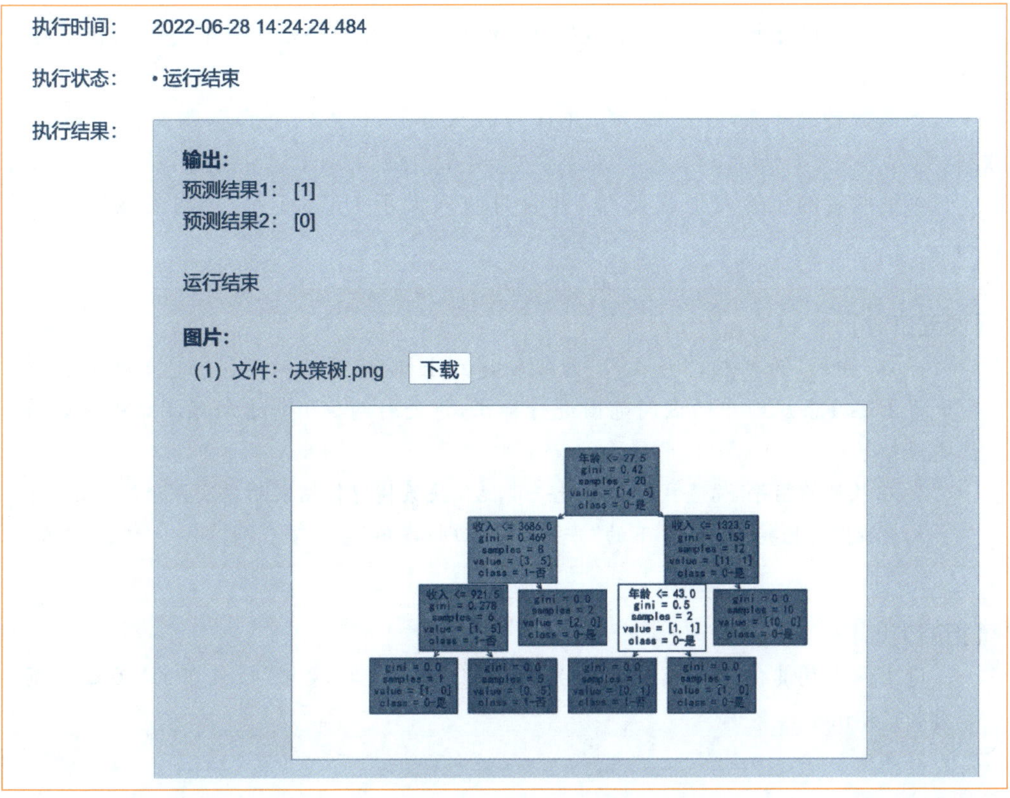

图 5-5　决策树建模结果

观察生成的决策树图片，并结合决策树的相关知识可以知道除了叶子节点外，每个节点都有 5 个元素：分裂依据，gini（当前节点的基尼系数），samples（当前样本数），value（样本中各类别的数量），class（分类类别）。使用 Python 中已封装好的 sklearn 库可计算这些元素的值。

以根节点为例，其分裂依据为年龄是否小于等于 27.5，也就是说该决策树首先将消费者按照年龄是否小于等于 27.5 进行分类。当前根节点的基尼系数（gini）为 0.42，当前根节点的样本数（samples）为 20。样本中各类别的数量（value）后中括号中左边的数值 14 表示“0-是”列中的数量，即购买该产品的顾客数量；右边的数值 6 表示“1-否”列中的数量，即不会购买该产品的顾客数量。根节点的分类类别为“0-是”，是因为这个节点中购买该产品的顾客数量 14 多于不购买的消费者数量 6。

值得注意的是，模型的预测结果取决于最后叶子节点的 class，并且最后的叶子节点因为已经分裂完毕，所以不再有分裂依据这一项。

本案例一共有 6 个叶子节点，这 6 个节点从左至右各自对应的消费者分类规则如下所示：

（1）消费者的年龄小于 27.5 岁，并且月收入小于 921.5 元，会购买该果味汽水饮料。

（2）消费者的年龄小于 27.5 岁，并且月收入在 921.5～3 686 元，不会购买该果味汽水饮料。

（3）消费者的年龄小于 27.5 岁，并且月收入大于 3 686 元，会购买该果味汽水饮料。

(4) 消费者的年龄在 27.5～43 岁，并且月收入小于 1 323.5 元，不会购买该果味汽水饮料。

(5) 消费者的年龄大于 43 岁，并且月收入小于 1 323.5 元，会购买该果味汽水饮料。

(6) 消费者的年龄大于 27.5 岁，并且月收入大于 1 323.5 元，会购买该果味汽水饮料。

【课程研讨】

1. 以“年龄”为横轴，“月收入”为纵轴建立坐标系，用两种不同颜色的笔在坐标系中将上述 6 条规则中的区间范围进行标识，讨论对两位消费者的预测结果是否符合建模结果。

2. 在教师的指导下，查找是否有进一步优化决策树建模结果的方法并分组讨论。

3. 完成“数据挖掘”项目下的“一元线性回归案例”。

【拓展训练】

请上网查询其他常见模型的相关资料并完成“数据挖掘”项目下的“关联规则案例”与“k-means 案例”。

拓展阅读

发挥税收大数据智能分析优势

不久前，内蒙古包头、江苏镇江、安徽铜陵、山东淄博、福建宁德、四川乐山六市税务局成立助力新能源企业打通上下游供应链联盟，将运用税收大数据帮助新能源企业实现精准快速的供需对接，并围绕新能源产业链开展跨区域税收经济分析，为产业发展把脉献策。这是应用税收大数据助力上下游产业“串珠成链”的积极探索和尝试，将有效促进相关地区的产业调整和升级，更好地服务高质量发展。

税收大数据是指与纳税人相关的涉税信息的总称，直接关联着经营主体。其不仅存储着生产经营和交易数据，还覆盖了税务部门的执法过程，涉及生产消费等各个领域，微观上能直观反映经营主体的运行状况，宏观上能反映经济态势和发展趋势。相比传统的税收统计和调查数据，具有覆盖经济领域全、反映经济活动快、数据颗粒度细等特点。

当前，随着税收大数据的建设与发展，数据应用领域不断拓展。而在税收大数据发展和应用的推进过程中，依然有许多方面需进一步完善和拓展。首先，涉税数据的采集和共享机制缺乏明确的法律规定，相关部门制度标准不统一，导致部门之间存在壁垒。其次，数据挖掘不够，缺乏对宏观经济、企业财务数据和第三方数据的有效利用，加之各地区数据应用标准不统一，影响数据分析的准确性。再次，应用场景单一，目前仍主要局限于税收征管领域，缺乏对税制改革、税费优惠政策等的剖析，切实需要进行多样化、多领域的探索。

2022 年 10 月，中共中央办公厅、国务院办公厅印发了《关于进一步深化税收征管改革的意见》，明确要求深入推进税务领域“放管服”改革，完善税务监管体系，打造市场化、法治化、国际化营商环境，更好地服务经营主体发展。作为落实党中央、国务院决策部署的重要举措之一，下一步要持续提升税收大数据的智能化分析水平和能力，切实发挥立竿见影式的快速反应优势，更好地为企业清晰画像、为经济准确把脉、为政府决策指明方向。

感悟：税收大数据在实现供需对接方面发挥了重要作用。通过运用税收大数据，税务部门能够及时了解企业的生产经营状况，帮助新能源企业与上下游企业进行快速、精准的供需对接。这有助于提高供应链的效率，降低企业的运营成本，推动产业链条的顺畅运转。这种基于数据的协同发展模式，不仅能够增强企业间的合作与互动，还有助于提升整个产业的竞争力。同时，跨区域税收经济分析为相关地区的产业调整和升级提供了有力的参考依据。

项目六

大数据可视化

职业能力目标

1. 能够掌握数据可视化的概念。
2. 能够了解数据可视化的作用。
3. 能够了解数据可视化的工具。

职业素养目标

1. 养成对大数据进行可视化分析的职业习惯。
2. 养成对事物分析客观、敏感的职业思维方式。

◇ 知识图谱 ◇

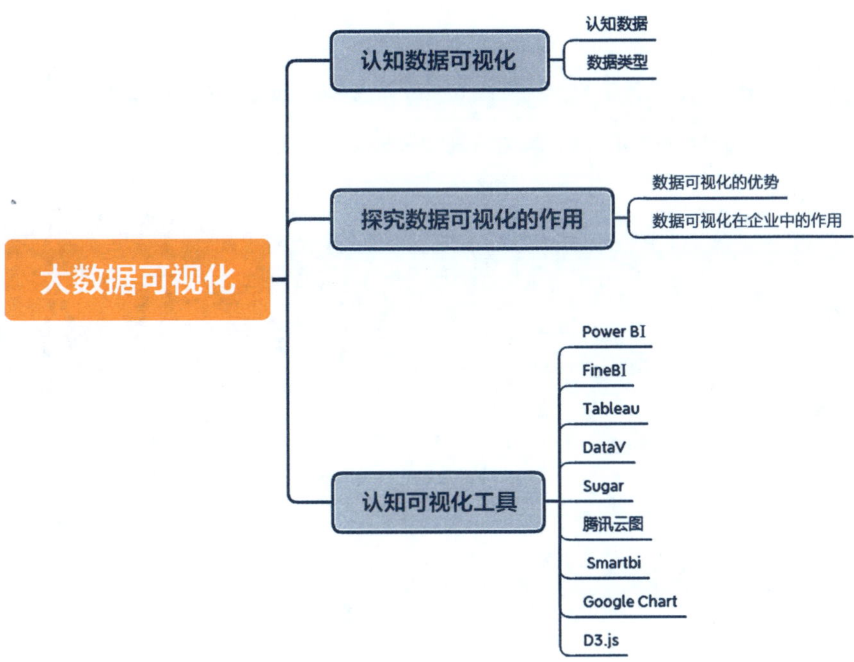

任务一　认知数据可视化

【任务描述】

小张是一名电子商务专业的在校大学生，应一家保温杯生产厂家的要求，要对保温杯销售情况进行分析。由于日积月累，厂家生产的数据无论从数量空间还是从维度层次上都日益繁杂。面对大量数据，小张感慨道：要么企业内部的大量数据不能有效利用，无法提供决策依据；要么数据展示模式繁杂晦涩，无法从中快速甄别有效信息。

如何将海量数据经过抽取、加工、提炼，通过可视化的方式展示出来，改变传统的文字描述识别模式，让决策者更高效地掌握重要信息和了解重要细节，这关系到企业重大决策的制定和发展方向的研判，因此小张想了解到底什么是数据可视化。

微课视频：数据可视化

【知识准备】

大数据可视化，是指将结构或非结构数据转换成适当的可视化图表，然后将隐藏在数据中的信息直接展现在人们面前。数据可视化分析是指将数据以易于感知的图形符号呈现给用户，让用户交互地理解数据。也就是说，数据可视化可以看到交互界面，更适合探索性地分析数据。

数据可视化是指以柱状图、饼状图、线型图等图形方式展示数据，让决策者更高效地了解企业的重要信息和细节层次。大量研究结果表明人类通过图形获取信息的速度比通过阅读文字获取信息的速度要快很多，因此通过可视化方式可有效地帮助用户改变传统的数据识别模式。可视化分析的过程如图 6－1 所示。

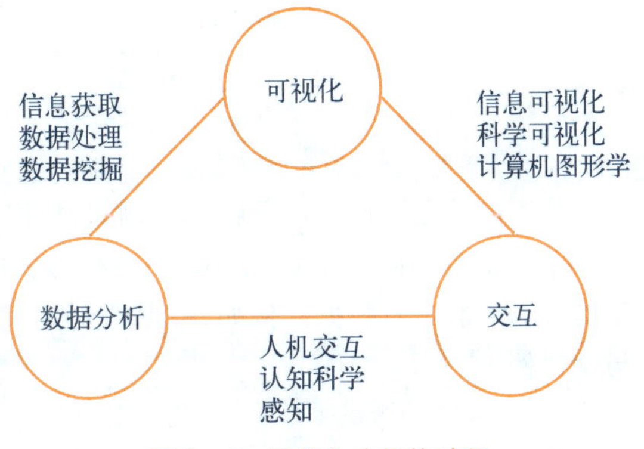

图 6－1　可视化分析的过程

数据可视化将数据变换为易于感知的可视编码。为了精准地通过数据的可视化表达传播信息，需要研究数据的分类及其对应的可视编码方法。

一、认知数据

人们对数据的认知，一般都经过从数据模型到概念模型的过程，最后得到数据在实际运用中的具体语义。数据模型是对数据的底层描述及相关的操作。在处理数据时，最初接触的是数据模型。例如，一组数据：7.8、12.5、14.3，首先被看作是一组浮点数据，可以应用加、减、乘、除等操作；另一组数据：白、黑、黄，则被视为一组根据颜色分类的数据。

概念模型是对数据的高层次描述，对应人们对数据的具体认知。对数据进行进一步处理之前，需要定义数据的概念和它们之间的联系，同时定义数据的语义和它们所代表的含义。例如，对于7.8、12.5、14.3这一组数据，可以从概念模型出发定义它们是某天的气温值，从而赋予这组数值特别的语义，并进行下一步的分析（如统计分析一天中的温度变化）。对于白、黑、黄这一组数据，则可以表示为一组人群中的不同肤色。概念模型的建立跟实际应用紧密相关。例如，数值数据可用于表达温度、高度、产量等，而类别型数据则可表达性别、人种等不同的意义。

二、数据类型

根据数据分析的要求，不同的应用可以采用不同的数据分类方法。例如，根据数据模型划分，可以分为浮点数、整数、字符等；根据概念模型划分，可以定义数据所对应的实际意义或者对象，如汽车、摩托车、自行车等分类数据。在科学计算中，通常根据测量标度，将数据分为四类：类别型数据、有序型数据、区间型数据和比值型数据，如表6－1所示。

表6－1 赛跑比赛排名数据

排 名	姓 名	时 间	性 别
1	小 赵	3分10秒	男
2	小 钱	3分12秒	男
3	小 孙	3分18秒	男
4	小 李	3分40秒	女
5	小 周	3分52秒	男
6	小 吴	4分10秒	女

（一）类别型数据

类别型数据可用于区分物体。例如，根据性别，可以将人分为男性或者女性（表6－1中的“性别”）；水果可以分为苹果、香蕉等。这些类别可以用于区分一组对象，但是无法提供对象的定量数据。例如，根据性别无法得到对象间的其他信息和联系，如年龄、男女比例等。

（二）有序型数据

有序型数据可用来表示对象间的顺序关系。例如，根据成绩定义运动员的排名，跑得越快的运动员名次数越小——排名为“1”的运动员比排名为“2”的运动员跑得要快，以此类推。但是根据对象的顺序，并不一定能得到准确的定量比较。例如，在表6－1中，小赵的排名为“1”，小钱的排名为“2”，他们的排名差距为“1”。同样，小周和小吴之间的排名差距也是“1”。这两组之间的排名差距一样，但是小赵和小钱的跑步成绩差距并不一定等于小周和小吴间的差距。因此，有序型数据只能得到对象间的顺序关系，而无法根据序数间的数值差距，对他们之间跑步成绩的差距进行定量比较。

（三）区间型数据

区间型数据可用于得到对象间的定量比较。相对于有序型数据，区间型数据提供了详细的定量信息。例如，使用摄氏度来衡量温度，10℃和20℃的差别，与50℃和

40℃的差别是一致的。但是，因为区间型数据基于任意的起始点，所以只能得到对象间的相对差别，并不能定义对象的绝对值。例如，温度计显示0℃，并不表明没有任何温度。

（四）比值型数据

比值型数据可用于比较数值间的比例关系。比值型数据基于真正意义上的“0”点，可以用来精确地定义比例。例如，4厘米的物体比2厘米的物体长2倍。表6-1中的跑步成绩属于比值型数据。

不同的数据类型适用于不同的操作算子——区分度算子：＝　≠；序别算子：＞　＜；加减算子：＋　－；乘除算子：×　÷。类别型数据适用于区分度算子，可以判断不同数据之间是否相等。例如，两种水果都是苹果，则认为它们是一类；如果其中一种是香蕉，则是不同类。有序型数据适用于区分度算子和序别算子，因此可以判断大小关系，如表6-1中运动员的排名。区间型数据适用于区分度算子、序别算子和加减算子，如计算温度差和年龄等。比值型数据适用于区分度算子、序别算子、加减算子和乘除算子。

不同的数据类型同时也对应不同的集合操作和统计计算。对于类别型数据集合，可以互换元素间的位置、统计类别和模式，也可以计算列联相关。对于有序型数据集合，可以计算元素间的单调递增（减）关系、中值、百分位数。对于区间型数据集合，可以进行元素间线性加减操作，计算平均值、标准方差等。对于比值型数据集合，由于基数为零，除了上述三种数据类型所允许的操作外，还可以进行更复杂的计算，例如计算元素间的相似度，或者统计上的变异系数。这些不同的数据类型及其所对应的操作计算如表6-2所示。

表6-2　数据类型及其对应操作

类　型	基本操作/用途	集　合　操　作	允许的统计计算
类别型数据	判断是否相等	允许互换元素间位置	类别、模式、列联相关
有序型数据	判断大小	计算元素单调递增（减）关系	中值、百分位数
区间型数据	判断差别	允许元素间线性加减操作	平均值、标准方差、等级相关、积差相关
比值型数据	判断比例	能判断元素间的相似度	变异系数

在数据可视化中，通常并不区分区间型数据和比值型数据，而是将数据类型进一步精简为三种：类别型数据、有序型数据和数值型数据（包括区间型数据和比值型数据）。基础的可视化设计和编码一般针对这三种数据展开，复杂型数据通常是这三类数据的组合或变化，如网络与层次结构就是一种有序型数据。

【课堂研讨】

有的人可以在短时间内记住成百上千个毫无规律的手机号码，其实没有什么奥秘，只是因为他们通过数据表达将原本毫无意义的符号，变成了有联系的图形信息。比如他们在记忆183492761这样的数字时，会将数字放入类似于手机解锁的九宫格中，这样他们就能将记忆数字改变为记忆图形，大大提高记忆效果。请研讨记忆图形效果更佳的原因。

【拓展训练】

通常很多人做报表时，都会给企业经营者用Excel表格的方式呈现，但是这种方式仅仅是将数据进行了罗列，没有办法表达出真正的主体信息，企业经营者也没办法从这样的数据中找出什么规律和特征。

尝试利用数据可视化将数据进行转化，这样企业经营者获取信息的效率会更高，也能从数据中找出事物变化的趋势与规律，帮助企业经营者进行决策。

任务二　探究数据可视化的作用

【任务描述】

数据可视化是一种通过图表将数据信息以直观、清晰的方式展示出来的方法。它可以帮助用户快速、准确地理解数据，并从中获取有价值的洞察。以电商运营为例，他们可以利用数据可视化工具来分析用户特征和销售情况，进而优化运营策略。

通过制作用户画像图，电商运营人员可以将用户的地域分布、年龄性别比例、消费能力等信息清晰地展示出来。这样的可视化结果使得运营人员能够直观地了解不同用户群体的特点和偏好。例如，他们可能会发现某个地区的用户购买力较高，或者某个年龄段的用户对特定类型的产品更感兴趣。基于这些洞察，运营人员可以有针对性地制定推广计划，调整产品定位，提供个性化的服务，从而提高用户满意度和购买转化率。

通过制作产品销售热力图，电商运营人员可以直观地了解不同产品的销售情况和销售趋势。热力图可以以颜色深浅或者图表形式展示产品的销售量、销售额、销售增长率等指标，帮助运营人员快速发现畅销产品和低销产品。通过对销售热力图的分析，运营人员可以及时调整库存策略，合理安排商品上架和下架时间，优化产品组合，促进销售增长。

数据可视化还可以帮助电商运营人员更好地了解广告投放效果、用户行为路径、订单流程等关键业务指标。通过可视化工具呈现这些数据，运营人员可以迅速发现潜在的问题和机会，及时调整运营策略，提升整体业绩。

【知识准备】

一、数据可视化的优势

大数据可视化技术的主要攻坚对象是如何在不贬抑数据价值的同时将数据从“数字和文字”转换为“简洁的图表”，方便数据挖掘和数据展示。

一个经典的可视化实现流程，是先对采集的数据进行加工处理和变换，转变成视觉可表达的形式（可视化映射），再渲染成用户可见的视图（用户感知）。可视化流程概念图如图6－2所示。

图6－2　可视化流程概念图

相比传统的用表格或文档展现数据的方式，可视化能将数据以更加直观的方式展现出来，使数据更加客观、更具有说服力。在各类报表和说明性文件中，用直观的图表展现数据，显得简洁、可靠。

无论是收集数据、数据分析还是决策，对于大多数企业来讲，都是非常重要的工作。然而光有数据分析是没有用的，因为数据分析无法将数据的“魅力”完全展示出来，唯有数据可视化才能真正做到。将一排排数据做成可视化的图表，才能看到变动的趋势，才能发现数据背后的问题。

二、数据可视化在企业中的作用

（一）帮助企业快速消化信息

数据庞大是互联网时代的特色之一，在庞大的数据中如何快速消化吸收有用的信息对抢占先机有很大的帮助。通过数据可视化找到相关信息的可能性要远远大于其他方式，且数据可视化能够让浏览者得到更多的信息。

（二）观察数据变化，指导决策

数据可视化能够让员工更为轻松地了解日常工作进度，分析业务表现，同时还能够让管理者从中找到改变整体业务的方式，帮助分析绩效以及过去的成果、预测未来的绩效以及其他数值。通过分析，还能够掌握业务增长、下滑的原因，做到趋利避害。

（三）发展市场趋势

对企业来讲，决策方向影响发展结果。当管理者能够从市场中发现发展趋势并以此调整经营策略的时候，往往该企业的发展速率会超过同行。而这种发展趋势的发现隐藏于数据当中，很难让人发现。不过，有了数据可视化图表之后，这一点就成为很多企业的优点，因为数据可视化会让发展趋势更加明显。

（四）赶超竞争对手

同行之间的竞争往往是残酷的，稍不留神就可能被对方赶超，这也是很多企业步履维艰的原因之一。而如今，数据可视化可以帮助公司在比较短的时间内对数据进行分析，快速作出业务以及产品决策，改进产品，推动业务增长，从而使其更好地适应市场发展。

【课堂研讨】

讨论数据可视化会对日常生活产生的影响。

【拓展训练】

简述你了解的生活中可以采用大数据可视化分析的情形。

任务三 认知可视化工具

【任务描述】

小张需要对保温杯厂家的销售数据进行可视化分析，通过查阅资料，他发现可用于数据可视化的工具有很多种。与此同时，财务部门主管想要利用可视化工具更好地呈现财务数据，方便公司经营者更快地掌握财务信息，为此他们找到了小张，希望能够获得帮助。

那么，各种可视化工具之间都有什么区别呢？

【知识准备】

数据可视化无处不在，且比以前任何时候都重要。无论是在行政演示中为数据点创建一个可视化进程，还是用于可视化概念来细分客户，数据可视化都显得尤为重要。大数据可视化工具有很多，常见的工具有：Power BI、FineBI、Tableau、DataV、Sugar、腾讯云图、Smartbi、Google Chart、D3.js。

一、Power BI

Power BI是微软推出的数据分析和可视化工具，是软件服务、应用和连接器的集合，它们协同工作以将相关数据来源转换为连贯的、视觉逼真的交互式见解。无论用户的数据是简单的Excel电子表格，还是基于云和本地混合数据仓库的集合，Power BI都可让用户轻松地连接到数据源，直观地看到或发现重要内容，与任何所希望的其他方进行共享。

Power BI简单且快速，能够从Excel电子表格或本地数据库创建快速见解。同时，Power BI也可进行丰富的建模、实时分析及自定义开发。因此它既是用户的个人报表和可视化工具，又可用作项目组、部门或整个企业背后的分析和决策引擎。

Power BI整合了Power Query、Power Pivot、Power Map等一系列工具的经验成果，具有Excel基础的从业人员可以快速使用它。Power BI包含名为Power BI Desktop的Windows桌面应用程序，名为Power BI服务的联机SaaS（软件即服务），适用于Windows、iOS和Android设备的Power BI移动应用。通常使用Power BI Desktop已能满足绝大部分应用需求。Power BI具有以下特点：

（1）连接到任意数据。Power BI可以随意浏览数据（无论数据位于云中还是本地），包括Hadoop和Spark之类的大数据源。Power BI Desktop连接了成百上千的数据源，且仍不断增加，可让用户针对各种情况获得深入的见解。

（2）准备数据并建模。一般情况下，准备数据会占用大量时间，但如果使用Power BI Desktop数据建模，则只需单击几下即可清理、转换以及合并来自多个数据源的数据，可以节约大量的时间。

(3) 借助 Excel 的熟悉度提供高级分析。企业用户可以利用 Power BI 的快速度量值、分组、预测以及聚类等功能挖掘数据，找出可能错过的模式。高级用户可以使用功能强大的 DAX 公式语言完全控制其模型。如果熟悉 Excel，那么使用 Power BI 便没什么难度。

(4) 创建企业的交互式报表。Power BI 能够利用交互式数据可视化效果创建报表。其使用 Microsoft 与合作伙伴提供的拖放画布以及超过 85 个新式数据视觉对象或者使用 Power BI 开放源代码自定义视觉对象框架创建自己的视觉对象，讲述数据故事。使用主题设置、格式设置和布局工具设计报表。

(5) 随时随地创作。Power BI 可以向需要的用户提供可视化分析，即创建移动优化报表，供查看者随时随地查看，同时从 Power BI Desktop 发布到云或本地。把在 Power BI Desktop 中创建的报表嵌入现有应用或网站。

二、FineBI

FineBI 来自帆软公司，是一款简洁明了的商业智能 BI 工具，零代码即可实现可视化，只需要拖拽就可以完成十分炫酷的可视化效果，拥有数据整合、可视化数据处理、探索性分析、数据挖掘、可视化分析报告等功能。FineBI 具有以下特点：

(1) 完善的数据管理策略。FineBI 支持丰富的数据源连接，以可视化的形式帮助企业进行多样化数据管理，极大地提升了数据整合的便利性和效率。

(2) 自助式数据准备。FineBI 的自助数据集功能，让每个使用者以极低的成本将数据处理成自己想要的结果。

(3) Spider 引擎，大量数据秒级呈现。Spider 高性能计算引擎，以轻量级的架构实现大体量数据的抽取、计算和分析。

(4) 业务数据可视化效果。FineBI 的可视化探索分析面向分析用户，它能够让用户以直观快速的方式，了解自己的数据，发现问题并改进业务。

(5) 全场景多屏应用方案。FineBI 也为多屏时代的企业带来了全方位的数据可视化管理。从 PC 端到移动端再到驾驶舱，无需为此专门设计，随时随地进行数据分析。

(6) 企业级权限管控。FineBI 数据决策系统帮助企业实现以 IT 为中心进行集中管理的目标，方便进行各种设置，支撑企业全局的业务数据分析。

三、Tableau

Tableau 具有丰富的数据源支持、灵活的可视化功能和强大的数据图表制作能力，能帮助用户生动地分析实际存在的任何结构化数据，在几分钟内生成美观的图表、坐标图、仪表盘与报告。利用 Tableau 简便的拖放式界面，可以自定义视图、布局、形状、颜色等，帮助用户展现自己的数据视角。它在可视化能力上比较突出，可视化效果不华丽但很出色，且给用户提供了非常自由的图表制作能力，如果会写代码、有富余的时间，基本可以作出绝大多数图表。Tableau 具有以下特点：

(1) 快速分析。Tableau 比现有的其他解决方案快 10 倍到 100 倍，能在数分钟内完成数据连接和可视化。

(2) 大数据。无论是电子表格、数据库还是 Hadoop 和云服务，任何数据都可以利用 Tableau 轻松探索。

(3) 自动更新。Tableau 能通过实时连接获取最新数据或者根据指定的日程表进行自动更新。

(4) 简单易用。任何人都可以使用 Tableau 直观地拖放产品分析数据,无需编程即可深入分析。

(5) 智能仪表板。Tableau 能集合多个数据视图,进行深入分析。

(6) 瞬时共享。利用 Tableau,只需数次点击,即可发布仪表板,在网络和移动设备上实现实时共享。

四、DataV

DataV 是阿里云出品的专业大屏数据可视化服务,旨在让更多的人看到数据可视化的魅力,帮助非专业的工程师通过图形化的界面轻松搭建专业水准的可视化应用,满足客户会议展览、业务监控、风险预警、地理信息分析等多种业务的展示需求。DataV 可通过“拖拽组件+配置数据”的方式快速生成可视化大屏,并具有以下特点:

(1) 专业级大数据可视化。DataV 专精于地理信息与业务数据融合的可视化,提供丰富的行业模板和图表组件。

(2) 多种数据源支持。DataV 支持接入包括阿里云分析型数据库、关系型数据库、本地 CSV 上传和在线 API 等,支持动态请求。

(3) 图形化编辑界面。利用 DataV 拖拽即可完成样式和数据配置,无需编程即可轻松搭建数据大屏。

(4) 灵活部署和发布。Data V 适配非常规拼接大屏,支持加密发布,支持本地部署。

目前,DataV 已经是比较成熟的商业产品,分为基础版、企业版、开发版等,不同版本的功能支持不尽相同。

五、Sugar

Sugar 是百度云推出的敏捷 BI 和数据可视化平台,目标是解决报表和大屏的数据 BI 分析和可视化问题,解放数据可视化系统的开发人力。Sugar 提供界面优美、体验良好的交互设计,通过拖拽图表组件可实现 5 分钟搭建数据可视化页面,并对数据进行快速分析。通过可视化图表及强大的交互分析能力,企业可使用 Sugar 有效助力自己的业务决策。其具有如下特点:

(1) 图表丰富。Sugar 支持丰富的图表组件(70 多种:折线图、柱图、饼图、拓扑图、地图、3D 散点图等)、过滤条件(10 多种:单选、多选、日期、输入框、复杂逻辑等)和酷炫的 3D 地图效果,充分满足复杂的可视化需求。

(2) 多场景大屏模板。Sugar 内置提供了 20 多种精心设计的可视化大屏模板(包含多套移动端的大屏模板),以及色彩、布局、图表的综合运用功能。即便没有专业的设计师,客户也可以自行设计出高水平的可视化作品。

(3) 拖拽组件,所见即所得的编辑体验。Sugar 采用所见即所得的编辑方式,无需编程能力,只需要通过拖拽和点选,即可创造出专业的可视化效果。

Sugar 上开发的报表,可以公开发布,方便嵌入已有系统中,并且支持私有部署,可以将 Sugar 整体部署到企业局域网中,并与企业的内部账号打通,极大地提高分析数据的效率,兼容移动端,支持直接在手机上查看报表。

平台支持直连多种数据源(MySQL、SQL Server、PostgreSQL、Oracle、DB2、GBase、GreenPlum、Presto、Kylin、Hive、Spark SQL、Impala、Clickhouse、Teradata 等),还可以通过 API、静态 JSON 方式绑定可视化图表的数据,简单灵活。

六、腾讯云图

腾讯云图(Tencent Cloud Visualization,简称 TCV)是一站式数据可视化展示平台,旨在帮助用户快速通过可视化图表展示海量数据,10 分钟零门槛即可打造出专业大屏数据展示效果,精心预设多种行业模板,极致展示数据魅力。同时采用拖拽式自由布局,无需编码,即可进行全图形化编辑,实现快速可视化制作。腾讯云图支持多种数据来源配置,支持数据实时同步更新,同时基于 WEB 页面渲染,可灵活投屏多种屏幕终端。腾讯云图具有以下特点:

(1) 酷炫大屏。腾讯云图由专业设计师精心预设生产情况总览、政府工作指数、销售实时监控等多种行业模板。丰富的图形组件使客户可以通过图形化的界面在 10 分钟之内快速搭建起专业、美观、酷炫的展示大屏。

(2) 自由布局。腾讯云图无需编码,不必预先导入数据,用户可以直接将所要呈现的组件拖拽到画布上进行自由配置和布局,通过点击拖拽即可调整图层顺序,进行全程图形化编辑操作,所见即所得。

(3) 实时数据。腾讯云图支持从静态数据、CSV 文件、公网数据库、腾讯云数据库和 API 等多种数据源接入数据,通过配置可以动态实时更新。统一的资源管理使得数据和图片可以方便快捷地重复使用。

(4) 灵活多端。用户可按实际屏幕尺寸自定义任意画布大小,适配各种拼接大屏场景。大屏以网页形式预览和发布,页面基于 WEB 渲染,无需额外安装软件,使用浏览器即可灵活投放至多种屏幕终端。

(5) 安全发布。腾讯云图支持公开发布,将大屏 URL 复制分享给其他方浏览。同时也支持对大屏进行密码验证和开启基于 HMAC - SHA256 Base64 加密的 Token 验证两种方式加密发布,充分保障项目安全。

(6) 云监控集成。腾讯云图集成了腾讯云的云服务器、云数据库等服务的云监控 API。为指定控件添加云监控 API 指标作为数据源即可调取并实时展示使用中云服务的监控数据,使运维更直观、更高效。

七、Smartbi

Smartbi 可满足用户在企业级报表、数据可视化分析、自助分析平台、数据挖掘建模、AI 智能分析等方面的大数据分析需求。其致力于打造产品销售、产品整合、产品应用的生态系统,与上下游厂商、专业实施伙伴和销售渠道伙伴共同为最终用户服务,通过 Smartbi 应用商店(BI+行业应用)为客户提供场景化、行业化数据分析应用。

Smartbi 提供丰富的 ECharts(enterprise charts)图形可视化选择,通过电子表格作图时可使用 Excel 完成更为复杂的图形设计,支持 Excel 静态图形、ECharts 动态图形。

Smartbi 默认集成 ECharts,支持 D3.js 等扩展、Excel 作图(静态图)、Excel 图形可模板化。

八、Google Chart

Google Chart 提供了大量的可视化类型,从简单的饼图、时间序列一直到多维交互矩阵。图表具有可供调整的选项,将生成的图表以 HTML5/SVG 形式呈现,因此它们可以与任何浏览器兼容。Google Chart 对 VML 的支持确保了其与旧版 IE 的兼容性,并且可以将图表移植到最新版本的 Android 和 iOS 上。更重要的是,Google Chart 结合了来自Google地图等多种Google服务器的数据。生成的交互式图表不仅可以实时输入数据,还可以使用交互式仪表板进行控制。Google Chart具有以下特点:

(1) 兼容性。Google Chart可以在所有主流浏览器和移动平台(如Android和iOS)上无缝工作。

(2) 多点触控支持。Google Chart支持基于触摸屏的平台上的多点触控,如Android和iOS。适用于iPhone/iPad和基于Android的智能手机/平板电脑。

(3) 轻量级。Google Chart中的Loader.js核心库,是非常轻量级的库。

(4) 简单配置。Google Chart使用Json定义图表的各种配置,非常容易学习和使用。

(5) 动态。即使在生成图表后,Google Chart也允许修改图表。

(6) 多轴。不限于X,Y轴,Google Chart支持图表上的多个轴。

(7) 可配置的工具提示。当用户将鼠标悬停在图表上的任意点上时,就会出现工具提示。Google Chart提供工具提示内置格式化程序或回调格式化程序,以编程方式控制工具提示。

(8) 日期时间支持。特别处理日期时间,Google Chart提供针对日期明确类别的众多内置控件。

(9) 外部数据。Google Chart支持从服务器动态加载数据,使用回调函数提供对数据的控制。

九、D3.js

D3.js是一个基于数据操作文档的JavaScript库。D3.js可以将强大的可视化组件和数据驱动的DOM操作方法完美结合。它具有强大的SVG操作能力,可以非常容易地将数据映射为SVG属性,集成了大量数据处理、布局算法和计算图形的工具方法。它是一个用于实时交互式大数据可视化的JS库,使用之前用户需要对Java有一个很好的理解,并能以一种能被其他人理解的形式呈现。除此以外,这个JavaScript库将数据以SVG和HTML5格式呈现,所以像IE7和IE8这样的旧式浏览器不能利用D3.js功能。

【课堂研讨】

访问Power BI、FineBI、Tableau、DataV、Sugar、腾讯云图、Smartbi、Google Chart、D3.js网站,并分别简述它们大数据可视化的特点。

【拓展训练】

你还知道哪些可视化工具?

项目实训 使用Power BI工具

操作录屏:使用Power BI工具

【实训背景】

保温杯生产厂家要求小张要对保温杯销售情况进行分析。于是,他开始学习数据分析工具，以便完成分析任务。

小张通过查阅资料，准备使用 Power BI Desktop 工具进行数据分析，根据数据分析工具的工作过程得知，整个分析过程分为三步：第一步，连接数据源；第二步，对连接的数据源进行数据调整；第三步，根据调整好的数据来创建可视化视图进行分析。

【实训要求】

使用 Power BI Desktop 工具对保温杯销售情况进行数据分析。

【知识准备】

一、连接数据源

使用 Power BI Desktop 可以让用户轻松地连接到不同类型的数据源，如 Microsoft Excel 文件、文本文件、XML 文件、数据库文件等。在“主页”选项卡的“获取数据”下拉框中会显示常见的数据源类型，如图 6－3 所示。

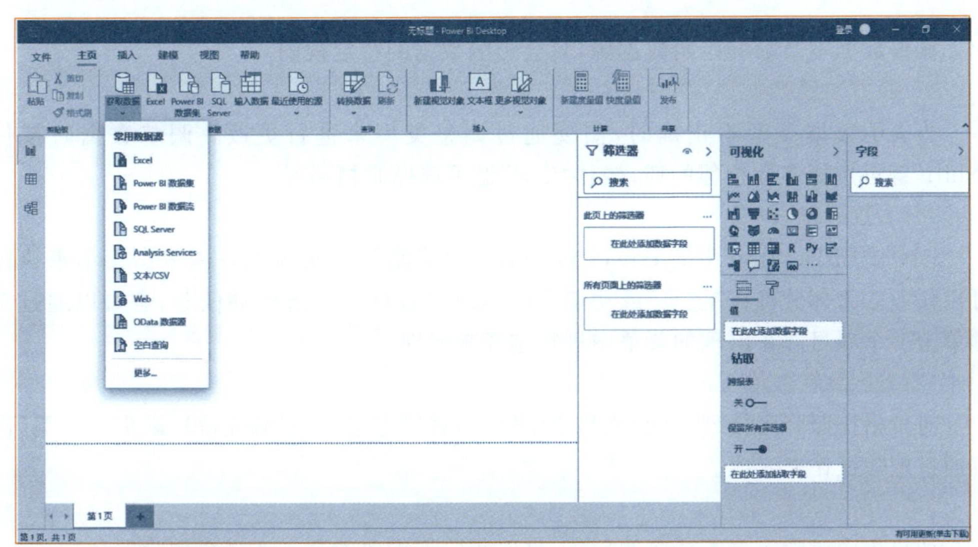

图 6－3　获取数据

在“获取数据”下拉框中选择“更多”会显示所有可以连接的数据源类型。所有数据类型如图 6－4 所示。

二、调整数据

连接到数据源之后，可以通过调整数据以符合需求。调整数据通常包括更改数据类型、对数据排序、删除数据、拆分列等操作。

要调整数据，可以在加载和编辑数据时，使用 Power Query 编辑器调整数据。Power Query 编辑器在“查询设置”窗格中的“应用的步骤”下依次捕获这些步骤，如图 6－5 所示。每当此查询连接到数据源时，都会执行这些步骤，这样，数据将始终以指定的方式进行调整。每当在 Power BI Desktop 中使用查询时或任何人使用的共享查询（如在 Power BI 服务中）时，都会执行此过程。

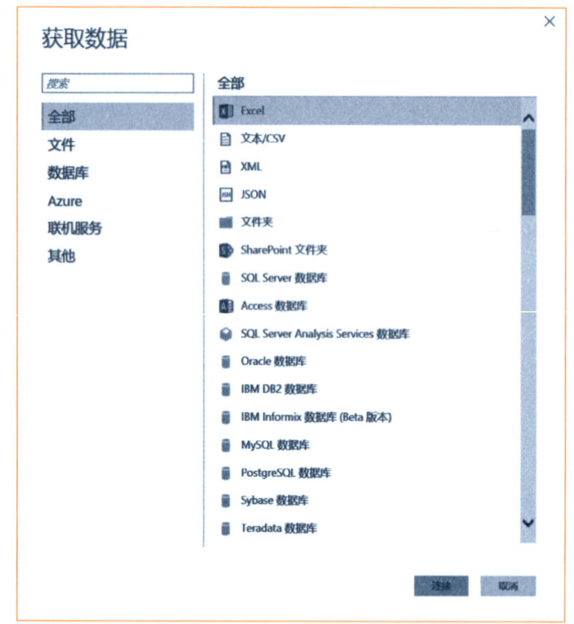

图 6－4　所有数据类型

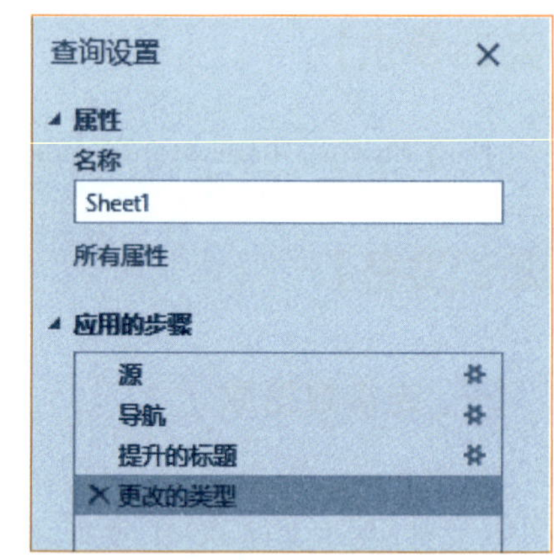

图 6－5　查询设置

调整数据不会影响原始数据源，只会影响数据的特定视图。

（一）更改数据类型

当表中数据类型不正确时，需要通过调整类型来进行更改。调整数据时按住“Shift”键可选择多个相邻的列，按住“Ctrl”键可选择非相邻列。

（二）数据排序

Power BI Desktop 中的 Power Query 编辑器使用功能区或右键单击菜单来执行可用任务。大部分可在“主页”或功能区的“转换”选项卡上选择的任务，也可以通过右键单击一个项目并在出现的菜单中进行选择来实现。

（三）删除行数据

对价格按照降序排列，有的商品价格缺失，就排在最后，想删除价格缺失的数据行，可通过删除操作来完成。

（四）删除列数据

如果表中包含太多不必要的信息，可以删除不需要的列。选择要删除的各列，按住“Shift”键可选择多个相邻的列，按住“Ctrl”键可选择非相邻列。

可以从“主页”选项卡的“管理列”组中，选择“删除列”，还可以右键单击其中一个选定的列标头，然后在菜单中选择“删除列”。此操作将删除选定的列，并且“已应用步骤”中会出现“删除的列”。

（五）拆分列

比如，有些列的数据中，有的带拼音有的不带拼音，为进行统一，将其进行拆分，去除拼音。

三、创建可视化视图

Power BI 提供了多种可视化视图，包括堆积图、簇状图、折线图、饼状图、环形图、树状图、散点图、地图、着色地图、仪表和 KPI、切片器等。在学习可视化视图创建之前需要先认识可视化功能区域。

(一) 可视化功能区域

在 Power BI Desktop“报表”视图中，可以生成可视化效果和报表。“报表”视图包含六个主要可视化功能区域，如图 6－6 所示。

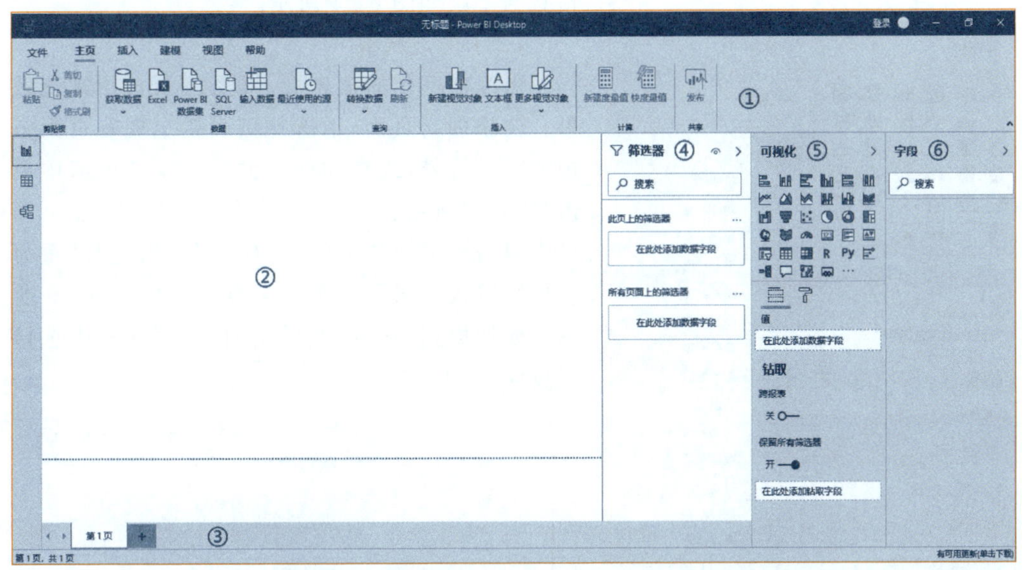

图 6－6　可视化功能区域

(1) 功能区位于顶部，它显示与报表和可视化效果相关联的常见任务。

(2) 画布区域位于中间，可以在其中创建和排列可视化效果。

(3) 页面选项卡区域位于底部，它用于选择或添加报表页。

(4)“筛选器”窗格，可以在其中筛选数据可视化效果。

(5)“可视化”窗格，可以在其中添加、更改或自定义可视化效果，并应用钻取。

(6)“字段”窗格，它显示查询中的可用字段，可以将这些字段拖放到画布、“筛选器”窗格或“可视化”窗格，以创建或修改可视化效果。

通过选择窗格顶部的箭头，可以展开和折叠“可视化”“字段”窗格，如图 6－7 所示。折叠窗格可在画布上提供更多空间来生成炫酷的视觉化效果。

要创建简单的可视化效果，只需在“字段”列表中选择任意字段，或将字段从“字段”列表拖到画布上。

“可视化”窗格显示有关可视化效果的信息，可以对其进行修改。

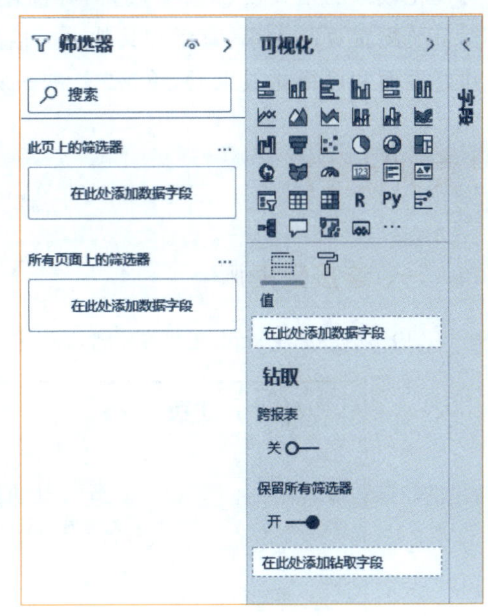

图 6－7　字段折叠

图标显示创建的可视化效果的类型。可以通过选择不同的图标来更改所选可视化效果的类型或通过选择未选定现有可视化效果的图标来创建新的可视化效果。

可以利用“可视化”窗格中的“字段”选项将数据字段拖动到“图例”和窗格中的其他字段。

可以利用“格式”选项将格式设置和其他控件应用到可视化效果中。

“字段”和“格式”区域中的可用选项取决于拥有的可视化效果和数据类型。可视化格式与字段如图6-8所示。

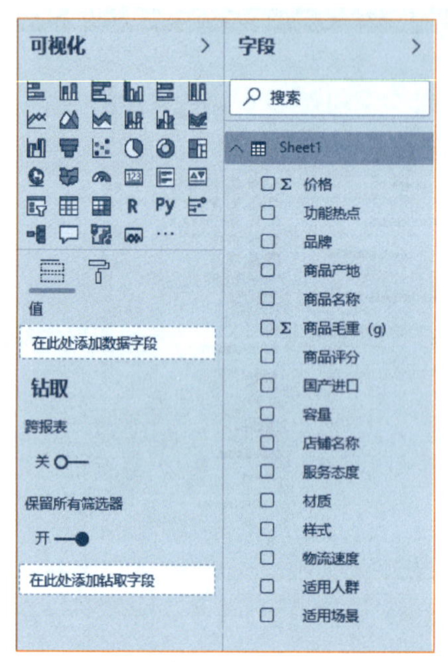

图6-8　可视化格式与字段

（二）生成报表

可以在不同的报表页上显示不同的可视化效果。要添加新页面，请选择页面栏上现有页面旁边的“+”符号，或在功能区的“主页”选项卡中单击“插入—新建页”。要重命名某个页面，在页面栏中双击该页面的名称，或右键单击并选择“重命名页”，输入新名称。重命名页设置如图6-9所示。要切换到报表的其他页面，从页面栏中选择该页面。

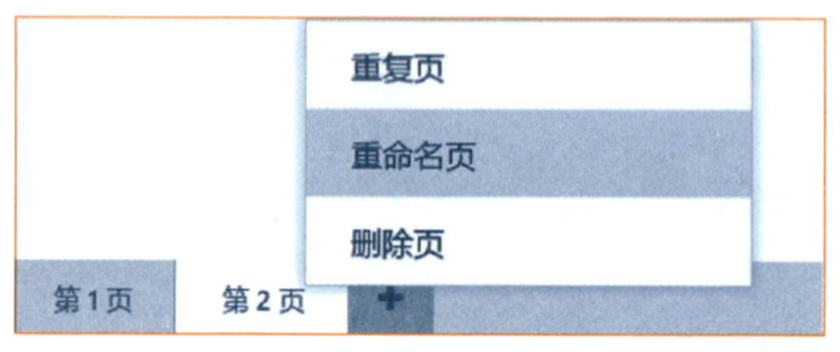

图6-9　重命名页设置

可以通过“主页”选项卡的“插入”组将文本框、图像和按钮添加到报表页。要设置可视化效果的格式设置选项，选择可视化效果，在“可视化效果”窗格中选择“格式”图标。要配置页面大小、背景和其他页面信息，选择未选定可视化效果的“格式”图标。创建好页面和可视化效果后，单击“文件—保存”按钮，保存该报表。

【实训过程】

一、连接数据源

（1）以连接“Excel文件”为例，在“主页”选项卡中单击“Excel”，如图6-10所示。

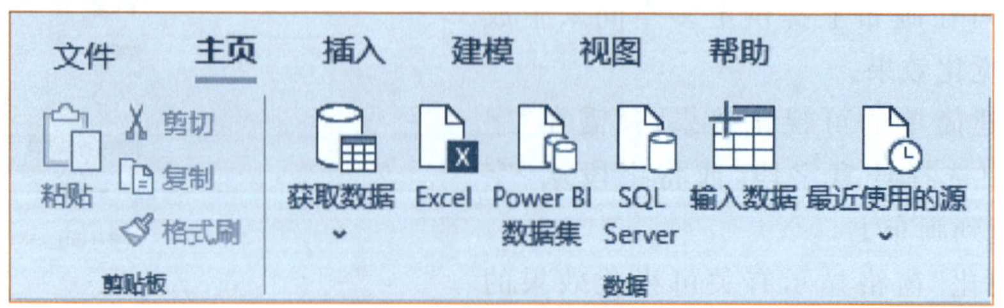

图6-10　连接Excel文件

(2) 在打开的窗口中找到需要连接的 Excel 文件，建立连接后，进入“导航器”窗口，选择需要打开的 Excel 工作表，然后选择窗口右下角的“加载”或“编辑”，如果需要对数据进行调整，则选择“编辑”，如果无需调整则直接选择“加载”即可，这样就完成了数据源的连接操作，如图 6－11 所示。

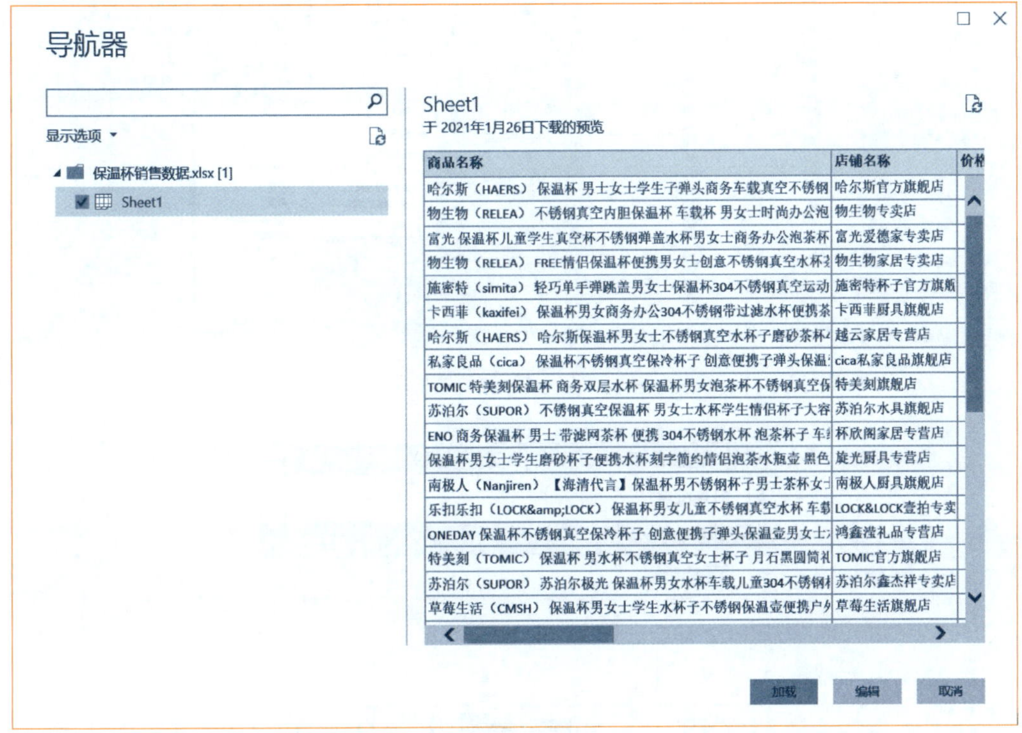

图 6－11　完成数据源的连接操作

二、调整数据

(一) 更改数据类型

打开“保温杯销售数据”表，发现“商品评分”“服务态度”“物流速度”三个字段的数据类型均为非数值型，因此按住“Ctrl”键选择“商品评分”“服务态度”“物流速度”，右击鼠标，选择“更改类型”中的“小数”，改为带小数的数值型数据，如图 6－12 所示。另外，也可在“转换”选项卡中选择“数据类型”为“小数”。

(二) 数据排序

对于保温杯销售，最想了解的是价格排名，因此，按照“价格”列对表进行排序。下拉“价格”标头旁边的箭头，并选择“升序排序”或者“降序排序”，可以得到按照价格的排序，如图 6－13 所示。同时“应用的步骤”中会出现“排序的行”。

(三) 删除行数据

(1) 从“主页”选项卡中，单击“删除行—删除最后几行”。在“删除最后几行”对话框中，输入“143”，单击“确定”，如图 6－14 和图 6－15 所示。

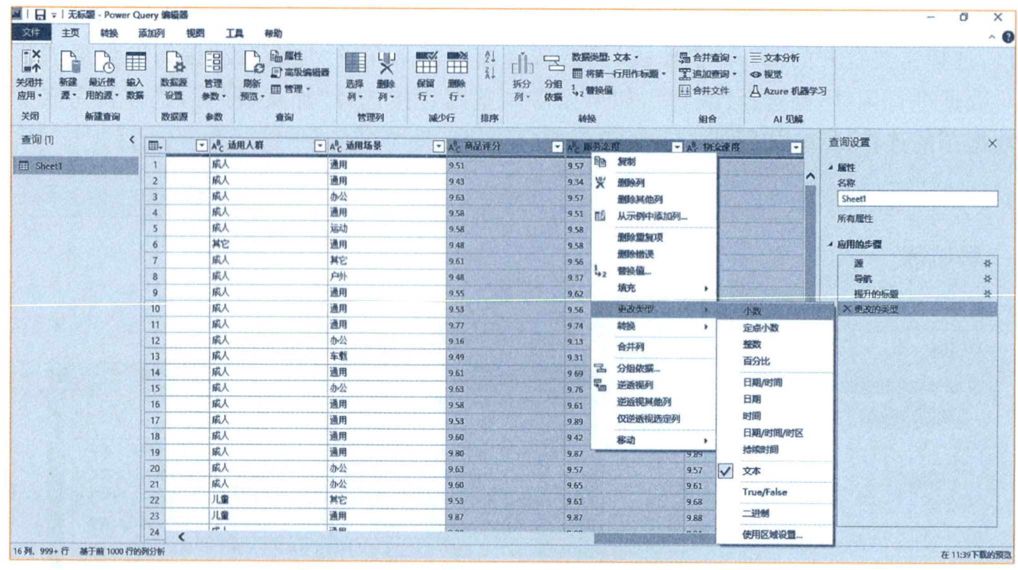

图 6－12　更改数据类型

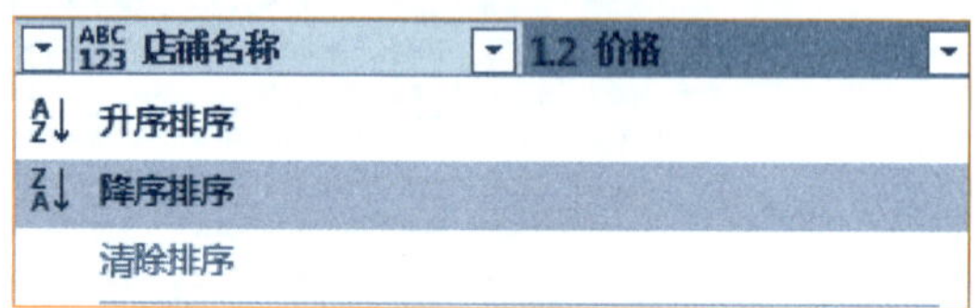

图 6－13　数据排序

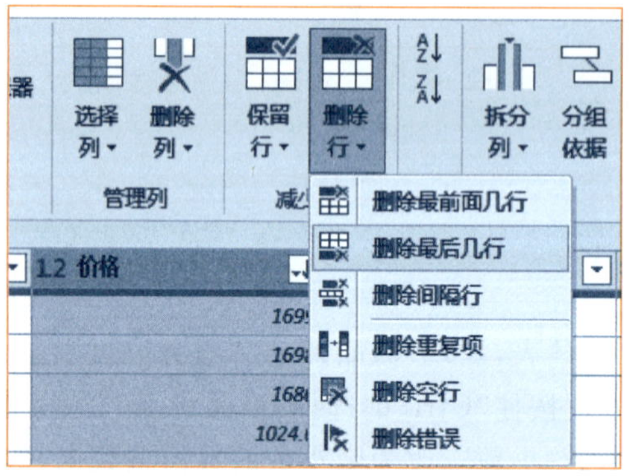

删除最后几行

指定要删除最后多少行。

行数

143

确定　取消

图 6－15　删除最后几行数据

(2) 从表中删除最后 143 行价格缺失的数据，并且“应用的步骤”中会出现“删除的底部行”这一步骤。如果单击“删除的底部行”左边的“×”，就会撤销该步骤，如图 6－16 所示。

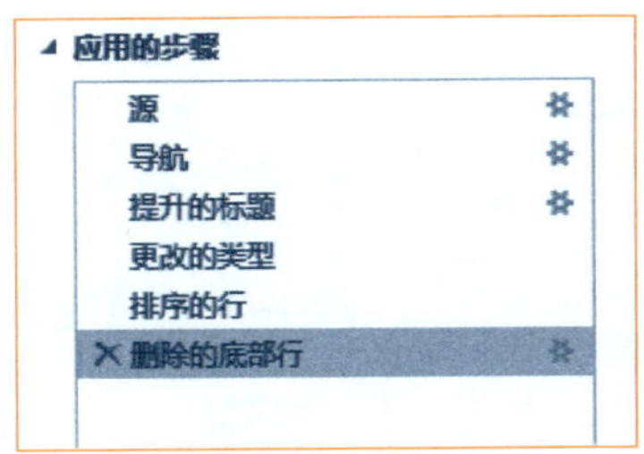

图 6－16　删除的底部行

(四) 删除列数据

从“主页”选项中，单击“删除列”，在“应用的步骤”中观察“删除的列”，如图 6－17 所示。

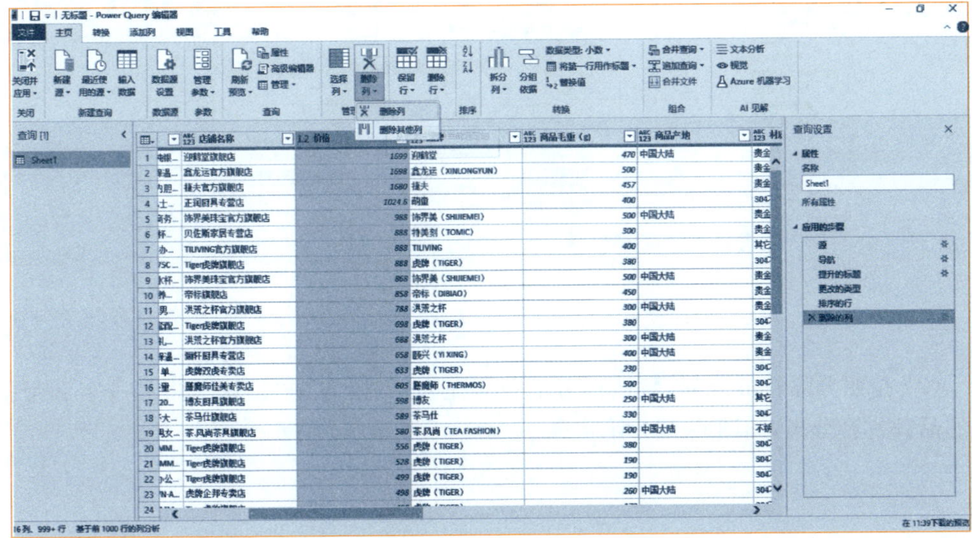

图 6－17　删除列数据

(五) 拆分列

(1) 选择要拆分的列，单击“拆分列—按分隔符”，对列进行拆分。或者右击列名，选择“拆分列—按分隔符”，对列进行拆分，分别如图 6－18 和图 6－19 所示。

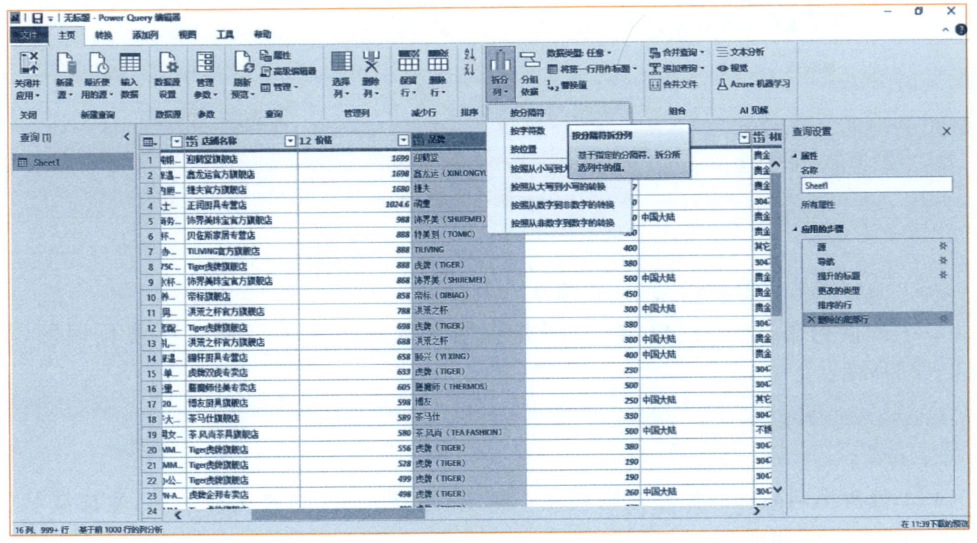

图 6－18　拆分列的方法一

图 6 - 19　拆分列的方法二

（2）按照分隔符拆分列，默认拆分的位置是左括号，单击“确认”，将品牌名和带括号的品牌拼音分离，如图 6 - 20 所示。

图 6 - 20　按分隔符拆分列

（3）品牌列被拆分后的结果，如图 6 - 21 所示。

（4）数据调整完成后，单击“关闭并应用”，进入报表窗口创建可视化视图，如图 6 - 22 所示。

三、创建可视化视图

（1）分析不同品牌的保温杯销售量。单击“可视化”栏的簇状柱形图，生成簇状柱形图，如图 6 - 23 和图 6 - 24 所示。

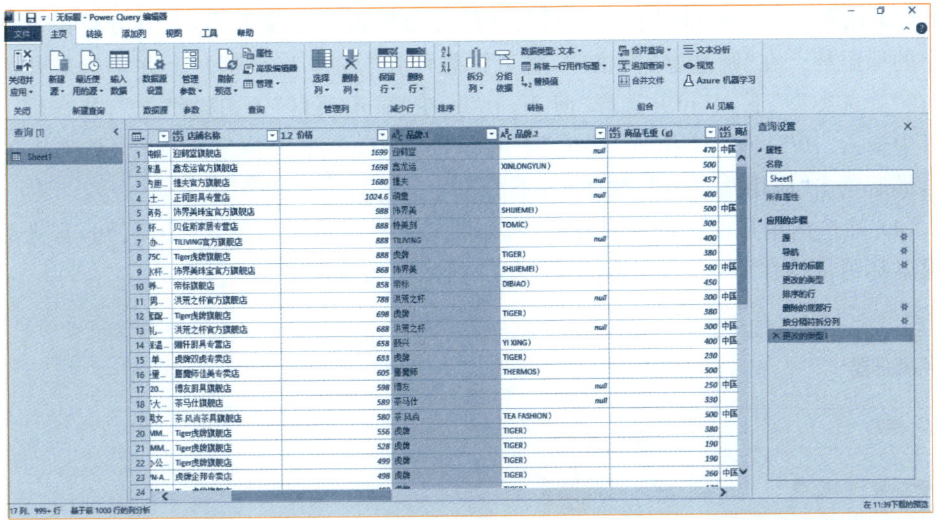

图 6－21　品牌列拆分后

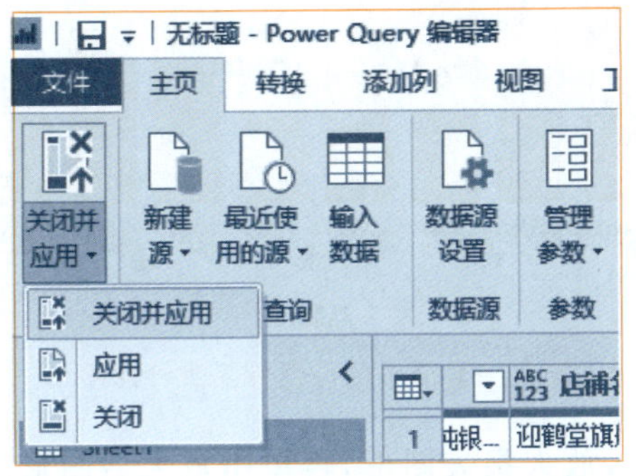

图 6－22　关闭并应用　　　　图 6－23　生成簇状柱形图

(2) 将“字段”栏中的“品牌.1”字段拖拽至“可视化”栏中“轴”的下方和“值”的下方，并将该簇状柱形图放大，如图 6－24 所示。

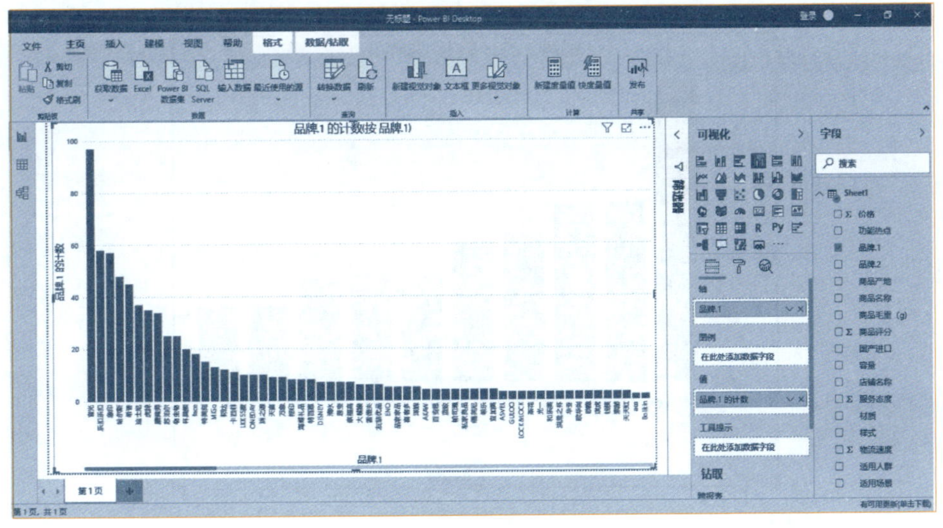

图 6－24　保温杯销量柱形图

(3) 从图 6 - 24 中可以看到不同品牌的保温杯销量差别大小，着重分析销量排在前十的保温杯。在“筛选器”窗格中，将鼠标悬停在“品牌.1(全部)”上并单击展开的箭头，在“筛选类型”下，下拉并选择“前 *N* 个”。在“显示项目”下，选择“上”，并在后一个字段中输入“10”，把品牌拉进“按值”下的字段框中，单击下拉箭头选择“品牌.1 的计数”，最后单击“应用筛选器”，如图 6 - 25 所示。

(4) 筛选出销量前十的保温杯品牌，如图 6 - 26 所示。由图 6 - 26 可知，富光品牌的保温杯销量排在第一，远远超过排在第二的乐扣品牌保温杯。

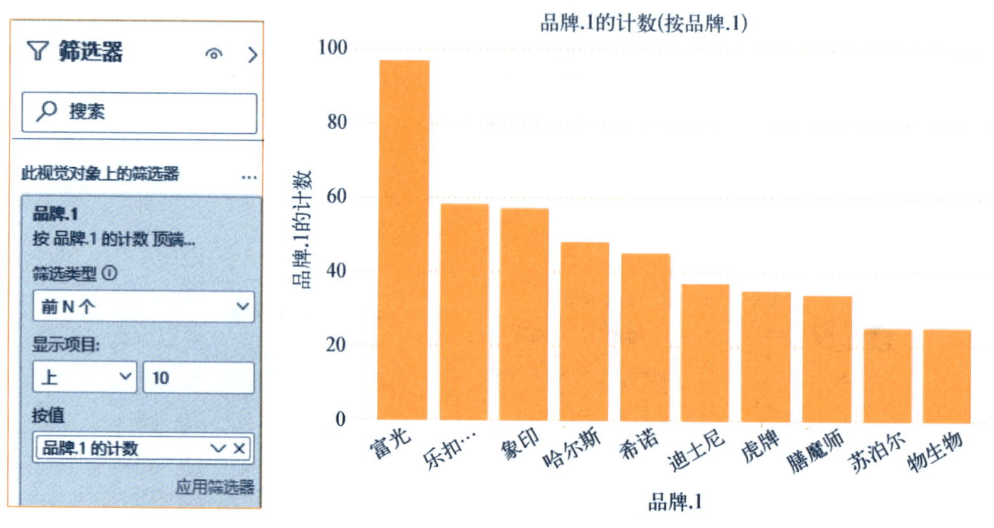

图 6 - 25　筛选器设置

图 6 - 26　销量前十的保温杯品牌柱形图

(5) 单击图形右上角的“焦点模式”，放大报表图形，再单击放大后图形的左上角“返回到报表”又可以将图形缩小，如图 6 - 27 和图 6 - 28 所示。

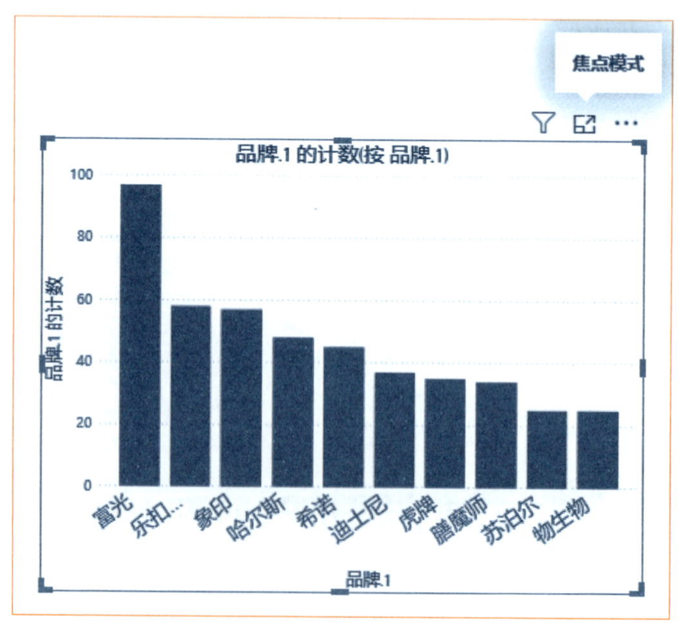

图 6 - 27　焦点模式

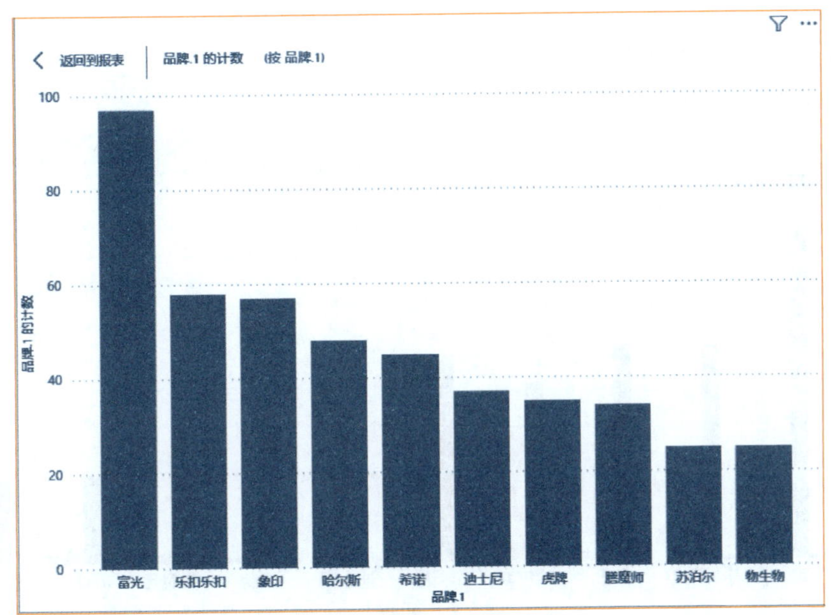

图 6-28　返回到报表

(6) 重新设置可视化效果标题：在"可视化效果"窗格中选择"格式"图标，选择"标题"，并在"标题文本"中输入"销量前十的保温杯品牌"。将"标题"下拉，可进行标题的字体颜色、文本大小、对齐方式等格式设置，如图 6-29 所示。

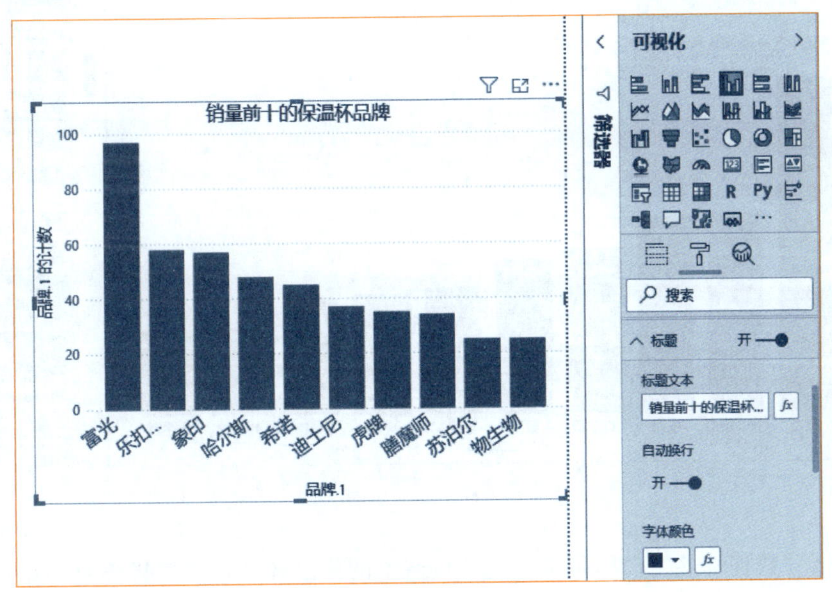

图 6-29　标题设置

(7) 为分析销量前十的保温杯适用主体，将"适用人群"字段拉入"图例"下方，如图 6-30 所示。由图 6-30 所知，销量前十的保温杯除了迪士尼品牌适用对象是儿童外，其他品牌保温杯适用对象都是成人。

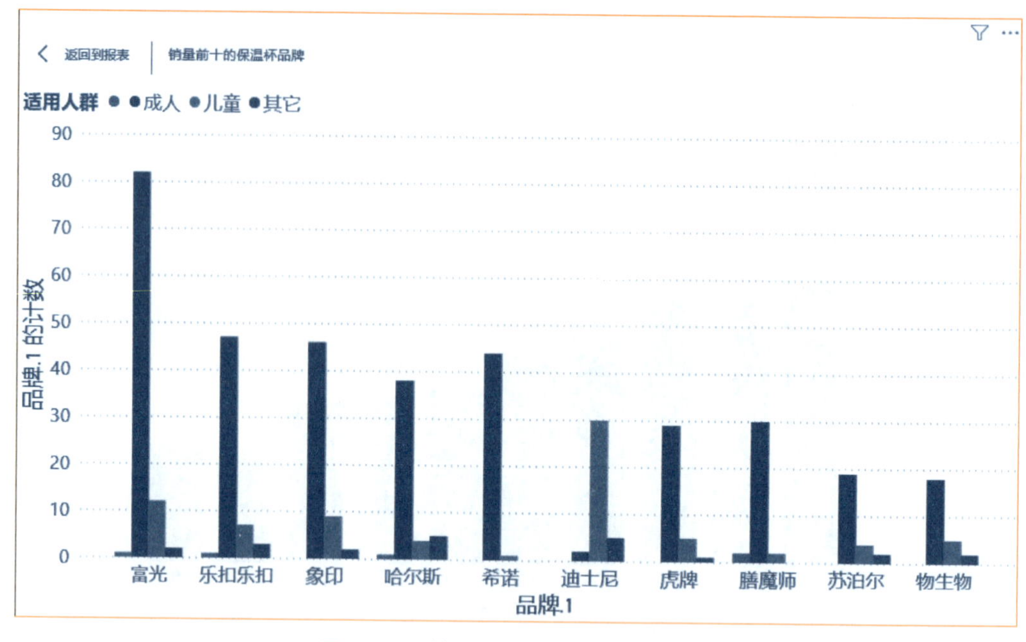

图 6-30　销量前十的保温杯适用人群

(8) 将“图例”中的“适用人群”删除，并将“功能热点”拉入“图例”下方，并单击“可视化”栏的“堆积柱形图”，如图 6-31 所示。

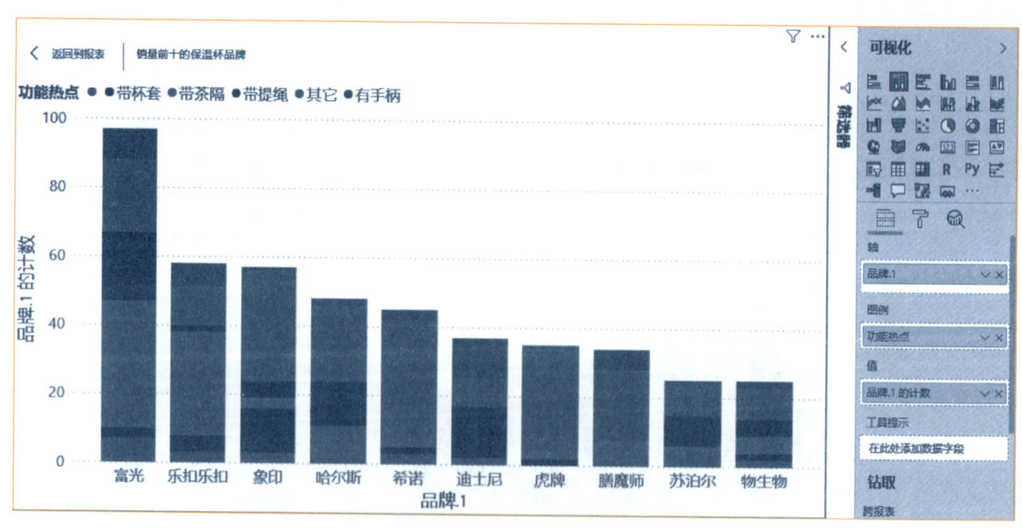

图 6-31　销量前十的保温杯功能热点

(9) 将“数据标签”打开，可以看到销量前十的保温杯其各个销售热点的销量，其中“带茶隔”是销量排在前二的保温杯品牌的销售热点，“其他”是其余销量比较高的保温杯品牌的销售热点，如图 6-32 所示。

(10) 单击报表底部的“新建页”，新建一张报表页。

(11) 选择“可视化”中的“折线图”，将“字段”栏的“材质”和“价格”分别拉入“轴”和“值”的下方，单击“值”下方“价格”的下拉箭头选择“平均值”，如图 6-33 所示。

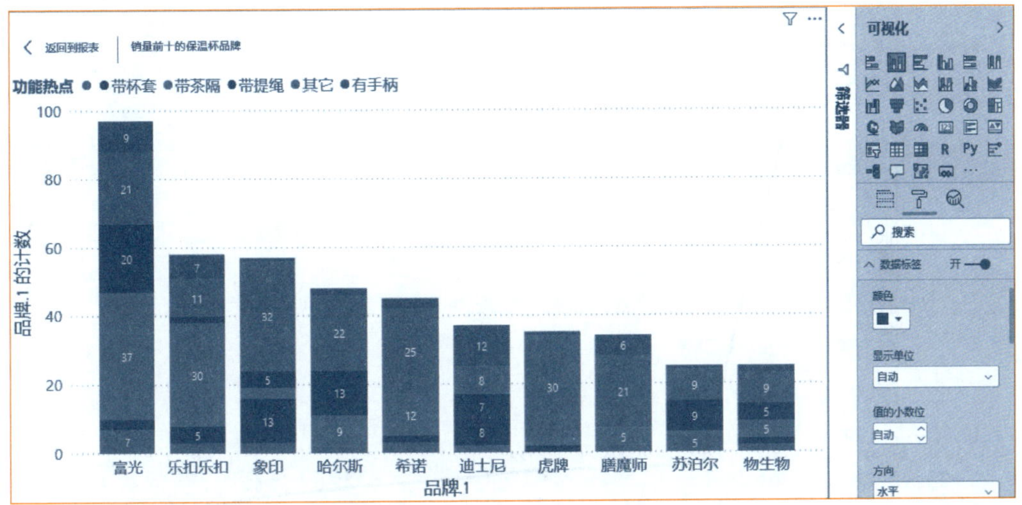

图 6-32　开启数据标签后

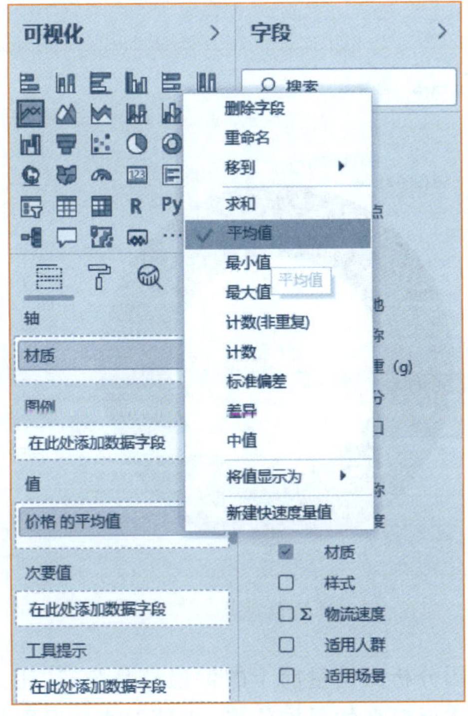

图 6-33　平均值设置

(12) 打开“数据标签”，如图 6-34 所示。由图 6-34 可知，贵金属材质的保温杯平均价格极高，均价达到 950 元，塑料材质的保温杯平均价格最低，均价为 27 元，不锈钢、紫砂、玻璃和陶瓷材质的保温杯价格适中，在 87～135 元。

(13) 选择“可视化”中的“环形图”，将“字段”栏的“样式”拉入“详细信息”和“值”中，就形成了不同样式保温杯的销量环形图。其中，直身杯的销量最高，销量占比为 62.26%，如图 6-35 所示。

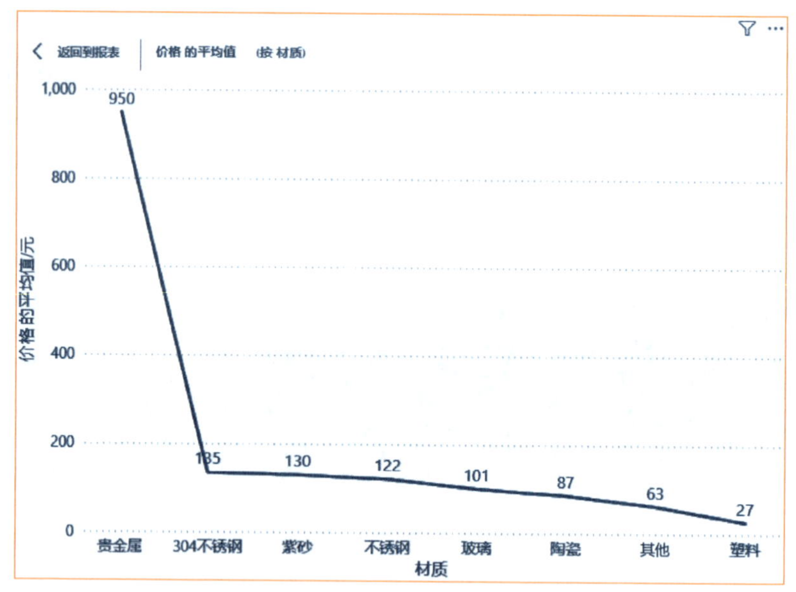

图 6-34　不同材质保温杯的价格均值

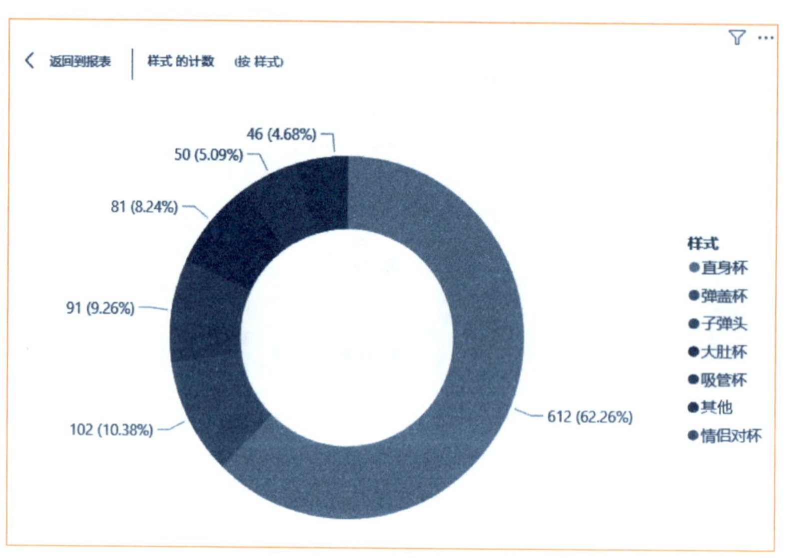

图 6-35　不同样式的保温杯销量环形图

小张通过创建柱形图分析出销量前十的保温杯品牌、适用人群、销售热点；通过创建折线图分析出各类材质保温杯的平均价格；通过创建环形图分析出各类杯子销售所占比重，得出直身杯的销量最高。

【课堂研讨】

1. 如何根据商品平均价格分析各类商品使用场景的所占比重？
2. 如果要将品牌中的小写字母转换为大写字母应该怎样操作？
3. 如果数据是来自 SQL Server 数据库，应该怎样进行数据连接？

【拓展训练】

通过使用 Power BI 工具完成以下内容：

1. 根据阿里天池官方发布的双十二期间的行为记录，进行分析用户活跃度，包括每日 PV 趋势，每日 UV 趋势，每小时 PV、UV 趋势，双十二当天访问趋势，不同行为的每小时 PV 趋势。数据下载地址：https://tianchi.aliyun.com。

2. 从 PM2.5 网站获取全国空气质量排行榜的数据，并对数据进行调整操作。

3. 从中商产业研究院获取汽车产量情况，并对数据进行调整操作。

4. 从东方财富网获取龙虎榜单中个股上榜的统计数据，并对数据进行调整操作。

5. 通过 XML 方式获取 2019 年粮食产量数据。

6. 通过文件夹方式获取文件夹中的数据。

拓展阅读

数据可视化开拓风险大数据应用新价值

近年来，中国工商银行在构建外部欺诈风险信息系统的基础上，进一步收集全行业风险大数据并挖掘处理，通过关联业务分析和数据可视化建设，基于风险大数据重构了银行风控体系，亦实现了银行安全保卫工作内涵的创新突破。

当前，外部欺诈风险态势日益严峻。在互联网和大数据的背景下，围绕风险大数据重构银行风控体系已经成为业界共识。按照这一理念，中国工商银行研发投产了外部欺诈风险信息系统，并陆续在该行全集团（境内外所有机构）、全渠道（线上和线下渠道）、全业务（接入 16 大业务系统）投产应用，风险防控成效显著，有效保障了银行与客户的资产安全，累计预警业务风险 129 万笔，涉及资金 435 亿元，累计防堵电信诈骗事件 11.27 万起，避免客户损失超 16.88 亿元。

与此同时，中国工商银行积极探索并实践大数据分析方法，通过外部欺诈风险信息系统，对海量客户信息开展多维度数据挖掘，排查业务风险，并根据风险排查过程的经验总结，研发投产了风险客户“三维立体”全景视图，一站式、可视化呈现出风险客户“基本信息、风险信息（外欺系统风险数据库信息）、银行业务与往期风险处置信息”三大类信息，提升了外部欺诈风险信息挖掘处理和关联业务分析能力，为客户风险分析与处置提供了技术保障，为银行业务稳健安全发展提供了有力支持。

感悟：信息不对称，尤其是信息不真实甚至不同程度存在的信息欺诈问题，是信用风险形成的重要因素之一。为此，银行必须依托互联网和大数据技术，建立新型的信用风险监控体系，强化对风险的全景分析和前瞻预警。

项目七

大数据安全认知

职业能力目标

1. 能够区分大数据安全与传统数据安全的不同。
2. 能够根据个人信息安全存在的问题提出相应对策和建议。
3. 能够根据国家安全存在的问题提出对策和建议。

职业素养目标

1. 培养对保证数据安全应有的重视意识。
2. 培养对可能存在的安全问题能提出预警的风险意识。

◇ 知识图谱 ◇

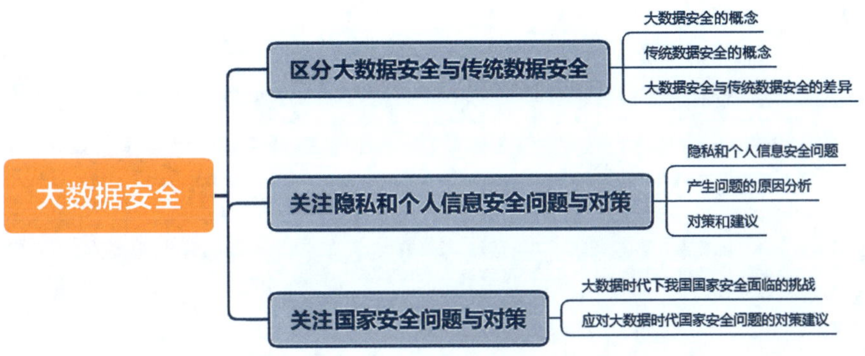

任务一 区分大数据安全与传统数据安全

【任务描述】

当前，全球大数据产业正值活跃发展期，技术演进和应用创新并行加速推进，非关系型数据库、分布式并行计算、机器学习和深度挖掘等新型数据存储、计算和分析关键技术应运而生并快速演进。大数据挖掘分析在电信、互联网、金融、交通、医疗等行业创造商业价值和应用价值的同时，开始向传统第一、第二产业传导渗透，大数据逐步成为国家基础战略资源和社会基础生产要素。与此同时，大数据安全问题逐渐产生。大数据因其蕴藏的巨大价值和集中化的存储管理模式成为网络攻击的重点目标。大数据的勒索攻击和数据泄露问题日趋严重，比如重要财务数据等商业机密的泄露会给企业带来不可估量的损失，全球大数据安全事件频发。相应地，虽然大数据安全需求催生了相关安全技术、解决方案及产品的研发和生产，但与产业发展相比，仍然存在滞后现象。

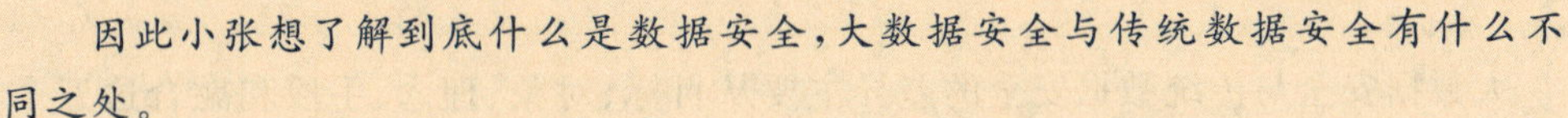

因此小张想了解到底什么是数据安全，大数据安全与传统数据安全有什么不同之处。

微课视频：
大数据安全

【知识准备】

一、大数据安全的概念

数据安全防护是指平台为支撑数据流动安全所提供的安全功能，包括数据分类分级、元数据管理、质量管理、数据加密、数据隔离、防泄露、追踪溯源、数据销毁等内容。

大数据安全包括保障大数据安全和大数据技术应用安全。保障大数据安全是指保障大数据计算过程、数据形态、应用价值的处理技术，涉及大数据自身的安全问题；大数据技术应用安全是指利用大数据技术提升信息系统安全效能和能力的方法，涉及如何解决信息系统的安全问题。

大数据促使数据生命周期由传统的单链条形态逐渐演变成为复杂的多链条形态，增加了共享、交易等环节，且数据应用场景和参与角色越来越多样化。在复杂的应用环境中，保证国家重要数据、企业机密数据以及用户个人隐私数据等敏感数据不发生外泄，是保障数据安全的首要需求。海量多源数据在大数据平台汇聚，一个数据资源池同时服务于多个数据提供者和数据使用者，强化数据隔离和访问控制，实现数据“可用不可见”，是大数据环境下数据安全的新需求。利用大数据技术对海量数据进行挖掘分析，可能涉及国家安全、经济运行、社会治理等敏感信息，所以需要对分析结果的共享和披露加强安全管理。

二、传统数据安全的概念

传统信息安全或传统数据安全有对立的两方面含义：一是数据本身的安全，主要是指采用现代密码算法对数据进行主动保护，如数据保密、数据完整性、双向强身份认证等；二是数据防护的安全，主要是采用现代信息存储手段对数据进行主动防护，如通过磁盘阵列、数据备份、异地容灾等手段保证数据的安全。数据安全是一种主动的保护措施，数据本身的安全必须基于可靠的加密算法与安全体系，主要是有对称算法与公开密钥密码体系两种。

数据处理的安全是指如何有效地防止数据在录入、处理、统计或打印中由于硬件故障、断电、死机、人为的误操作、程序缺陷、病毒或黑客等造成数据库损坏或数据丢失现象，以及某些敏感或保密的数据可能被未授权的人员或操作员阅读而造成数据泄密等后果。

而数据存储的安全是指数据库在系统运行之外的可读性。一旦数据库被盗，即使没有原来的系统程序，照样可以另外编写程序对盗取的数据库进行查看或修改。从这个角度来说，不加密的数据库是不安全的，容易造成商业泄密，所以衍生出数据防泄密这一概念，这就涉及计算机网络通信的保密、安全及软件保护等问题。

三、大数据安全与传统数据安全的差异

大数据安全与传统数据安全的差异主要从目标、对象、理念、手段和融合这五个方面进行对比，具体如表 7 - 1 所示。

表 7 - 1　大数据安全与传统数据安全的差异比较

项目	大数据安全	传统数据安全
目标	以大数据的安全使用为目标	以数据的安全防护，不受攻击为目标
对象	面向内部或准内部人员，以对这些人员行为的安全管控为主要对象	面向外部黑客，以对外部黑客或入侵者的防控为主要对象
理念	以数据分级分类为基础，以信息合理、安全流动为目标	以区域隔离、安全域划分为目标
手段	以信息使用过程的安全管理和技术支撑为手段	以边界防护为主要安全手段
融合	安全技术和流程管理深度整合	管理与技术相对分离

【课堂研讨】

如何正确看待大数据安全和传统数据安全之间的关系？

【拓展训练】

大数据安全与传统数据安全的不同点主要体现在哪几个方面？

任务二　关注隐私和个人信息安全问题与对策

【任务描述】

2023年国家网络安全宣传周以“网络安全为人民，网络安全靠人民”为主题，并将9月17日确定为个人信息保护主题宣传日，深入宣传《中华人民共和国个人信息保护法》等重要法律法规和政策文件。

个人信息是以电子或者其他方式记录的与已识别或者可识别的自然人有关的各种信息，具体包括身份信息、联系方式、财产状况、行踪轨迹等。在信息技术高速发展的今天，个人信息保护对于维护我国网络安全和守护公民人身、财产安全具有至关重要的作用。比如，保护好公民个人信息可以减少网络暴力、电信网络诈骗、网络赌博等违法活动对老百姓生活和工作的侵扰。

我国一直高度重视对个人信息的法律保护，网络安全法中规定了个人信息保护的条款，民法典人格权编规定了个人信息保护的内容，刑法中也规定了侵犯公民个人信息罪。个人信息保护法施行后，我国个人信息保护法律体系日趋完善，网络安全形势持续向好。

人脸、声纹等生物特征信息已在硬件解锁、金融支付等领域被广泛应用，有时候用户不经意间“丢了脸”，就可能被不法分子用于电信网络诈骗或开设网络借贷“黑户”，让人防不胜防。近年来，深度伪造技术已成为AI诈骗的“画皮”，并投入网络黑色产业链的实际应用中。

在犯罪手段迭代升级如此快速的今天，小张想知道个人隐私与个人信息安全都存在哪些问题，以及如何去防止这类问题出现。

【知识准备】

一、隐私和个人信息安全问题

在日常生活中，即使是安装普通的APP软件，也要求用户同意数十项的用户隐私获取权限。被迫无奈用隐私换取便利已经成为大众对当前我国个人隐私保护现状的共识。随着互联网应用日益融入大众生活中，大量个人信息在各类网络服务平台上留痕。作为数字经济时代个人最为宝贵的数字资产，对其加强保护，不仅事关个人权益的维护，还关系到网络社会时代个人的幸福感和获得感。

（一）个人信息滥采滥用现象十分严重

在国内，个人信息滥采滥用问题主要表现在以下几个方面：

（1）个人信息滥采现象十分严重，目前大部分APP软件在安装过程中都或多或少存在获取与软件应用功能无关的个人信息现象，主要包括个人通信录、地理位置、个人相册等众多信息访问权限。以手机电筒 APP 软件为例，除了要求获取电池和摄像头访问权限之外，还要求访问用户通信录和地理位置等与软件功能无关的个人信息。

（2）企业通过软件服务获取用户个人信息后，究竟如何使用这些个人信息，是否存在信息倒卖或者过度挖掘等行为，用户完全不知，也无法掌控。

（3）用户许可协议流于形式，尽管许多软件在安装过程中都有用户许可协议步骤，但许可协议存在条款冗长难以阅读、霸王条款强迫用户等行为，甚至替用户勾选等现象也大量存在。

（二）个人对企业间个人信息纠纷没有发言权

2014 年 8 月，微博起诉脉脉抓取使用微博用户信息；2017 年 8 月，腾讯指控华为荣耀 Magic 手机侵害了微信用户的数据；2017 年 6 月，顺丰和菜鸟“数据断交”……大量类似事件中，双方企业围绕用户数据相互争议，但是作为数据所有者的用户却没有任何发言权。企业间个人信息之争，普遍暴露了当前个人信息保护存在的问题：

（1）个人信息被企业收集之后的交易、流通情况个人是不掌握的。

（2）企业收集的个人信息，究竟谁能用，谁又不能用，个人用户并没有发言权。

（3）个人信息被企业采集后进行开发利用，企业只关心自身的利益，而个人用户体验居次位。

二、产生问题的原因分析

（一）法律法规不完善

（1）《中华人民共和国网络安全法》和《电信和互联网用户个人信息保护规定》中尽管对个人信息保护进行了大量规定，但大多属于方向性约束条款，缺乏可量化、可操作的执行细则，导致企业在条款落实上有很大“打擦边球”的空间，监管部门在执法上还有很大裁量空间余地。

（2）在互联网信息服务等各类互联网行业管理办法中，对个人信息保护重视不够甚至尚未提及，导致行业主管部门在行业管理时，只注重业务的行业合规性，轻视对个人信息的保护。

（3）违法成本太低，处罚力度太小，少量罚款处罚措施对大型互联网平台型企业而言，威慑力度严重不足。

（二）标准规范缺失

（1）个人信息范围、权属和使用权限等标准缺失，尤其是针对网络平台和大数据挖掘情况下个人信息的界定和使用，没有统一的国家或行业标准，致使很多个人信息开发利用处在“灰色地段”。

（2）个人信息采集、存储、清洗、使用等环节的操作流程、业务规范、防护要求等没有统一的标准，导致企业在个人信息开发、利用、保护等环节缺乏合规合法的对标尺度，个人信息滥采滥用现象十分严重，风险隐患较大。

（3）缺乏个人信息开发利用负面清单制度，导致许多企业在个人信息采集、开发、利用和保护中，都是以试探政府和社会反应为依据，来推进个人信息开发利用的创新，企业业务创新风险极大。

（4）缺乏统一、规范、标准的个人信息采集和使用用户承诺书，导致许多企业制定用户承诺书都是以企业利益最大化为目标，无限制强化企业自身权利，对用户保护自身信息安全极不公平。

（三）安全防护措施薄弱

（1）部分政府部门和企业在个人信息的采集、存储和使用中安全防护基础措施保障不到位，难以应对复杂网络、新技术应用、技术服务外包等各种条件下的个人信息保护需求。

（2）个人信息保护技术攻关研究和推广应用步伐滞后，尤其在移动互联网、云计算、大数据、物联网、人工智能等条件下，个人信息保护技术支撑能力不足，技术存在不成熟、不成体系化等系列问题。

（3）政府和企业信息系统以及网络平台个人信息保护制度不完善，网络、技术、人员、外包等多个环节制度不健全、不系统、不精细，个人信息泄露和滥用风险极大。

（4）个人信息保护透明度不高，政府部门和企业对个人信息开发、利用和保护等工作主动披露意识不强。

（四）政府监督检查手段滞后

（1）政府监督检查手段滞后，技术支撑保障能力不足，传统线下检查手段难以应对数字化、网络化和在线化服务中个人信息采集和使用监管的需要。

（2）针对含有大量个人信息的信息系统和网络平台，缺乏专业性、系统性、针对性的个人信息保护测评和个人信息等级保护制度。

（3）尚未依据个人信息内容和规模实行分级分类使用许可制度，导致不具备安全防护和风险管控能力以及采集和使用个人信息的机构没有规范采集和使用流程，风险隐患极大。

（五）行业自律尚未发挥作用

（1）技术研发、应用推广等方面致力于推动企业发展的联盟很多，但属于约束企业行为的个人信息保护行业自律联盟缺乏，尽管政府部门有牵头少量企业成立，但重点企业的积极性和主动性不足。

（2）缺乏个人信息保护行业自律公约，重点企业和重点行业在个人信息保护方面的引导和示范作用尚未发挥。

（3）缺乏个人信息保护行业自律发展水平评估，行业个人信息保护状态缺乏摸底评估，大量企业个人信息保护情况透明度不高。

三、对策和建议

（一）完善个人信息保护相关法律法规

（1）加快出台《网络安全法个人信息保护实施细则》，明晰个人信息保护法律操作要求，提供操作层面示范借鉴案例集。

（2）加快出台个人信息保护法或保护条例，明确个人信息采集、传输、存储、流通、交易、开发、利用等全流程环节权利和责任等法律要求。

（3）将个人信息保护相关内容纳入互联网信息服务等各类互联网行业管理办法中，明确各行业领域应用场景个人信息保护的详细要求。

（4）加大对个人信息保护相关违法行为的查处和处罚力度，提高违法成本和法律震慑效应，建议处罚力度与企业经营收入、泄露信息规模等要素挂钩，对出现重大个人信息泄露或是违规利用的企业，实施停业整顿或取缔营业资质的处罚。

(二) 规范个人信息收集和使用

(1) 明确个人信息范围、种类和权属，特别要明确互联网服务平台、大数据挖掘分析、大数据交易流通、政务信息资源共享、公共信息资源开放等情况下个人信息内容和权属的界定办法。

(2) 出台个人信息保护相关操作指南，明确个人信息采集、存储、传输、清洗、利用等环节的资质要求、操作流程、业务规范、管理要求、防护措施等。

(3) 出台个人信息采集和使用负面清单，明确个人信息采集、流通、挖掘和使用禁区，最大限度促进和保护个人信息开发利用的创新。

(4) 规范互联网服务用户同意承诺书，制定统一的企业个人信息收集和使用用户同意承诺书通用模板，统一明确企业必要的权责，最大限度规范和约束企业个人信息开发利用行为。

(三) 完善个人信息保护安全措施

(1) 完善政府和企业个人信息保护安全基础设施，加大入侵监测、电子认证、访问控制、安全审计等配套保障设施建设，提高安全基础设施的保障能力。

(2) 加快个人信息保护技术攻关研究和推广应用步伐，加大个人信息标记、脱敏、溯源等技术研究，增强移动互联网、云计算、大数据、物联网、人工智能等融合条件下个人信息的保护能力。

(3) 建立健全政府和企业个人信息保护制度，加强对网络、技术、人员、外包等各个环节个人信息保护管理力度，完善全链条个人信息保护，防止个人信息保护出现短板效应。

(4) 提高个人信息保护透明度，定期发布政府和企业个人信息保护白皮书，告知社会其在个人信息采集、开发、利用、保护等方面采取的措施和取得的效果，提高大众对政府和企业个人信息保护的信任度。

(四) 加强个人信息保护，政府监督和检查

(1) 建立政府个人信息保护治理网络平台，采用网络监测、大数据挖掘、人工智能分析等各类手段，加强网络个人信息采集、传输、开发和利用全方位在线监测。

(2) 加强对重点领域、重点企业、重点网络平台个人信息开发、利用、保护的定期检查。对存储大规模个人信息的信息系统和网络平台，周期性开展第三方安全测评；对测评不达标的信息系统和网络平台，及时采取整改或清理措施。

(3) 实施个人信息应用等级保护制度，依据个人信息存储规模、系统平台重要性等指标，采取不同安全等级的防护措施要求。

(4) 实施个人信息使用分级分类认证制度，依据个人信息的内容性质和信息规模，采取分级分类使用许可制度，对不同级别个人信息和不同分类用户群体，提出相应的个人信息采集和应用防护措施要求。

(五) 强化个人信息保护行业自律

(1) 推动电信、金融、互联网、大数据、人工智能等重点领域成立个人信息保护行业自律联盟，从技术、标准、管理、法律等角度加强个人信息保护行业研究。

(2) 发布个人信息保护行业自律公约，推动龙头企业更加重视个人信息保护，形成社会引导和示范效应，带动行业个人信息保护水平的整体提升。

(3) 依托行业自律联盟，开展行业自律动态监测，实施个人信息保护发展水平评

估，定期发布个人信息保护行业自律报告。

（4）定期开展行业自律交流，组织研讨会、经验交流会、论坛等形式，深入交流企业个人信息开发、利用、保护等经验，共同探讨行业发展存在的问题和应对措施。

技术是把双刃剑，大数据技术也不例外，大数据发展给产业发展、民生保障、国家治理带来新机遇的同时，也给个人隐私保护带来了前所未有的挑战。在没有个人隐私的大数据时代，如何让个人隐私得到切实有效的保护，需要技术、产业、政策三者协同发力。如何在个人隐私保护和促进产业发展之间寻求平衡点，欧盟和美国走了两条不同的道路，欧盟实施了严格的隐私保护政策，美国采用了一般性隐私保护政策。欧美之间的隐私保护政策有显著的差异。其差异背后的相同特点是依据各自互联网产业发展程度来制定。我国在制定个人隐私保护政策时，应充分借鉴其他国家的个人隐私保护政策好的方面，做到既能兼顾个人隐私保护，又能促进互联网产业发展。

【课堂研讨】

Uber 隐瞒大规模数据泄露

2017 年 11 月，Uber 主动公开了去年曾向黑客支付 10 万美元“封口费”以隐瞒 5 700 万名账户数据泄露事件。据了解，两名黑客通过外部代码托管网站 GitHub 获得了 Uber 工程师在 AWS 上的账号和密码，从而盗取了 5 000 万名乘客的姓名、电子邮件和电话号码以及约 60 万名美国司机的姓名和驾照号码。

尽管 Uber 表示，相信黑客并没有使用这些信息，也并未造成恶劣影响。但 CNBC 报道认为，这不同于仅有用户地址和信用卡信息的数据泄密，Uber 同样还记录了“有关用户运动和旅行历史的详细数据”，这也就意味着，黑客可以根据这些数据追寻找到用户的位置，甚至是家庭住址。

支付给黑客“赎金”，Uber 的这种行为在外界看来更像是掩盖过失。

研讨如何看待 Uber 数据泄漏问题。

【拓展训练】

目前国内个人信息保护存在哪些问题？主要的原因是什么？

任务三　关注国家安全问题与对策

【任务描述】

棱镜计划（PRISM）是一项由美国国家安全局（NSA）自 2007 年小布什时期起开始实施的绝密电子监听计划。2013 年 6 月 6 日英国《卫报》和美国《华盛顿邮报》报道，美国国家安全局（NSA）和联邦调查局（FBI）于 2007 年启动了一个代号为“棱镜”的秘密监控项目，直接进入美国网际网络公司的中心服务器里挖掘数据、收集情报，包括微软、雅虎、谷歌、苹果等在内的 9 家国际网络巨头皆参与其中。

斯诺登向德国《明镜》周刊提供的文件表明：美国针对中国进行大规模网络进攻，并把中国领导人和华为公司列为目标。攻击的目标还包括商务部、外交部、银行和电信公司等。美国国家安全局对部分中国企业进行攻击和监听。例如，为了追踪中国军方，美国国家安全局入侵了中国两家大型移动通信网络公司。因为担心华为在其设备中植入后门，美国国家安全局攻击并监听了华为公司网络，获得了客户资料、内部培训文件、内部电子邮件甚至还有个别产品源代码。

小张想知道如何避免这类问题出现，保障国家数据信息安全。

【知识准备】

数据信息作为一种社会资源，不仅给互联网领域带来变革，还给全球的政治、经济、军事、文化、生态等带来影响。

数据信息是一把双刃剑，加之在互联网等各个领域流通的过程中安全防护措施效能差，存在潜在的威胁，如果被恶意利用，便会危及国家安全。

习近平总书记在中共中央政治局集体学习时强调过，要切实保障国家数据安全。一是要加强关键信息基础设施安全保护，强化国家关键数据资源保护能力，增强数据安全预警和溯源能力；二是要加强政策、监管、法律的统筹协调，加快法规制度建设；三要制定数据资源确权、开放、流通、交易相关制度，完善数据产权保护制度；四是要加大对技术专利、数字版权、数字内容产品及个人隐私等的保护力度，维护广大人民群众利益、社会稳定和国家安全；五是要加强国际数据治理政策储备和治理规则研究，提出中国方案。

一、大数据时代下我国国家安全面临的挑战

（一）大数据战略博弈呈全球化趋势，冲击国家信息安全

我国的网络基础设施、PC端、移动终端及操作系统大多从国外开发引进，缺少我国自主“控股、控牌、控技”的制造商。我国大数据平台的基础软硬件系统尚未实现完全自主研发，许多关系到国民经济命脉的战略性行业的大数据服务器、数据库皆由美国等少数国家的企业控制，这如同给数据窃取者开了一扇难以关上的后门。微软、谷歌、苹果、Adobe等世界主要互联网企业生产的软件产品均存在安全漏洞，这些漏洞威胁着我国大数据平台的安全。并且，由于一些历史原因，我国一些著名的、掌握海量大数据的公司，如百度、腾讯、阿里巴巴等，其大股东多为外国资本。由此带来的安全隐患是，外方控股资本可通过对公司大数据的控制，轻而易举地获取事关国家安全和公民隐私的敏感数据。

（二）自媒体平台的良莠不齐冲击主流发布的权威性，影响国家意识形态安全

大数据时代的到来重塑着媒体的表达方式，传统媒体不再是一枝独秀，通过微博、微信等即时性强的网络媒体渠道，每个人都是自由发声的独立媒体，有在网络平台发表自己观点的权利。由于自媒体的门槛低、草根性强、即时推送、互动性强，且具有一定的隐蔽性，导致其发展良莠不齐，也由于受到半结构化表达方式的限制，一些自媒体为了追求点击率，不惜突破道德底线发布虚假信息，受众群体难以分辨真伪，冲击了主流媒体的权威性。

(三) 大数据社会问题冲击地方政府传统社会治理思维

大数据时代,整合、应用信息技术的革新程度考验着政府的有效运转。为了顺应时代发展趋势,政府着力提升电子政务水平,且实现了阶段性成果,为大数据时代下的国家数据信息安全奠定了基础。但是,由于传统的地方政府运用数据信息整合决策的水平相对滞后,目前无法应对大数据时代的发展形势,由此反映出一系列社会问题,如各地方政府之间资源共享程度低、问题预警意识弱化、决策滞后、社会监督体系不完善、危机预警系统失衡等。数据信息的有效整合,能够为政府决策提供依据,提高信息化建设水平,因此,革新技术与转变思维是社会转型阶段需要直面的挑战。

(四) 数据信息安全相关法律法规建设有待完善

党的二十大报告指出要健全国家安全体系,坚持党中央对国家安全工作的集中统一领导,完善高效权威的国家安全领导体制;强化国家安全工作协调机制,完善国家安全法治体系、战略体系、政策体系、风险监测预警体系、国家应急管理体系,完善重点领域安全保障体系和重要专项协调指挥体系,强化经济、重大基础设施、金融、网络、数据、生物、资源、核能、太空、海洋等安全保障体系建设;健全反制裁、反干涉、反“长臂管辖”机制;完善国家安全力量布局,构建全域联动、立体高效的国家安全防护体系。

二、应对大数据时代国家安全问题的对策建议

(一) 优化网络基础设施建设,提升大数据管理技术水平

(1) 把敏感且重要的大数据服务与应用纳入国家网络安全审查的范畴,确保这些大数据平台的安全绝对可靠。

(2) 结合互联网应用从本地存储走向云存储的新情况,及时监控各类云存储服务,警惕云端上的泄密。

(3) 建立健全相关规章制度,及时适当约束敏感和重要部门在职人员对涉及大数据上传的软件、手机应用的使用。对涉及大数据的国家要害部门或企事业单位重要岗位人员的“离职”去向,要从严监管,以免大数据泄密造成不可挽回的损失。

(4) 建立外国资本涉足我国大数据企业投资控股审查制度,对已经参股控股我国大数据企业的外国资本提出约束性保护性条款。

(二) 端正网络舆论走向,传播主流意识形态

在互联网环境下,注重意见领袖在社交媒体网络中的作用。通过自媒体成长起来的意见领袖,往往具有比较广泛的群众基础,对一件社会热点事件的言论导向往往可以通过光纤直击群众内心深处。党的二十大报告指出应牢牢掌握党对意识形态工作的领导权,全面落实意识形态工作责任制,巩固壮大奋进新时代的主流思想舆论;加强全媒体传播体系建设,塑造主流舆论新格局;健全网络综合治理体系,推动形成良好网络生态。

(三) 优化传统政府治理思维,推动技术升级

通过对数据信息的分析整理可以反映出社会发展的总体状况和动态化发展趋势,如“判断物价走向”“判断房地产市场走势”等,全面、客观地判断形势,精准决策,对提升政府工作的信息化水平至关重要。当前的顶层设计理应了解当下网络信息安全立法的发展方向以及社会需求,最终达到合理有效地分配和利用现有的网络信息安全立法资源的目标,明确我国网络信息安全立法的总体定位和价值目标,避免盲目的、无方向的

立法，从而为建立内容全面、协调有序的网络信息安全法律法规体系夯实基础。

(四) 建立健全网络安全法律法规体系，弥补目前大数据领域法律上的缺失

2021 年 6 月 10 日，《中华人民共和国数据安全法》(以下简称“《数据安全法》”)正式颁布，并将于 2021 年 9 月 1 日起正式实施。《数据安全法》明确将数据安全上升到国家安全范畴，建立重要数据和数据分级分类管理制度，完善数据出境风险管理。

【课堂研讨】

Facebook 数据泄露

2018 年，一家第三方公司通过一个应用程序收集了 5 000 万名 Facebook 用户的个人信息。5 000 万名的用户数据接近 Facebook 美国活跃用户总数的三分之一，美国选民人数的四分之一，波及的范围非常大。后来，5 000 万名用户数量上升至 8 700 万名。同年 9 月，Facebook 爆出，因安全系统漏洞而遭受黑客攻击，导致 3 000 万名用户信息泄露。其中，有 1 400 万名用户的敏感信息被黑客获取。这些用户敏感信息包括：姓名、联系方式、搜索记录、登录位置等。2018 年 12 月 14 日，又再次爆出，Facebook 因软件漏洞可能导致 6 800 万名用户的私人照片泄露。具体来说，在 2018 年 9 月 13 日至 9 月 25 日，其照片 API 中的漏洞使得约 1 500 个 APP 获得了用户私人照片的访问权限。一般来说，获得用户授权的 APP 只能访问共享照片，但这个漏洞导致用户没有公开的照片也照样能被读取。结果 Facebook CEO 就数据泄露道歉，并多次出席听证会。受到一系列事件的影响，2018 年 12 月 25 日 Facebook 股价已较同年年初跌了 29.70%。而 12 月份的这次泄露，欧洲隐私管制机构爱尔兰数据保护委员会已着手调查，Facebook 或因此被罚款超过 16 亿美元。

研讨该如何应对类似 Facebook 的数据泄露问题。

【拓展训练】

雅虎超 10 亿名用户信息遭窃

2016 年 9 月，曾经的互联网巨头雅虎在与威瑞森谈判收购事宜期间宣称，其在 2014 年时成为史上最大数据泄露事件受害者，泄露事件是黑客所为。该攻击染指了 5 亿名用户的真实姓名、邮箱地址、生日和电话号码等信息。雅虎称，绝大部分涉事口令都经 bcrypt 算法进行了散列加密。

几个月后，该年 12 月，随着 2013 年另一黑客组织盗走 10 亿名账户的事件被披露，早前的记录被刷新。除了姓名、生日、邮箱地址和口令未被泄露，这次事件中，安全问题及其答案也没能保住。

该泄露事件直接造成雅虎被收购价格缩水 3.5 亿美元，最终以 44.8 亿美元被威瑞森收购了其核心互联网业务。收购协议要求两家公司共同承担数据泄露事件的监管和法律责任。收购案并未包含阿里巴巴集团控股的 413 亿美元投资和雅虎日本的 93 亿美元所有者权益。

雅虎成立于 1994 年，曾被估值 1 000 亿美元。收购案后，该公司更名为“Altaba”。

1. 目前国家安全保护存在哪些问题？主要的原因是什么？

2. 阅读案例，分析对策。

项目实训　使用 WPS 文档加密

操作录屏：WPS 文档加密

【实训背景】

当前，企业数据泄密事件仿佛是一个全世界的网络管理难题，已经引起国际社会的广泛关注。在国外媒体的曝光下，印度惊现最大数据泄露事件，超一亿名用户信息被曝光，其中就包括了用户姓名、手机号、电子邮箱、SIM 激活日期，甚至还包括 Aadhaar 号码（身份识别信息）。企业数据泄密事件的发生，一方面直接会给企业带来巨大损失，导致企业形象受损，甚至会影响企业的稳健经营；另一方面，也使得公众深受其害，导致各种诈骗、勒索、隐私泄密等事件的发生。那么，企业如何保护企业机密数据安全，防止商业机密数据泄露呢？

【实训要求】

完成对 WPS 文档的加密与解密，掌握文档加密的方法与步骤。

【知识准备】

一、企业数据泄密的主要途径

目前，数据泄露的原因主要有两种：外部黑客攻击和内部人员泄密。

（一）外部黑客攻击

现在勒索病毒攻击猖獗，各种变异多如繁星，企业中的许多电脑在进行浏览邮件、下载应用等操作时，无意间就成为黑客的“肉鸡”，如 WannaCry 勒索病毒、Petya 勒索病毒曾一度席卷网络。黑客窃取数据和进行网络攻击已经成为令全世界头疼的问题。

（二）内部人员泄密

1. 内部人员离职导致资料泄密

信息时代形成快节奏的生活和工作规律，企业间的人员流动性逐渐增强。研究结果显示，离职人员带走的企业信息往往可能对竞争者具有价值，67%的人表示他们使用前雇主的商业机密、敏感信息和专利信息帮助其在新公司立足。

2. 内部人员无意泄密

例如，美国电信运营商 Verizon 600 万名用户信息泄露的事件，只是员工的失误操作导致了服务器配置错误，公开了用户的隐私数据。此类事件并非员工蓄意而为，而是员工自身缺乏数据安全意识，也许仅是小小的疏忽，却让私密数据满“网”飞。

企业为了实现数据安全，首先要提升数据安全管理能力，结合自身企业实际情况，积极部署企业数据防泄密系统，满足存储、传输、终端、云等各种应用场景下的数据泄露防护需求。专业的加密软件采用高度的集中管理、集中策略控制、灵活的分组(部门)管理机制。

企业可以根据实际的需求对不同的部门设置不同的加密策略及相应的控制策略；还要加强员工的安全意识培训，从多方面提高企业的安全管理能力。

二、企业防止商业机密泄露的途径

一般而言，企业商业机密数据主要存储在员工电脑和企业文件服务器中，因此企业商业机密保护、机密数据防泄漏应该从以下两个层面入手：

(一) 对于员工电脑文件泄密，可以部署专门的电脑文件防泄密软件来杜绝

目前，国内有很多电脑数据防泄密软件，在电脑安装之后，就可以有效阻止各种途径泄密电脑文件的行为：① 自动加密：企业员工电脑可根据需要设置指定类型的文件(比如 CAD 图纸文件、Office 办公文档等)自动加密，加密后的文件在企业内部可以正常打开使用；② 如果员工私自外发拷贝到企业外部，将无法打开使用，彻底从源头保障核心数据安全；③ 禁止 U 盘、屏蔽 USB 存储设备的使用，只允许使用指定 U 盘，只允许从 U 盘向电脑复制文件而禁止电脑文件复制到 U 盘；④ 禁止网盘上传文件而只允许下载网盘文件、只允许打开特定网盘、只允许登录指定的网盘；⑤ 禁止邮件上传附件、只允许发送邮件正文，只允许登录指定邮箱，只允许打开特定邮箱；⑥ 禁止聊天软件发送文件，禁止 QQ 发文件、禁止微信发送文件、禁止阿里旺旺发送文件、禁止 Skype 发送文件等。

(二) 对于企业服务器文件安全管理、服务器共享文件管理

目前，很多单位都有文件服务器，经常共享一些文件让局域网用户访问使用，如何保护这些共享文件安全至关重要。尤其是，很多单位的共享文件还常常是单位的无形资产和商业机密，一旦泄密将会给企业带来很多损失。为此，需要有效保护服务器共享文件的安全。

对于服务器共享文件的管理，可以考虑部署文件管理系统，只需要将局域网在一台电脑安装，就可以自动扫描到服务器当前所有共享文件，并可以设置用户对共享文件的访问权限，同时可以详细记录共享文件访问日志。

通过文件管理系统，可以实现操作系统无法实现的共享文件权限管理功能，尤其是可以实现只允许读取共享文件而禁止复制共享文件、只允许打开共享文件而禁止保存共享文件、只允许修改共享文件而禁止删除共享文件以及禁止拖动共享文件、禁止打印共享文件等，从而既满足了用户存储共享文件、读取共享文件的需要，又防止了员工访问共享文件时将共享文件另存为本地磁盘、复制共享文件或打印共享文件的行为，保护了服务器共享文件的安全。

总之，企业机密文件防泄密、商业机密防泄露，一方面需要防止员工电脑文件泄密，毕竟员工日常工作中的劳动成果都直接存储在员工电脑中；另一方面，也需要保护服务器共享文件的安全，设置服务器共享文件访问权限，防止服务器共享文件被不适当访问，防止服务器共享文件泄密的行为。

【实训过程】

（1）打开需要加密的文件，WPS 界面如图 7－1 所示。

图 7－1　WPS 界面

（2）单击“文件”下拉按钮，在文件栏的右侧找到“文件加密”，如图 7－2 所示。

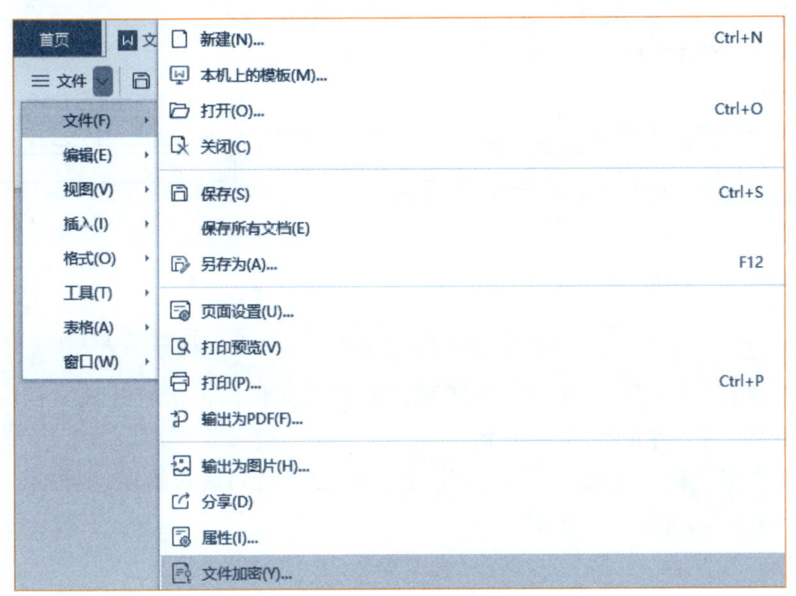

图 7－2　文件加密

（3）单击“文件加密”，出现如图 7－3 所示的弹窗，在弹窗中可设置“文档权限”“密码保护”以及“隐私选项”。本次实训对文件的打开权限进行设置。

（4）在“打开权限”下进行文档打开密码设置，如图 7－4 所示。注意密码一旦遗忘，则无法恢复。

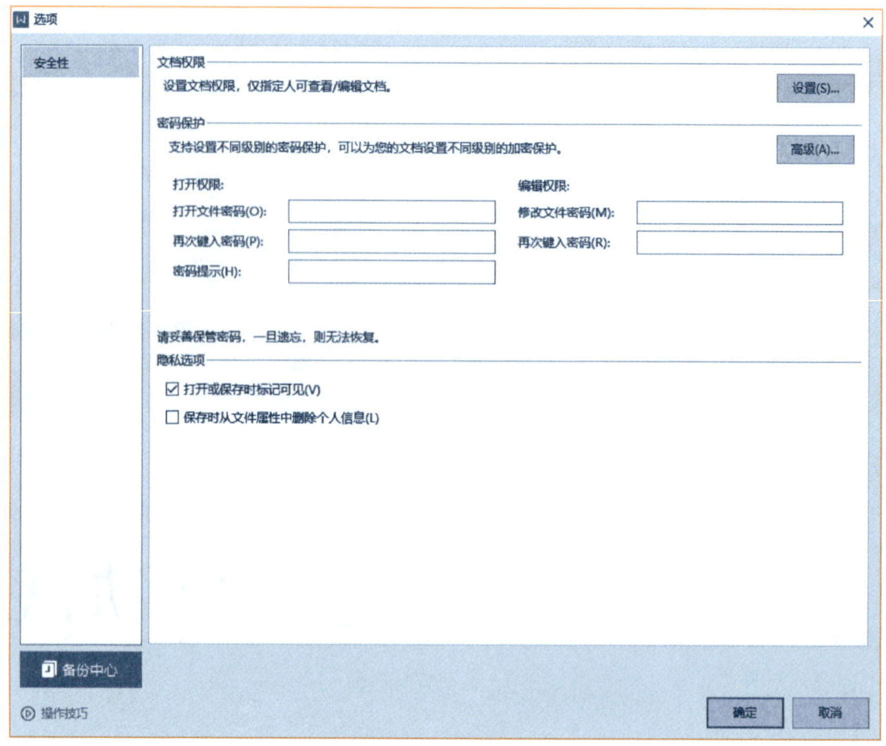

图 7-3　文件加密弹窗

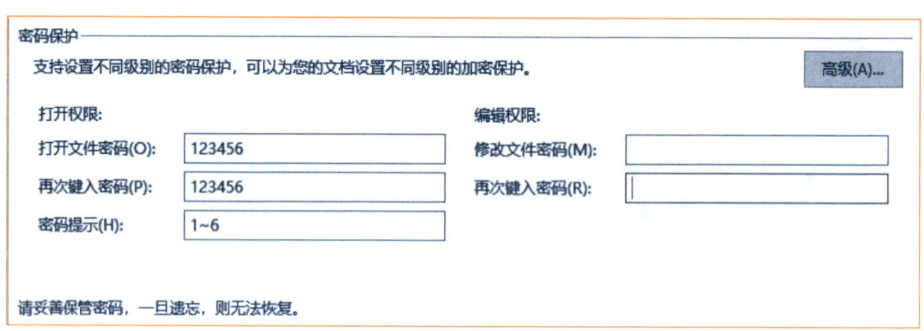

图 7-4　文档打开密码设置

(5) 设置完成后，单击“确定”，关闭弹窗并保存文件。再次打开该文档时，则出现密码输入弹窗，密码弹窗如图 7-5 所示。

(6) 仅当密码输入正确时，文档才能被打开，如果密码输入错误，则提示“密码不正确，请重新输入”，如图 7-6 所示。

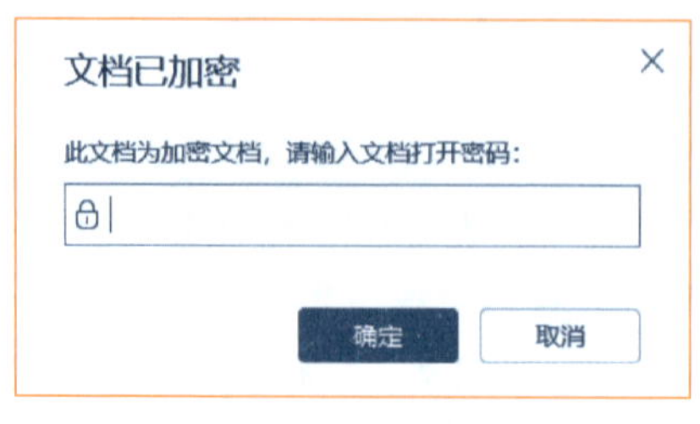

图 7-5　密码弹窗

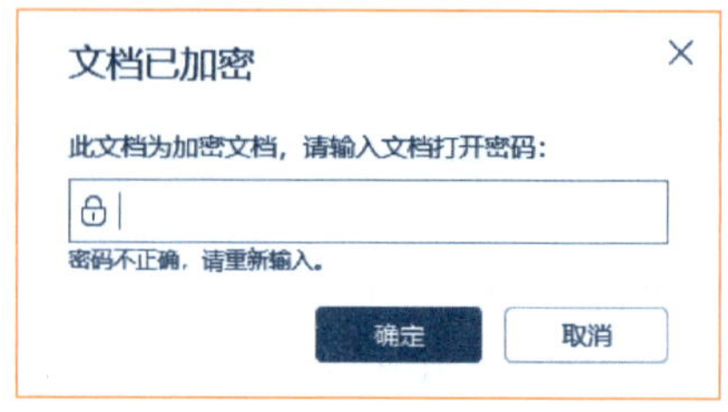

图 7-6　密码错误提示

(7) 密码输入正确后,打开文档,如图 7-7 所示。

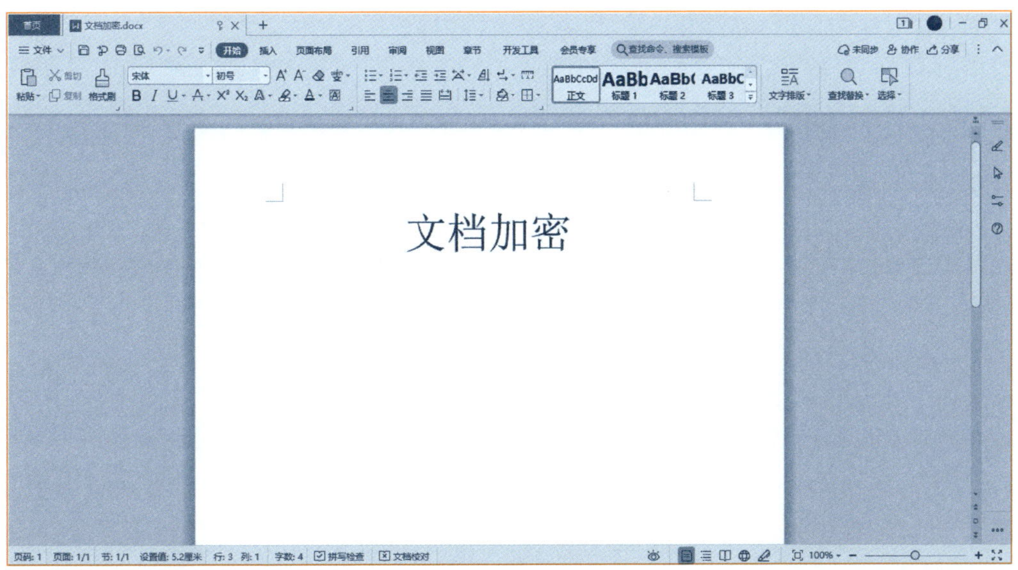

图 7-7 加密文档打开

【课堂研讨】

尝试对文档的编辑权限进行设置。

【拓展训练】

1. 对文档的打开(编辑)权限进行设置,选择仅指定人可打开(编辑)文档。

2. 上网查询其他文档加密的方法或工具,并尝试使用至少一种工具对文档进行加密设置。

拓展阅读

AI"换脸"及类似软件可能造成个人隐私数据泄露

2019 年,长沙市反电诈中心发布紧急预警,提醒市民使用"AI 换脸"及类似软件风险极高,不仅可能造成个人隐私数据泄露,甚至还可能被不法分子用于实施电信网络诈骗。

据介绍,"AI 换脸"及类似软件的"坑"极多。骗子可以通过录音提取声音,利用"AI 变声"技术对录音素材进行剪辑合成,用伪造的声音实施诈骗;通过收集照片、视频,利用"AI 换脸"技术,用伪造的照片或视频实施诈骗;通过"AI 技术"收集个人信息并对人物性格、需求倾向等进行刻画,根据所要实施诈骗的"套路"对人群进行筛选,选出目标人群。

感悟: 大数据安全威胁渗透在数据生产、流通和消费等大数据产业的各个环节,包括数据源、大数据加工平台和大数据分析服务等环节的各类主体都是威胁源。大数据时代,在充分挖掘和发挥大数据价值的同时,解决好数据安全与个人信息保护等问题刻不容缓。

项目八
综合实训

职业能力目标

1. 能够运用大数据基本技术解决实际问题。
2. 能够收集完整的信息资料、选用恰当的分析方法。
3. 能够根据分析结果整理汇总成分析报告。

职业素养目标

1. 培养运用大数据思维分析实际问题的能力。
2. 具备大数据平台实践能力。

◇ 知识图谱 ◇

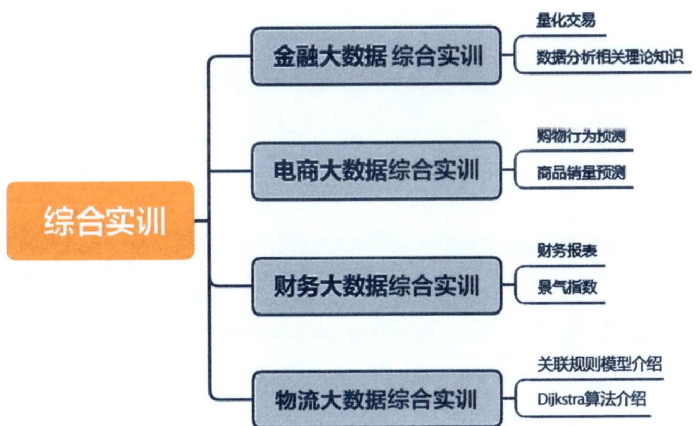

任务一　金融大数据综合实训

【实训背景】

近年来，金融领域的量化分析越来越受到理论界与实务界的重视。所谓金融量化，就是将金融分析理论与计算机编程技术相结合，更为有效地利用现代计算技术实现准确的金融资产定价以及交易机会的发现。在量化金融的时代，选用一种合适的编程语言对于金融模型的实现是至关重要的。在这方面，Python 语言体现出了不一般的优势，特别是它拥有大量的金融计算库，极大地缩短了金融量化分析的学习路径。

本案例以新能源领域的代表性企业比亚迪为例，对比亚迪 2020 年上半年的股票数据进行分析。分析的方法可以增强股票持有者衡量风险和收益的能力，从而有利于实现风险最小化和收益最大化，为后续投资提供可信依据及方法。

操作录屏：金融大数据综合实训

【任务要求】

本实训在东方财富网中采集“比亚迪”2020 年至今的股票历史数据，包含日期、开盘价、最高价、最低价、收盘价、成交量、成交额、振幅、涨跌额、涨跌幅和换手率这 11 个指标，如图 8－1所示。本案例重点分析股票有关指标的相关性，并结合 N 日移动平均线找出交易信号。

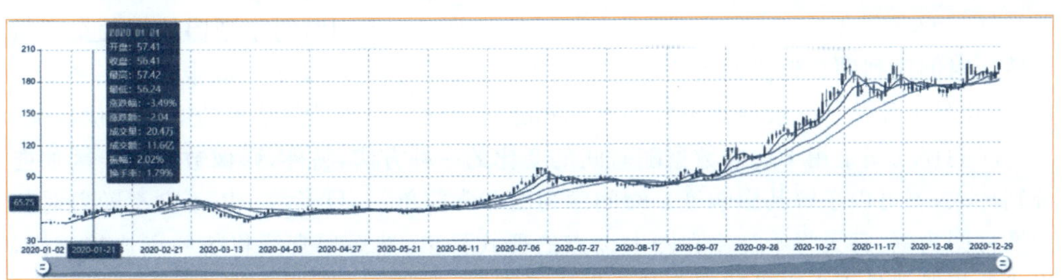

图 8－1　比亚迪股票数据

【知识准备】

一、量化交易

（一）认知量化交易

量化交易是指以先进的数学模型替代人为的主观判断，利用计算机技术从庞大的历史数据中海选能带来超额收益的多种“大概率”事件以制定策略，极大地减少了投资者情绪波动的影响，避免在市场极度乐观或悲观的情况下作出非理性的投资决策。

普通的交易由交易者根据自身的经验或者偏好进行投资决策，量化交易则通过将数据（行情历史、基本面信息及新闻资讯等）输入量化模型之后，利用计算机及统计学技术方法分析数据，产生交易信号进行交易决策。

（二）量化交易的投资决策

传统的投资决策不论从技术面分析还是基本面分析都属于定性分析，定性分析一般通过人的思维来完成，它的优点是在深度上占有绝对优势。

量化交易投资决策属于定量分析，它以历史数据分析为基础，利用数学、统计学等工具高效快速地进行决策。定量分析利用计算机强大的运算能力，在广度上占有绝对优势。

（三）量化交易的策略

量化交易的策略是利用量化的方法，进行金融市场的分析、判断和交易的策略、算法的总称。一个完整的策略需要包含输入、策略处理逻辑、输出，策略处理逻辑需要考虑选股、择时、仓位管理和止盈止损等因素。

（四）常用的量化工具

目前常用的量化工具主要以 R 和 Python 为主。近年来 Python 逐渐替代 R 在量化领域得到了广泛应用，Python 开源工具就像原始人类掌握的石器、火等工具，再加上 Python 强大的调试能力和工程能力，让分析的结果和需要执行的任务可以无缝结合，方便维护。

二、数据分析相关理论知识

（一）时间序列图（投资方法）

时间序列图也叫推移图，它是以时间轴为横轴，变量为纵轴的一种图，其主要目的是观察变量是否随时间变化而呈某种趋势，便于管理者随时掌握管理效果或产品的主要性能参数的动态趋势，有助于管理者及时分析改进。采用时间序列图的好处是一目了然。时间序列图在近代的企业管理上使用，效果极佳，它改变了一般报表在文字上的体现，并且也弥补了一般报表不容易察觉到随时间的变动所呈现结果的变化起伏状况。

时间序列图是用于观察数据随时间的变化的一种方法，另外，影像数据的要因如能分别计入，就可以了解其影响度。时间序列图非常简单、一目了然。以不良率随着时间的推移图为例，每天将不良率在图中以点的形式标出，然后用直线将每一点连接起来，形成的折线就是不良率推移图。其作用主要有：

（1）观察事件随时间推移的发展趋势或周期性变动，探索可能的影响因素。

（2）比较干预措施实施前后的变化，评价干预措施的效果。

（3）根据事件的变化趋势，预测可能出现的情况，并采取适当的应对措施。

（4）根据变化趋势制定发展目标，并比较实际成果与目标值的差距。

（二）K 线图

K 线图的绘制方法如下：首先找到该日或某一周期的最高价和最低价，垂直地连成一条直线；然后再找出当日或某一周期的开市价和收市价，把这两个价位连接成一条狭长的长方柱体。假如当日或某一周期的收市价较开市价为高（即低开高收），以红色来表示，或是在柱体上留白，这种柱体就称为“阳线”。如果当日或某一周期的收市价较开市价为低(即高开低收)，则以绿色表示，又或是在柱体上涂黑色，这种柱体就是“阴线”。K 线图的相关标示，如图 8－2 所示。

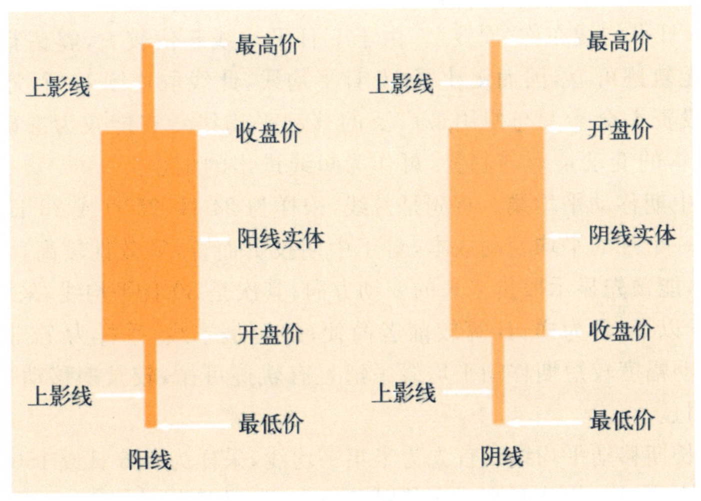

图 8－2　K 线图

K 线图能够全面透彻地观察市场的真正变化。从 K 线图中，既可看到股价(或大盘)的趋势，又可以了解到每日市况的波动情形。

(三) 相关系数

相关系数衡量的是两个变量间线性关联的程度。通常相关系数值的范围为－1～1。若两个变量的相关系数为正，则表明这两个变量存在正向的变化关系，当一个变量增长时，另一个变量也会增长。若两个变量的相关系数为负，则表明两个变量存在反向的变化关系，当一个变量增长时，另一个变量会下降。若两个变量的相关系数越接近 0，则表明这两个变量间的变化关系强度越微弱。

两组变量 X 和 Y 的相关系数定义如下：

$$r=\frac{Cov(X,Y)}{std(X)std(Y)}$$

其中，Cov 是协方差，std 是标准差。

统计学中，协方差矩阵是一个非常重要的概念。人们通常所说的两组变量 X 与 Y 的“协方差”，实际上只是变量 X 和 Y 协方差矩阵中的一个值。协方差矩阵中，每一组变量都表示为一行与一列。对角线位置的值正是每个变量自身的方差，即 $Cov(X,X)=D(X)$；非对角线位置的值，则是两个不同变量之间的协方差。协方差矩阵关于对角线对称。两组随机变量的相关系数近似为 0。

(四) 移动平均线

移动平均线(moving average，简称 MA)是用统计分析的方法，将一定时期内的证券价格(指数)加以平均，并把不同时间的平均值连接起来，形成的一条线。可用以观察证券价格的变动趋势。

1. 种类

移动平均线的种类很多，但总的来说，可分为短期、中期、长期三类。

第一类是短期移动平均线。短期移动平均线主要是5日平均线和10日平均线。将连续5个交易日收盘价之和除以5,求出一个平均数,标于图表上,然后类推计算后面的,再将平均数逐日连起,得到的便是5日平均线。由于证券交易所通常每周有5个交易日,因而5日平均线亦称"周线"。由于5日平均线起伏较大,震荡行情时该线形象极不规则,无轨迹可寻,因而诞生了10日平均线,此线取连续10个交易日为样本,简单易算,为投资大众参考与使用最广泛的移动平均线。它能较为准确地反映短期内股价平均成本的变动情形与趋势,可作为短线进出的依据。

第二类是中期移动平均线。首先是月线,采样为24日、25日或26日,该线能让使用者了解股价一个月的平均变动成本,对于中期投资而言,有效性较高,尤其在股市尚未十分明朗前,能预先显示股价未来的变动方向;其次是30日平均线,采样仍是以月为基础,不过由于以30日为样,计算较前者简便;最后是季线,采样为72日、73日或75日。由于其波动幅度较短期移动平均线平滑且有轨迹可循,较长期移动平均线敏感度高,因而优点明显。

第三类是长期移动平均线。首先为半年平均线,采样为146日或150日,由于上海证券交易所上市公司一年分两次公布其财务报表,公司董事、监事以及某些消息灵通人士常可先取得这方面的第一手资料,进行炒作,投资者可借此获利,投资者注重短线差价利润,因而效果欠佳;其次是200日平均线,是葛南维(Granvile)专心研究与试验移动平均线系统后着重推出的,但在国内运用不太普遍;最后是年线,取样为255日左右,是超级大户、炒手们操作股票时参考的依据。

所有平均线种类不外乎上述几种,取样太小,线路不规则;取样太大,线路过于平滑,无明显转点。

2. 计算方法

N日移动平均线计算公式如下:

$$N\text{日移动平均线}=\frac{N\text{日收盘价之和}}{N}$$

以时间的长短划分,移动平均线可分为短期、中期、长期几种,一般短期移动平均线有5日平均线与10日平均线;中期有30日平均线与65日平均线;长期有200日平均线与280日平均线。它可单独使用,也可多条同时使用。综合观察长、中、短期移动平均线,可以研判市场的多重倾向。如果三种移动平均线并列上涨,该市场呈多头排列;如果三种移动平均线并列下跌,该市场呈空头排列。

移动平均线说到底是一种趋势追踪的工具,便于识别趋势已经终结或反转,领先的趋势正在形成或延续的契机。它不会领先于市场,只是忠实地追随市场,所以它具有滞后的特点,且无法造假。

3. 特征分析

移动平均线的一些特性对于市场分析是十分重要的,现针对其中的13种情形作出具体分析判断:

(1) 多头稳定上升:当多头市场进入稳定上升时期,10 MA、20 MA、60 MA向右上方推升,且三线多头排列(排列顺序自上而下分别为10 MA、20 MA、60 MA),略呈平行状。

(2) 技术回档：当 10 MA 由上升趋势向右下方拐头而下，而 20 MA 仍然向上方推升时，揭示此波段为多头市场中的技术回档，涨势并未结束。

(3) 由空转多：股市由空头市场转入多头市场时，10 MA 首先由上而下穿越 K 线图，处于 K 线图的下方(即股价站在 10 MA 之上)，过几天 20 MA、60 MA 相继顺次，由上往下穿越 K 线图(即股价顺次站在 20 MA、60 MA 之上)。

(4) 股价盘整：股价盘整时，10 MA 与 20 MA 交错在一起，若时间拉长，60 MA 也会黏合在一起。

(5) 盘高与盘低：股价处于盘局时，若 10 MA 往右上方先行突破上升，则后市必然盘高；若 10 MA 往右下方下降时，则后市必然越盘越低。

(6) 空头进入尾声：空头市场中，若 60 MA 能随 10 MA 在 20 MA 之后，由上而下贯穿 K 线图(即股价站在 60 MA 之上)，则后市会有一波强劲的反弹，甚至空头市场至此已接近尾声。

(7) 由多转空：若 20 MA 随 10 MA 向右下方拐头而下，60 MA 也开始向右下方反转时，表示多头市场即将结束，空头市场即将来临。

(8) 跌破 10 MA：当市场由多头市场转入空头市场时，10 MA 首先由下往上穿越 K 线图，到达 K 线图的上方(股价跌破 10 MA)，过几天 30 MA、60 MA 相继顺次由下往上穿越 K 线图，到达 K 线图的上方。

(9) 依次排列：空头市场移动平均线均在 K 线图之上，且排列顺序从上而下依次是 60 MA、20 MA、10 MA。

(10) 反弹开始：空头市场中，若移动 10 MA 从上而下穿越 K 线图，K 线图在上方，10 MA 在下方(即股价站在 10 MA 之上)，是股价在空头市场反弹的先兆。

(11) 反弹趋势增强：空头市场中，若 20 MA 也继 10 MA 之后，由上而下穿越 K 线图，且 10 MA 位于 20 MA 之上(即股价站在 20 MA 之上，10 MA、20 MA 多头排列)，则反弹趋势将转强。

(12) 深幅回档：若 20 MA 随 10 MA 向右下方拐头而下，60 MA 仍然向右上方推升时，揭示此波段为多头市场中的深幅回档，应以持币观望或放空的策略应对。

【任务实施】

一、比亚迪股票数据采集

(1) 登录大数据基础与实务课程实训平台，在“项目选择”下拉列表中，选择“金融大数据”，并在“案例选择”下拉列表中选择“比亚迪股票数据分析”。

单击“业务分析”下的“案例背景与思考”，查看“比亚迪股票数据分析”的案例背景和案例思考，如图 8－3 所示。

(2) 查看“相关知识”并完成对应的“知识点练习”后，可进入“比亚迪股票数据采集”任务中查看“任务要求”，如图 8－4 所示。

(3) “任务要求”中的蓝色字体为超链接，单击后可查看“比亚迪”公司的股票数据，完成“商务需求获取”中的题目后，在“技术需求转化”中填写相关参数，如图 8－5 所示。

近年来，金融领域的量化分析越来越受到理论界与实务界的重视，所谓金融量化，就是将金融分析理论与计算机编程技术相结合，更为有效地利用现代计算技术实现准确的金融资产定价以及交易机会的发现。

在量化金融的时代，选用一种合适的编程语言对于金融模型的实现是至关重要的。在这方面，Python语言体现出了不一般的优势，特别是它拥有大量的金融计算库，极大地缩短了金融量化分析的学习路径。

本实验以新能源领域的代表性企业比亚迪为例，对比亚迪2020年上半年的股票数据进行量化分析。

图 8-3　比亚迪股票数据分析案例背景

在东方财富网中，采集"比亚迪"2020年1月2日至今的股票历史数据，包含了日期、开盘价、最高价、最低价、收盘价、成交量、成交额、振幅、涨跌额、涨跌幅和换手率这11个指标。

图 8-4　"比亚迪"股票数据采集的任务要求

关键词	参数
采集网址	请根据任务要求中的内容填写
设置存储数据的数据表名	比亚迪股票数据

图 8-5　比亚迪股票数据采集的参数

（4）确认无误后，单击"需求实现"查看完整代码，并单击"执行并显示结果"，如图 8-6 所示。

执行时间：　2022-07-08 09:09:30.468

执行状态：　• 运行结束

执行结果：

其他：

（1）文件：比亚迪股票数据.csv　下载

图 8-6　股票采集结果

（5）下载并在 Excel 中查看比亚迪股票数据集，如图 8-7 所示。表格中的内容涵盖了 2020 年 1 月比亚迪的股票数据。

	A	B	C	D	E	F	G	H	I	J	K
1	日期	开盘	收盘	最高价	最低价	成交量	成交额	振幅	涨跌幅	涨跌额	换手率
2	2020/1/2	47.48	47.96	48.26	47.3	159346	765516496	2.02	1.05	0.5	1.4
3	2020/1/3	47.99	47.83	48.78	47.47	129936	628361968	2.73	-0.27	-0.13	1.14
4	2020/1/6	47.18	48.07	48.98	46.98	169871	822172480	4.18	0.5	0.24	1.49
5	2020/1/7	48.1	47.84	48.29	47.56	93401	449013440	1.52	-0.48	-0.23	0.82
6	2020/1/8	47.34	47.07	48.14	46.94	110974	529249408	2.51	-1.61	-0.77	0.97
7	2020/1/9	47.54	47.44	47.99	47.17	89217	425352464	1.74	0.79	0.37	0.78
8	2020/1/10	47.45	46.71	47.45	46.4	109295	512929712	2.21	-1.54	-0.73	0.96
9	2020/1/13	51.4	51.4	51.4	50.3	518828	2662873920	2.35	10.04	4.69	4.54

图 8－7　查看比亚迪股票数据集

二、数据可视化分析

(一) 股票趋势分析

1. 成交量时序图

以时间为横坐标、每日的成交量为纵坐标进行折线图制作，可以观察股票成交量随时间的变化情况。

(1) 单击进入“绘制股票成交量的时间序列图”任务，完成“商务需求获取”中的题目后填写“技术需求转化”中的相关参数，如图 8－8 所示。全部参数填写完成后单击查看“需求实现”中的完整代码，单击“执行并显示结果”即可执行代码。

关键词	参数
存储数据的表名	byd0621
X轴数据字段	日期
Y轴数据字段	成交量
时序图标题	成交量时序图
X轴标题	日期
Y轴标题	成交量
生成的时序图图片的名称	成交量时序图

图 8－8　绘制股票成交量的时间序列图的参数

(2) 在“执行并显示结果”中可看到股票成交量的时间序列图，如图 8－9 所示。比亚迪股票价在 1—2 月交易活跃，3—6 月进入低迷状态，7 月成交量有回升趋势，但后续 8 月未能保持，9 月开始成交量又呈现稳步上升的状态。

2. 收盘价和成交量时序图

(1) 单击进入“绘制股票收盘价和成交量的时间序列图”任务，完成“商务需求获取”中的题目后填写“技术需求转化”中的相关参数，如图 8－10 所示。全部参数填写完成后单击查看“需求实现”中的完整代码，单击“执行并显示结果”即可执行代码。

(2) 在“执行并显示结果”中可看到股票收盘价和成交量的时间序列图，如图 8－11 所示。由于成交量与收盘价的数值差异很大，所以采用两套纵坐标系来作图。

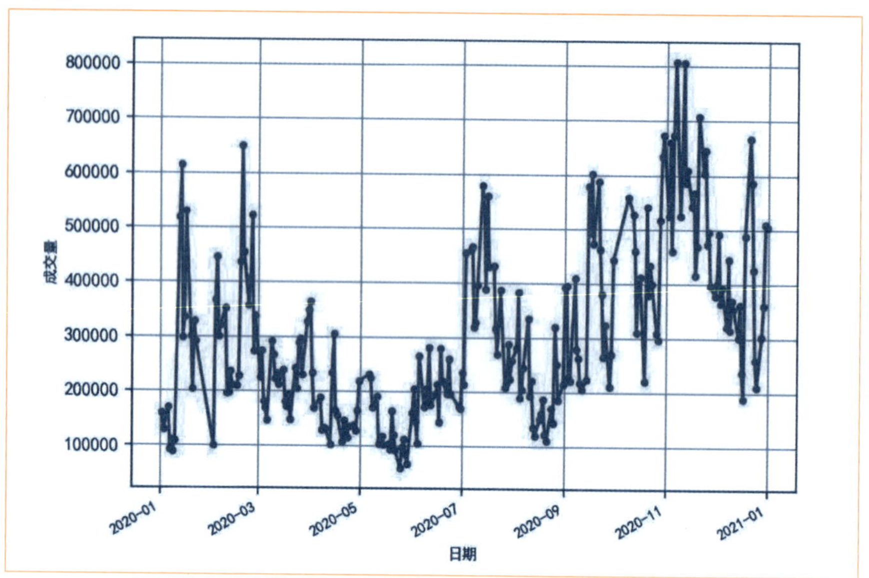

图 8-9 股票成交量的时间序列图

关键词	参数
存储数据的表名	比亚迪股票数据
X轴数据字段	日期
Y轴数据字段1	成交量
Y轴数据字段2	收盘
时序图标题	成交量与收盘价时序图
生成的时序图图片的名称	成交量与收盘价时序图

图 8-10 绘制收盘价和成交量的时间序列图的参数

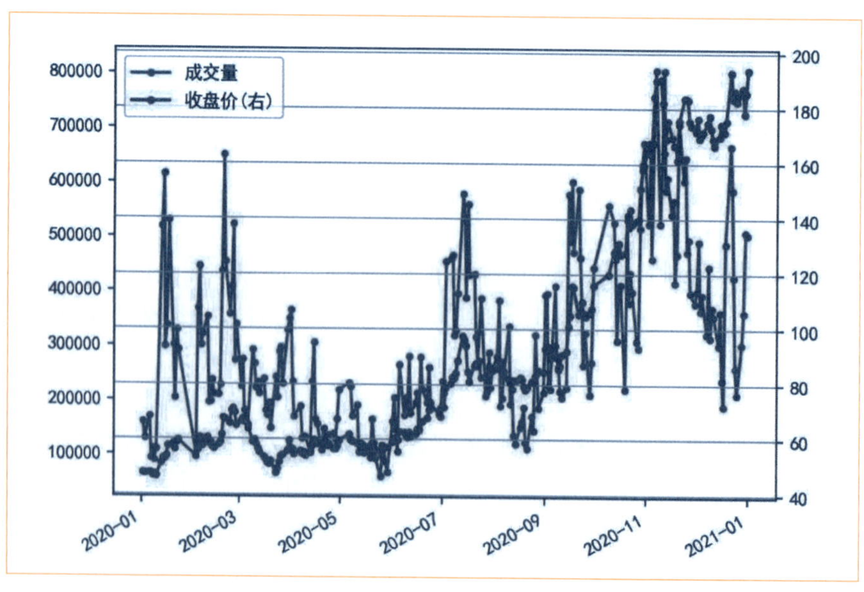

图 8-11 股票收盘价和成交量的时间序列图

结合收盘价进行分析，可知股票收盘价格曲线与成交量曲线走势并不完全一致。1月至5月的收盘价围绕50元这一水平线上下波动。6月以来，收盘价整体趋于稳定增长，结合政策与企业经营资讯来看，受到国家“十四五”规划中对新能源产业的利好影响，加上企业从7月以来销量持续上升，企业股票也一路飙升，直冲200元。

3. 股票K线图(蜡烛图)

(1) 单击进入“绘制股票K线图(蜡烛图)”任务，完成“商务需求获取”中的题目后填写“技术需求转化”中的相关参数，如图8-12所示。全部参数填写完成后单击查看“需求实现”中的完整代码，单击“执行并显示结果”即可执行代码。

关键词	参数
存储数据的表名	比亚迪股票数据
绘图数据字段	'日期', '开盘', '最高价', '最低价', '收盘'
设置表示股票价格上涨的颜色	red
设置表示股票价格下跌的颜色	green
K线图宽度	0.6
K线图标题	K线图
生成的K线图图片的名称	K线图

图8-12　“绘制股票K线图(蜡烛图)”的参数

(2) 在“执行并显示结果”中可看到比亚迪股票K线图，如图8-13所示。图中两种颜色分别代表上涨和下跌。比亚迪在2020年股价呈波动上升趋势。后续将具体分析指标的相关性，并根据N日移动平均线找出股票交易的信号。

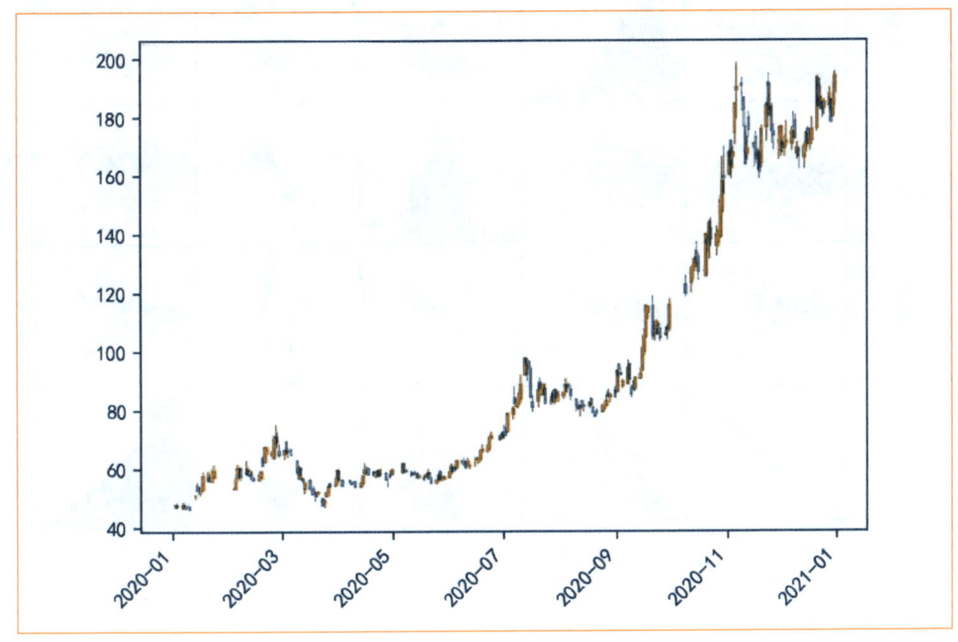

图8-13　比亚迪股票K线图

（二）股票指标的相关性分析

1. 相关指标散点图

（1）单击进入“相关性分析—绘制散点图”任务，完成“商务需求获取”中的题目后填写“技术需求转化”中的相关参数，如图 8－14 所示，选取成交量、振幅、涨跌幅、涨跌额、换手率等具有代表性的指标，将各项指标数据两两关联进行散点图制作。全部参数填写完成后单击查看“需求实现”中的完整代码，单击“执行并显示结果”即可执行代码。

关键词	参数
存储数据的表名	比亚迪股票数据
分析字段	'成交量', '振幅', '涨跌幅', '涨跌额', '换手率'
生成的散点矩阵图图片的名称	散点矩阵

图 8－14　“绘制散点图”的参数

（2）在“执行并显示结果”中可看到股票指标相关性分析的散点图，如图 8－15 所示。除散点图外，对角线是每个指标数据的直方图。从图 8－15 中可以发现成交量和换手率有非常明显的线性关系、涨跌幅和涨跌额有明显的线性关系。

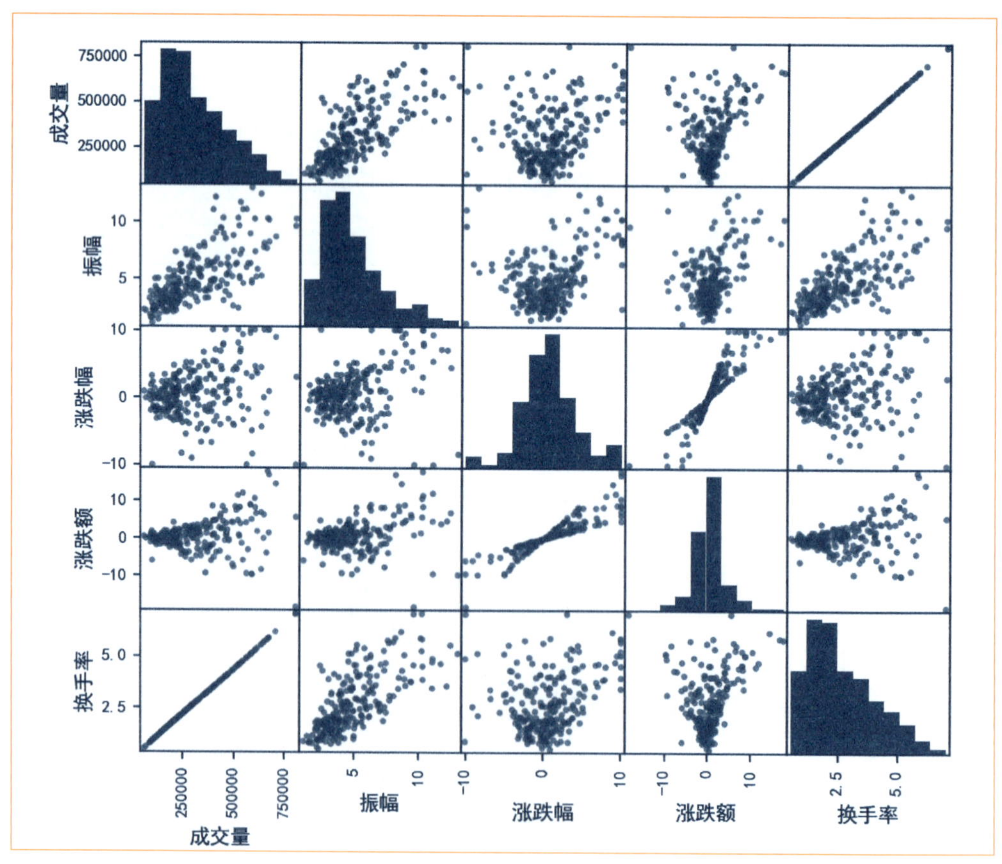

图 8－15　相关性散点图

2. 相关系数矩阵

(1) 单击进入"相关性分析—相关系数矩阵"任务,完成"商务需求获取"中的题目后填写"技术需求转化"中的相关参数,如图 8-16 所示。选择成交量、振幅、涨跌幅、涨跌额、换手率作为分析字段。全部参数填写完成后单击查看"需求实现"中的完整代码,单击"执行并显示结果"即可执行代码。

关键词	参数
存储数据的表名	比亚迪股票数据
分析字段	'成交量','振幅','涨跌幅','涨跌额','换手率'
生成相关系数矩阵图片的名称	相关系数矩阵

图 8-16 计算相关系数矩阵的参数

(2) 在"执行并显示结果"中可看到股票指标的相关系数矩阵,如图 8-17 所示。通过矩阵图表的方式分析多个指标或观察指标间的相关系数矩阵可以迅速找到强相关的指标。

```
[[1.         0.71689301 0.28356841 0.25328046 0.9999937 ]
 [0.71689301 1.         0.33773221 0.3121947  0.71722267]
 [0.28356841 0.33773221 1.         0.90948503 0.28402298]
 [0.25328046 0.3121947  0.90948503 1.         0.25346703]
 [0.9999937  0.71722267 0.28402298 0.25346703 1.        ]]
```

图 8-17 相关系数矩阵

相关系数是一个−1~1 的数,相关系数为正数则两个指标呈正相关,若相关系数为负数,那么这两个为负相关。相关系数越接近 1 或者−1 则说明两个指标之间的相关性越大,越接近 0 则代表两者之间相关性越小。从图 8-17 中的系数矩阵中可知,相关系数矩阵关于主对角线对称,各个指标间均呈正相关,其中成交量与振幅、换手率与振幅、成交量与换手率、涨跌幅与涨跌额相关系数值较高,分别为 0.72、0.72、1 与 0.91。成交量与涨跌额相关系数值最低,仅为 0.25。

3. 相关系数矩阵可视化

(1) 单击进入"相关性分析—相关系数矩阵可视化"任务,完成"商务需求获取"中的题目后填写"技术需求转化"中的相关参数,如图 8-18 所示。全部参数填写完成后单击查看"需求实现"中的完整代码,单击"执行并显示结果"即可执行代码。

关键词	参数
存储数据的表名	比亚迪股票数据
分析字段	'成交量','振幅','涨跌幅','涨跌额','换手率'
生成矩阵可视化图片的名称	矩阵可视化

图 8-18 "矩阵可视化"的参数

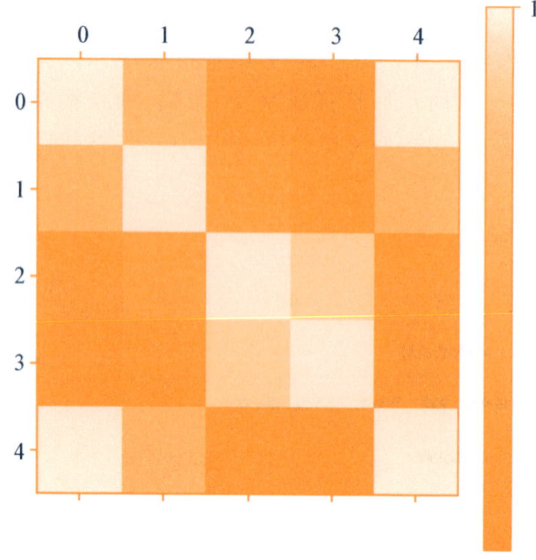

图 8-19　相关系数矩阵图

（2）在“执行并显示结果”中可看到股票指标的相关系数矩阵图，如图 8-19 所示。

图 8-19 中横轴、纵轴上的 0、1、2、3、4 分别代表成交量、振幅、涨跌幅、涨跌额、换手率，右侧图例说明若二者相关性越高则颜色越浅，该矩阵图形关于主对角线对称。从图 8-19 中可以看出，颜色最浅的是(0,4)，较浅的是(2,3)，最深的是(0,3)。这意味着 0 和 4 的相关系数非常大，即成交量与换手率呈强烈正相关，在图 8-19 中相关系数矩阵中的相关系数值为 1；2 和 3 相关系数也较大，即涨跌幅与涨跌额呈强烈正相关，相关系数值为 0.91；而 0 与 3 虽也呈正相关，但相关性较弱，即成交量与涨跌额呈弱相关，相关系数值仅为 0.25。

（三）移动平均线分析

1. 5 日平均线与 20 日平均线比较

移动平均线可帮助交易者确认现有趋势、判断将出现的趋势、发现过度延伸即将反转的趋势。这里选择使用比亚迪股票 2020 年 1—6 月的数据进行模拟，根据每日的收盘价计算出 5 日均价和 20 日均价，并将均价的折线图（移动平均线）与 K 线图画在一起。

（1）单击进入“绘制 K 线图与移动平均线”任务，完成“商务需求获取”中的题目后填写“技术需求转化”中的相关参数，如图 8-20 所示，全部参数填写完成后单击查看“需求实现”中的完整代码，单击“执行并显示结果”即可执行代码。

关键词	参数
存储数据的表名	比亚迪股票数据
设置表示股票价格上涨的颜色	red
设置表示股票价格下跌的表示颜色	green
K线图宽度	0.6
K线图标题	k线图与移动平均线
生成移动平均线图片的名称	k线图与移动平均线

图 8-20　“绘制 K 线图与移动平均线”的参数

（2）在“执行并显示结果”中可看到股票指标的 K 线图与移动平均线，如图 8-21 所示。移动平均线具有抹平短期波动的作用，能反映股票长期的走势。

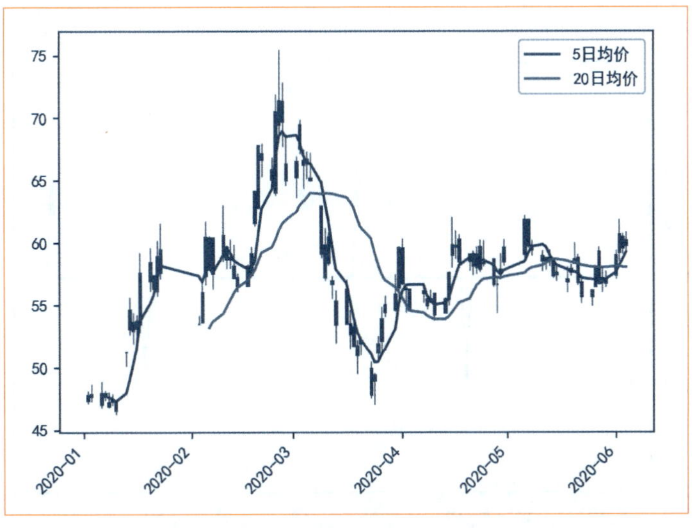

图 8-21 K 线图与移动平均线

观察上图发现，5 日平均线与日 K 线更贴合，20 日平均线总体走势与 5 日平均线基本保持一致，但波动幅度更小，相对而言更平缓一些。

2. 交易信号发现

移动平均线的策略中最简单的一条是：当 5 日平均线从下方超越 20 日平均线时，买入股票；当 5 日平均线从上方越到 20 日平均线之下时，卖出股票。在 2020 年上半年，比亚迪股票的 5 日平均线和 20 日平均线出现了 4 个交叉点，这些交叉点的日期可能是交易的时机，如图 8-22 所示。

为了进一步验证交叉点是否为交易信号，计算 5 日平均价和 20 日平均价的差值，并取其正负号，当图中水平线出现跳跃的时候就是交易时机。为了更加方便观察，上述计算得到的均价差值，再取其相邻日期的差值，得到信号指标。当信号为“1”时，表示买入股票；当信号为“-1”时，表示卖出股票；当信号为“0”时，不进行任何操作。

(1) 单击进入“股票交易信号分析”任务，完成“商务需求获取”中的题目后填写“技术需求转化”中的相关参数，如图 8-22 所示。

全部参数填写完成后单击查看“需求实现”中的完整代码，单击“执行并显示结果”即可执行代码。

关键词	参数
存储数据的表名	比亚迪股票数据
信号图名称	信号图
具体交易日图片名称	交易日期

图 8-22 股票交易信号分析的参数

(2) 在“执行并显示结果”中可看到信号指标图，共出现 4 次交易信号，即 4 月上旬、6 月上旬出现买入信号；3 月中上旬、5 月中旬出现卖出信号，如图 8-23 所示。

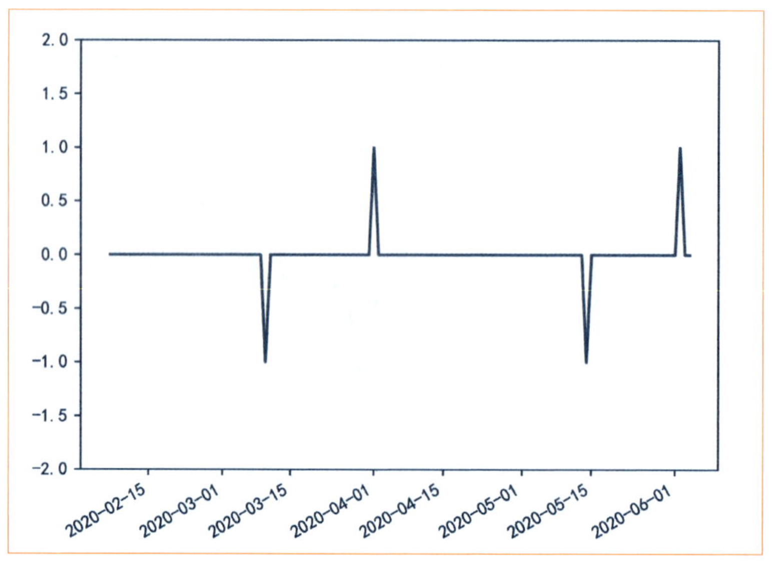

图 8－23　信号指标

（3）结合交易详情，可以看到具体交易时间以及交易价格，如图 8－24 所示。

	date	price	operation
42	2020-03-10	59.86	Sell
58	2020-04-01	56.81	Buy
85	2020-05-14	57.38	Sell
98	2020-06-02	60.69	Buy

图 8－24　交易详情

交易详情显示，比亚迪股票持有者可在 2020 年 3 月 10 日卖出股票，在 4 月 1 日重新买入股票，达到高卖低买的效果。5 月 14 日再次卖出股票及时止盈，慎防出现大额亏损的情况，等到 6 月 2 日再买入股票。结合比亚迪股票下半年的股价大涨行情，可以认为 6 月 2 日的买入信号是正确的。但股票交易存在风险，交易信号仅供参考。

三、任务结论

本实训通过分析比亚迪 2020 年的股票数据发现，比亚迪的股价在此期间出现了大幅上涨，从 2020 年年初的 50 元左右上涨到年末的 200 元左右。在股票指标中成交量与换手率、涨跌幅与涨跌额均呈强烈正相关，成交量与涨跌额呈弱相关。

通过分析移动平均线可发现，2020 年上半年一共出现 4 次交易信号，分别为在 3 月 10 日、5 月 14 日卖出股票；在 4 月 1 日、6 月 2 日买入股票。股票交易存在风险，交易信号仅供参考。

【课堂研讨】

找出比亚迪股票近 3 个月的交易信号，并结合实际情况谈谈你的看法。

【拓展训练】

依据本案例的分析模式，请以通威股份为例，找出该股票2022年的交易信号。

任务二 电商大数据综合实训

【实训背景】

数据化运营是指通过数据化的工具、技术和方法，对运营过程中的各个环节进行科学分析、引导和应用，从而达到优化运营效果和效率、降低成本、提高效益的目的。某白酒公司在入驻电商平台前，想通过对电商市场的分析，完成数据化运营，制定合理的市场营销战略。本实训以京东平台为目标，通过收集各类白酒品牌相关数据，进行市场分析，分析该平台上的市场容量、消费者偏好、地区销售情况、品牌销售等情况。

操作录屏：电商大数据综合实训

【任务要求】

本实训通过采集京东白酒消费数据，完成对线上白酒市场的数据分析。结合数据抓取、清洗、挖掘、分析等大数据手段，对京东白酒商品数据从销量与销售额、消费倾向、消费者评价等三个方面进行了不同角度的分析，呈现有价值的数据参考。

【知识准备】

网上购物发展迅猛，人们的购物习惯正在悄然改变，坐在家中，就可以在淘宝网、京东商城等网上商城买到人们几乎所有想要买的东西。这些电商网站交易行为的数据如今已经被数据分析人员作为分析研究客户购物行为的预测应用。

一、购物行为预测

商家需要从大量的数据中找到每一类顾客属于哪种消费类型，从而预测顾客的购物倾向，有针对性地向其电子邮件或手机发送相应的商品信息，满足顾客需求。

二、商品销量预测

随着生活的改善，人们越来越关注周围的环境，例如官方发布的环境监测指数让人们每天都可以了解到周围环境的质量。电商也可以借助外部环境监测数据预测商品的销量情况。例如，由于环境变差，人们对健康的自我保护意识增强，这就给商家带来一个信息，口罩销量可能会增长，需要增加生产量，同时还可以预测到空气净化器将有更大的市场需求，需要营销人员加大市场宣传与推广的力度。

全球都在关注传染性疾病，为了控制传染性疾病的传播，国家疾病预防控制中心需要提前发出疾病预警，让大众做好相应的防控准备，从而降低大范围传播的概率。这也给电商带来了商机，电商可以借助对传染性疾病的预测发现未来哪类商品的需求量将增大，提前做好供货规划。

运用大数据技术可以收集到感冒药品流量，当发现某个地区近期可能要爆发流感，有大量客户将要购买流感类药品，那么，就需要加大这一地区流感类药品的供货量，并根据当地人口数，按比例预测流感类药品总需求量，以防止断货。

大数据带给人们的不仅是商业的机遇与挑战，同时也可以提醒人们随时关注自身的健康，提醒人们做好准备，免受疾病的伤害，让人们提前预测以实现自我健康保护。

【任务实施】

一、数据采集与预处理

（一）京东白酒商品信息数据采集

登录大数据基础与实务课程实训平台，在下拉列表中选择“电商大数据”并查看案例背景，如图 8－25 所示。

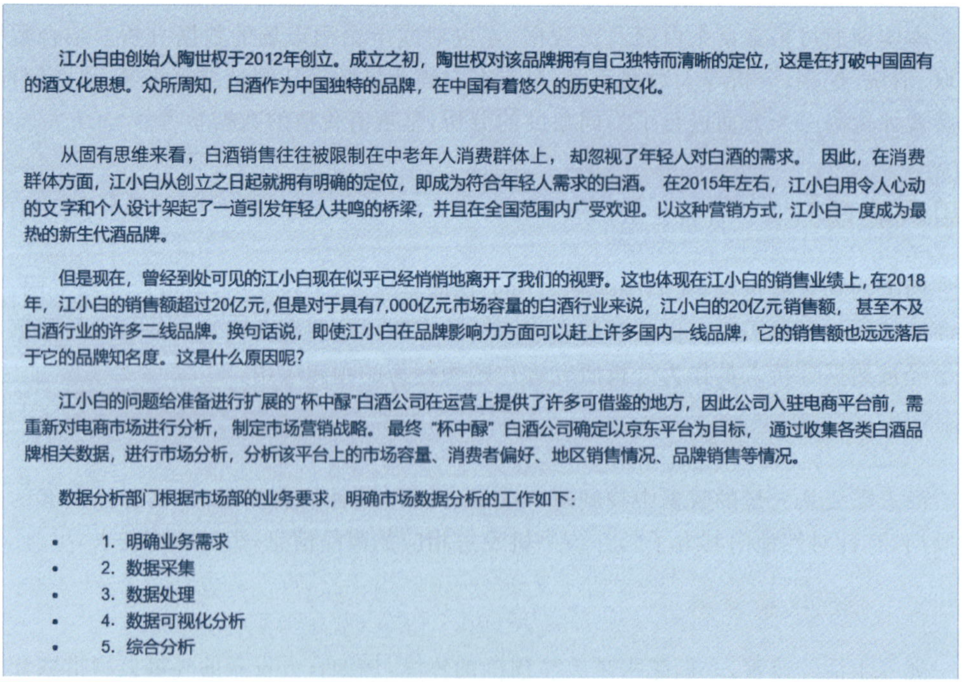

江小白由创始人陶世权于2012年创立。成立之初，陶世权对该品牌拥有自己独特而清晰的定位，这是在打破中国固有的酒文化思想。众所周知，白酒作为中国独特的品牌，在中国有着悠久的历史和文化。

从固有思维来看，白酒销售往往被限制在中老年人消费群体上，却忽视了年轻人对白酒的需求。 因此，在消费群体方面，江小白从创立之日起就拥有明确的定位，即成为符合年轻人需求的白酒。 在2015年左右，江小白用令人心动的文字和个人设计架起了一道引发年轻人共鸣的桥梁，并且在全国范围内广受欢迎。以这种营销方式，江小白一度成为最热的新生代酒品牌。

但是现在，曾经到处可见的江小白现在似乎已经悄悄地离开了我们的视野。这也体现在江小白的销售业绩上，在2018年，江小白的销售额超过20亿元，但是对于具有7,000亿元市场容量的白酒行业来说，江小白的20亿元销售额， 甚至不及白酒行业的许多二线品牌。换句话说，即使江小白在品牌影响力方面可以赶上许多国内一线品牌，它的销售额也远远落后于它的品牌知名度。这是什么原因呢?

江小白的问题给准备进行扩展的“杯中酿”白酒公司在运营上提供了许多可借鉴的地方，因此公司入驻电商平台前，需重新对电商市场进行分析，制定市场营销战略。最终 “杯中酿” 白酒公司确定以京东平台为目标， 通过收集各类白酒品牌相关数据，进行市场分析，分析该平台上的市场容量、消费者偏好、地区销售情况、品牌销售等情况。

数据分析部门根据市场部的业务要求，明确市场数据分析的工作如下：

- 1. 明确业务需求
- 2. 数据采集
- 3. 数据处理
- 4. 数据可视化分析
- 5. 综合分析

图 8－25 京东白酒数据分析案例背景

可进入“京东白酒商品信息数据采集”任务中查看“任务要求”，如图 8－26 所示。

在京东商城（MICD）中采集白酒的商品信息数据，指标包含：'标题','价格','店铺','包装','包装清单','品牌','商品产地','商品名称','商品毛重','商品编号','容量','度数','酒精度','链接','香型','产品重量'。

将采集到的数据表导出并查看。

图 8－26　京东白酒商品信息数据采集的任务要求

"任务要求"中的蓝色字体为超链接，单击后可查看京东商城的白酒商品数据，完成"商务需求获取"中的题目后，在"技术需求转化"中填写相关参数，如图 8－27 所示。

关键词	参数
采集网址	请根据实际情况填写
采集指标01	标题
采集指标02	价格
采集指标03	店铺
采集指标04	包装
采集指标05	包装清单
采集指标06	品牌
采集指标07	商品产地
采集指标08	商品名称
采集指标09	商品毛重
采集指标10	商品编号
采集指标11	容量
采集指标12	度数
采集指标13	酒精度
采集指标14	链接
采集指标15	香型
采集指标16	产品重量
设置存储数据的表名	京东白酒

图 8－27　"商品信息数据采集"的参数

确认无误后点击"需求实现"查看完整代码，并单击"执行并显示结果"，如图 8－28 所示。

下载并在 Excel 中查看，如图 8－29 所示。

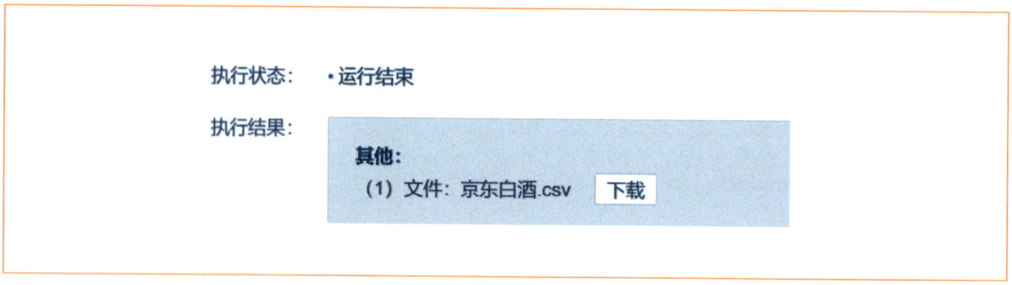

执行状态：　·运行结束

执行结果：

其他：

(1) 文件：京东白酒.csv　下载

图 8－28　执行并显示结果

	A	B	C	D	E	F	G	H	I	J	K	L	M	N	O	P
1	标题	价格	店铺	包装	包装清单	品牌	商品产地	商品名称	商品毛重	商品编号	容量	度数	酒精度	链接	香型	产品重量
2	飞天 53%vol 500ml 贵	¥1499.00	贵州茅台京东自营店	瓶装	飞天 53%vol 500ml 贵	茅台 (MOUTAI)	贵州仁怀	茅台白酒	1.12kg	100012043978	500ml	50度及以上	53%vol	http://119.29.79.190:7702/fst	酱香型	870g
3	贵州 荷花酒酱香型白酒礼盒	¥15.90	环台酒类官方旗舰店	整箱装	暂无	环台 (HUANTAI)	中国大陆	贵州环台荷花酒酱香型白酒	0.7kg	47120575065	500ml	50度及以上		http://119.29.79.190:7702/fst	酱香型	3g
4	五粮液52度普五第八代款整	¥6949.00	五粮液京东自营旗舰店	整箱装	五粮液52度普五第八代款整	五粮液 (WULIANGYE)	中国大陆	五粮液白酒	10.25kg	100003547337	500mL	50度及以上		http://119.29.79.190:7702/fst	浓香型	10250g
5	汾酒 白酒黄盖玻汾清香型 高	¥278.00	汾酒京东自营官方旗舰店	整箱装	汾酒 玻汾53度475ml×6	汾酒	中国大陆	汾酒白酒	5.4kg	100003033647	475	50度及以上	53%vol	http://119.29.79.190:7702/fst	清香型	5400g
6	五粮液52度普五第八代款单	¥1355.00		瓶装	五粮液52度普五第八代款单	五粮液 (WULIANGYE)	中国大陆	五粮液白酒	1.485kg	100005907830	500mL	50度及以上		http://119.29.79.190:7702/fst	浓香型	1485g
7	五粮液 1618 52度 500ML	¥1129.00	五粮液京东自营旗舰店	瓶装	五粮液 1618 52度 500ML	五粮液 (WULIANGYE)	中国大陆	五粮液白酒	1.4kg	251826	500ml	50度及以上	52%vol	http://119.29.79.190:7702/fst	浓香型	1390g

图 8－29　商品信息表

(二) 京东白酒评价数据采集

由于京东商城不展示商品的销售数量，本案例选择用商品的评价数代替销量，以便进行后续的数据处理、统计与分析。完成“商务需求获取”中的题目后，在“技术需求转化”中填写相关参数，如图 8－30 所示。

关键词	参数
输入商品信息存储的数据表名	京东白酒
采集网址所在列的名称	链接
信息索引列	商品编号
评价信息01	全部评价
评价信息02	好评
评价信息03	中评
评价信息04	差评
设置评价数据存储数据表名	商品评价

图 8－30　“评价信息数据采集”的参数

确认无误后单击“需求实现”查看完整代码，并单击“执行并显示结果”，如图 8－31 所示。

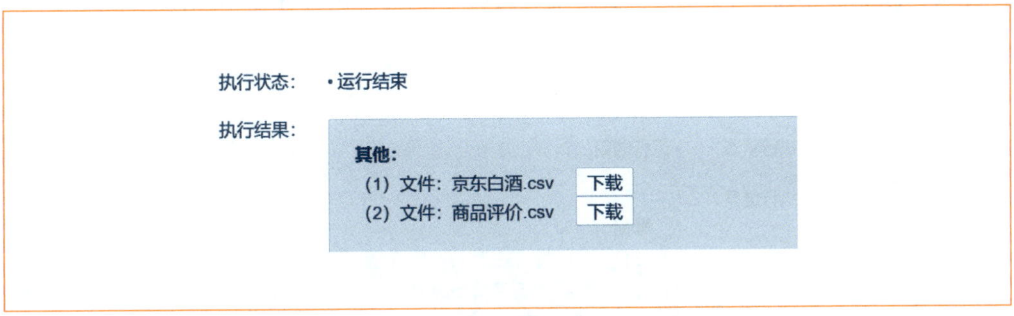

执行状态：　•运行结束

执行结果：

其他：

(1) 文件：京东白酒.csv　下载

(2) 文件：商品评价.csv　下载

图 8-31　评价信息采集结果

下载并在 Excel 中查看，如图 8-32 所示。

	A	B	C	D	E
1	商品编号	全部评价	好评	中评	差评
2	100012043978	353156	142072	276	362
3	47120575065	78940	15115	450	703
4	100003547337	424063	194937	846	973
5	100003033647	753591	366069	2038	1525
6	100005907830	424068	194942	846	973
7	251826	214853	142900	1005	839

图 8-32　评价信息表

(三) 京东白酒数据清洗

通过观察采集到的两张信息表，可以发现大部分品牌的“商品产地”信息内容为“中国大陆”，“酒精度”列中含有度数单位，现在需要通过匹配商品编号将两张表合并在一起，并针对“商品产地”与“酒精度”进行调整。

完成“商务需求获取”中的题目后，在“技术需求转化”中填写相关参数，如图 8-33 所示。

关键词	参数
输入存储商品信息数据表名	京东白酒
需要调整的字段01	商品产地
被替换的信息	中国大陆
替换后的信息	其他
需要调整的信息02	酒精度
存储酒精浓度的列名称	浓度值
输入存储商品评价数据表名	商品评价
设置清洗后的数据表名	清洗后

图 8-33　白酒数据清洗的参数

确认无误后单击“需求实现”查看完整代码，并单击“执行并显示结果”，如图 8－34 所示。

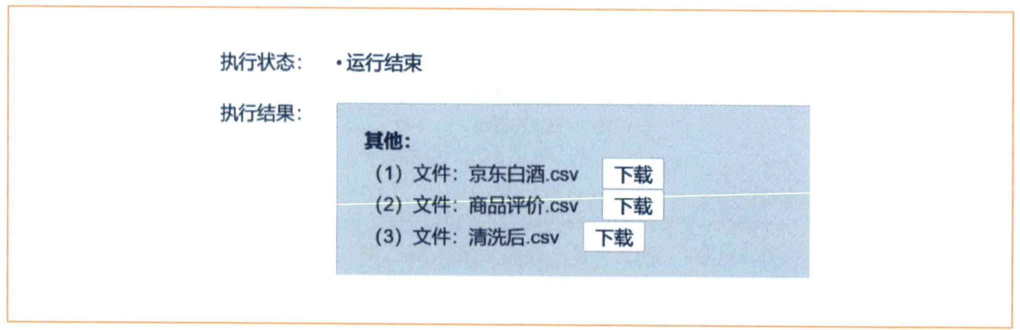

图 8－34　数据清洗的结果

下载并在 Excel 中查看，合并后的数据表如图 8－35 所示。此时，两张表格已合并在一起，评价数量在表格右侧。“商品产地”中的“中国大陆”替换为“其他”便于后续分类，新增“浓度值”列显示该规格的白酒浓度值。

	A	B	C	D	E	F	G	H	I	J	K	L	M	N	O	P	Q	R	S	T	U	V
1	标题	价格	店铺	包装	包装清单	品牌	商品产地	商品名称	商品毛重	商品编号	容量	度数	酒精度	浓度值	链接	香型	产品重量	商品编号	全部评价	好评	中评	差评
2	飞天 53%vol 500ml 贵	￥ 1499.00	贵州茅台京东自营店	瓶装	飞天 53%vol 500ml 贵	茅台 （MOUTAI）	贵州	茅台白酒	1.12kg	100012043978	500ml	50度及以上	53%vol	53	http://119.29.79.190:7702/fst	酱香型	870g	100012043978	353156	142072	276	362
3	贵州 荷花酒酱香型白酒礼盒	￥15.90	环台酒类官方旗舰店	整箱装	暂无	环台 （HUANTAI）	其他	贵州环台荷花酒酱香型白酒	0.7kg	47120575065	500ml	50度及以上			http://119.29.79.190:7702/fst	酱香型	3g	47120575065	78940	15115	450	703
4	五粮液52度普五第八代款整	￥ 6949.00	五粮液京东自营旗舰店	整箱装	五粮液52度普五第八代款整	五粮液 （WULIANGYE）	其他	五粮液白酒	10.25kg	100003547337	500mL	50度及以上			http://119.29.79.190:7702/fst	浓香型	10250g	100003547337	424063	194937	846	973
5	汾酒 白酒 黄盖玻汾 清香型 高	￥278.00	汾酒京东自营官方旗舰店	整箱装	汾酒 玻汾 53度 475ml×6	汾酒	其他	汾酒白酒	5.4kg	100003033647	475	50度及以上	53%vol	53	http://119.29.79.190:7702/fst	清香型	5400g	100003033647	753591	366069	2038	1525
6	五粮液52度普五第八代款单	￥ 1355.00		瓶装	五粮液52度普五第八代款单	五粮液 （WULIANGYE）	其他	五粮液白酒	1.485kg	100005907830	500mL	50度及以上			http://119.29.79.190:7702/fst	浓香型	1485g	100005907830	424068	194942	846	973

图 8－35　合并后的数据表

（四）五粮液评价信息采集

商品评价是最能反映产品好坏的标杆，通过采集五粮液商品的用户评论，为后续绘制词云图、研究用户对产品的关注程度以及品牌提供数据基础。

完成“商务需求获取”中的题目后，在“技术需求转化”中填写相关参数，如图 8－36 所示。

关键词	参数
输入清洗后的表格名称	清洗后
品牌名称	五粮液
评论信息采集网址组成部分01	请根据实际情况填写
评论信息采集网址组成部分02	商品编号
设置存储五粮液评论信息表名称	五粮液评价

图 8－36　“五粮液评论信息采集”的参数

确认无误后，单击“需求实现”查看完整代码，并单击“执行并显示结果”，如图 8-37 所示。

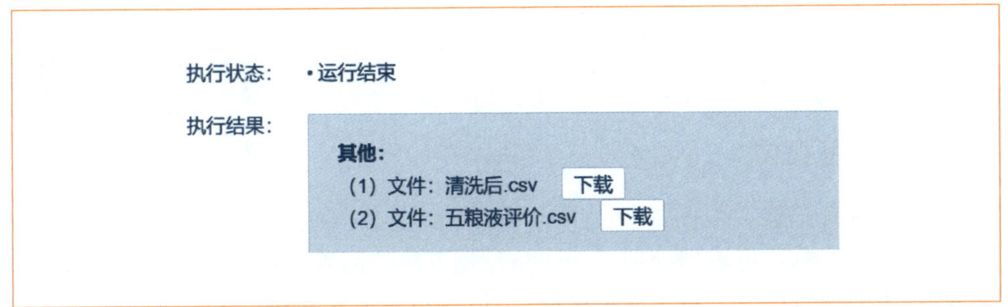

图 8-37　五粮液评价信息采集结果

下载并在 Excel 中查看，评价信息表如图 8-38 所示。表格中共有两列，一列为用户账号，另一列则为该名用户的评论内容。

	A	B
1	user_id	pingjia
2	Anisette	包装设计：包装简约大方，非常喜欢香型口感：入口不呛喉咙，非常香醇服务：服务态度非常满意物流速度：物流速度，送货上门，态度非常好
3	jd_134507jmi小竹头	包装设计：很漂亮，香型口感：浓香型白酒的典范，应该不会假的。服务：可以，物流速度：可以接受。
4	半夏时光LL	已经是第二次购买了，内外包装非常精良，既防碎有美观，货真，酒香醇美，防伪技术也做得很好，值得购买！
5	jd_180164foc	包装设计：非常漂亮香型口感：酒香味浓郁服务：发货很快物流速度：送货上门及时
6	d***e	五粮液，好喝，价格也不离谱。不要搞到涨到天价，搞到大家买不起。一共4瓶酒，2个箱，包装很好，气泡袋包得很严实，纸箱也没有破损。

图 8-38　评价信息表

(五) 评价分词处理

采集到的评价文本还不可直接用于绘制词云图，需要先将其进行分词，还需要滤掉某些无意义字或词，这些被过滤掉的字或词即被称为停用词，平台已将所需的停用词内置在代码中。此外，需要将分词后的数据另存为一张新表，并观察表格数据。

完成“商务需求获取”中的题目后，在“技术需求转化”中填写相关参数，如图 8-39 所示。

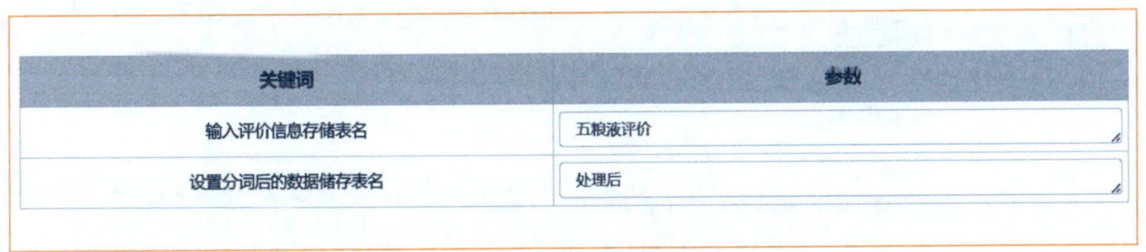

图 8-39　“评论分词处理”的参数

确认无误后单击“需求实现”查看完整代码，并单击“执行并显示结果”，如图 8-40 所示。

执行状态：　•运行结束

执行结果：

其他：

(1) 文件：五粮液评价.csv　下载

(2) 文件：处理后.csv　下载

图 8-40　分词处理后的结果

下载并在 Excel 中查看，分词结果如图 8－41 所示。表格中共有两列，一列为词，另一列则为词频，即该词语出现的次数。图 8－41 中的表格内容已按词频降序排列，可以看出词频数排在前几位的词语依次为：好、包装、口感、买、设计、不错。

	A	B
1	词	词频
2	好	178
3	包装	157
4	口感	95
5	买	87
6	设计	85
7	不错	84

图 8－41　分词结果

二、数据可视化

(一) 绘制词云图

完成分词处理后，可根据处理后的表格绘制五粮液品牌的评论词云图。完成“商务需求获取”中的题目后，在“技术需求转化”中填写相关参数，如图 8－42 所示。

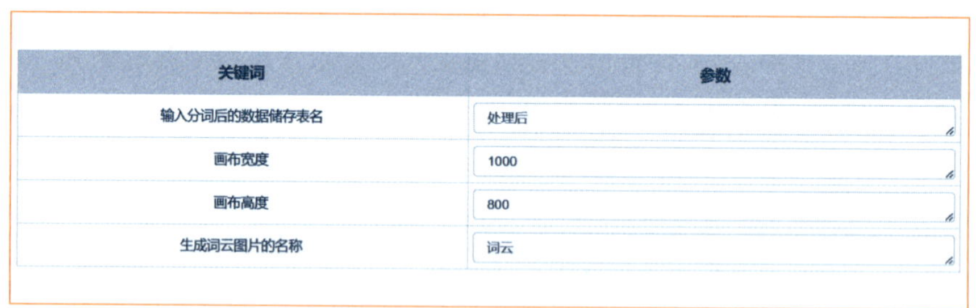

关键词	参数
输入分词后的数据储存表名	处理后
画布宽度	1000
画布高度	800
生成词云图片的名称	词云

图 8－42　绘制词云图的参数

确认无误后，单击“需求实现”查看完整代码，并单击“执行并显示结果”，如图 8－43 所示。

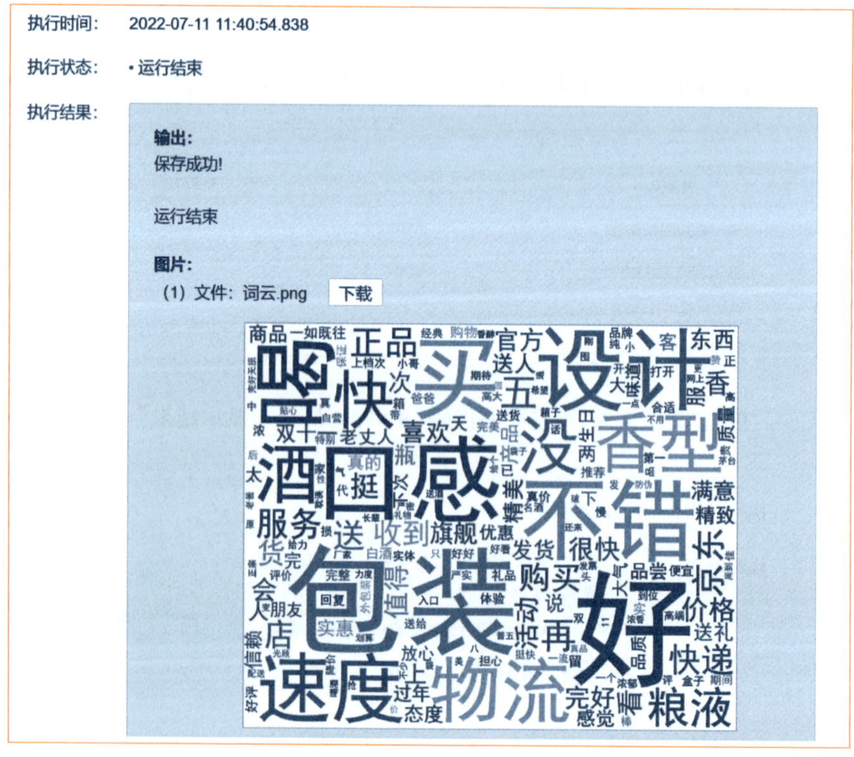

图 8－43　词云图绘制结果

单击图片即可放大该词云图。评价中出现频率越高的词语在词云图中的字体就越大，例如“好”“买”“包装”“口感”“不错”“物流”“速度”“设计”“香型”等词语的大小较为突出，可见消费者在购买五粮液后会从包装、口感、物流、香型等方面进行评价，同时表明消费者在购买白酒时较为重视这几个方面，为后续进一步分析京东白酒销售数据提供了参考方向。同时，“好”“不错”这几个标签表明了消费者对于五粮液白酒的认可。

（二）Power BI 可视化数据预处理

本实训使用 Power BI 对商品数据进行可视化，在 Power BI 中加载清洗后的表格，并对加载后的数据进行处理，删去“价格”列中的“￥”符号，新增“销售额”字段，新增“价格分组”和“度数分组”。此外，“商品编号”列也有重复列，需要删除该重复列。

（1）在 Power BI 的主页中，点击“转化数据”，进入 Power Query 编辑器，如图 8－44 所示。

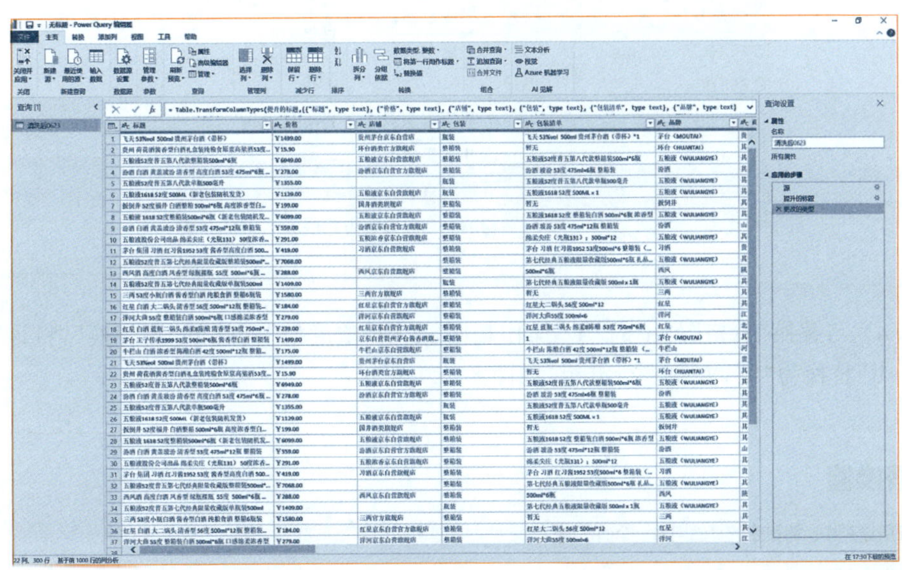

图 8－44　Power Query 编辑器

（2）在 Power Query 编辑器中，选中“价格”列后单击“替换值”，将“价格”字段中的“￥”值替换成“空”，如图 8－45 所示。

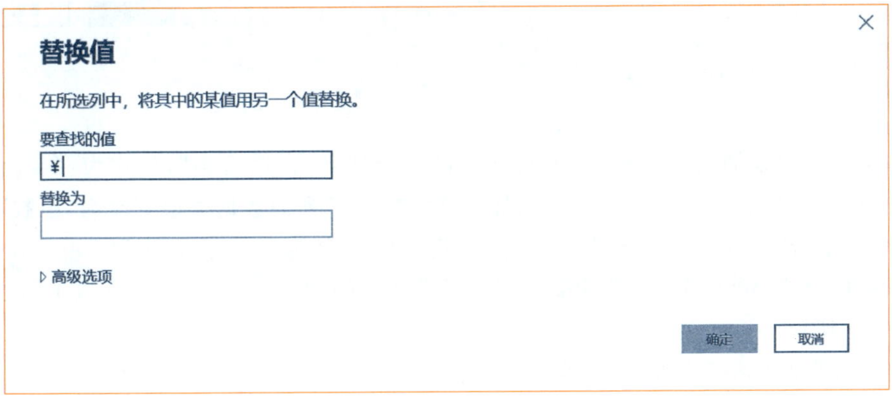

替换值

在所选列中，将其中的某值用另一个值替换。

要查找的值

¥

替换为

▷ 高级选项

确定　取消

图 8－45　替换“￥”为“空”

(3) 替换完成后单击“数据类型”,将“价格”列的数据类型由“文本”更改为“小数”,如图 8-46 所示。

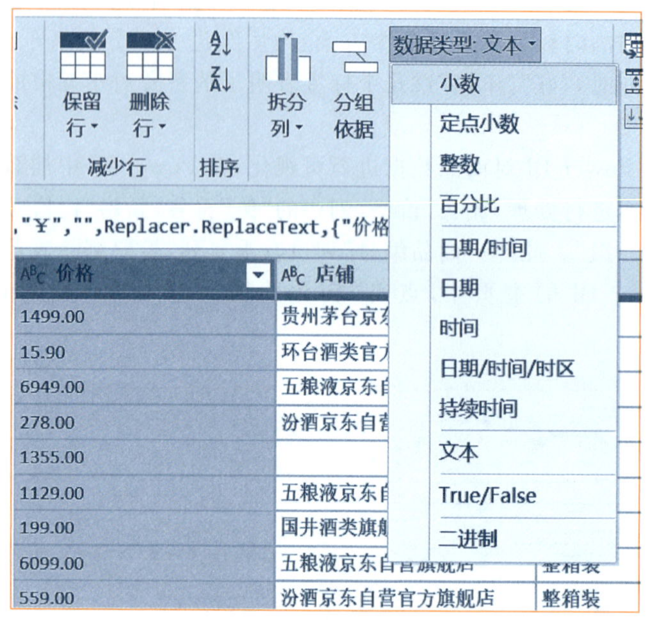

图 8-46　更改“价格”数据类型

(4) 与替换“价格”列中的“￥”操作相同,选中“浓度值”列后单击“替换”,将该列中的“null”替换为“0”,方便进行分组,如图 8-47 所示。

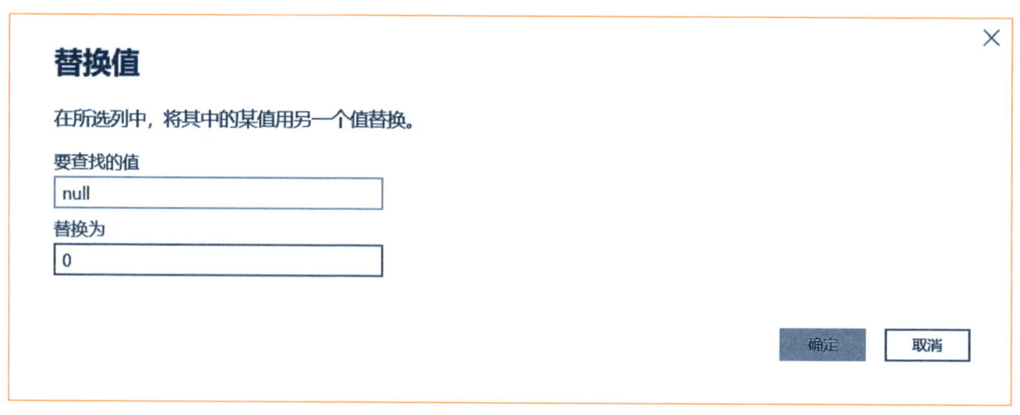

图 8-47　替换“null”为“0”

(5) 单击“添加列”,选择“自定义列”,设置新列名为“销售额”,公式为:“=[价格]*[全部评价]”,如图 8-48 所示。添加后将“销售额”列的数据类型更改为“小数”。

(6) 单击“条件列”,设置新列名为“价格分组”,分为“200 元以下”“200～400 元”“400～600 元”“600～800 元”“800～1 000 元”“1 000～1 200 元”“1 200 元以上”7 组,如图 8-49 所示。

(7) 因“商品编号”列存在重复列,于是需要删除表格末尾的“商品编号_1”列,选中该列后右键选择“删除”,如图 8-50 所示。

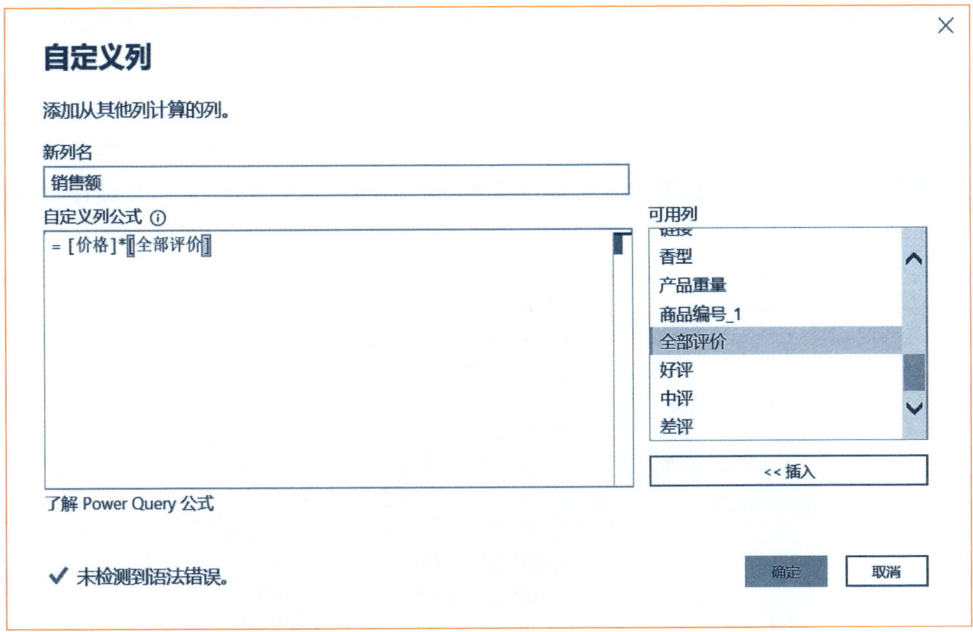

图 8－48　新增“销售额”列

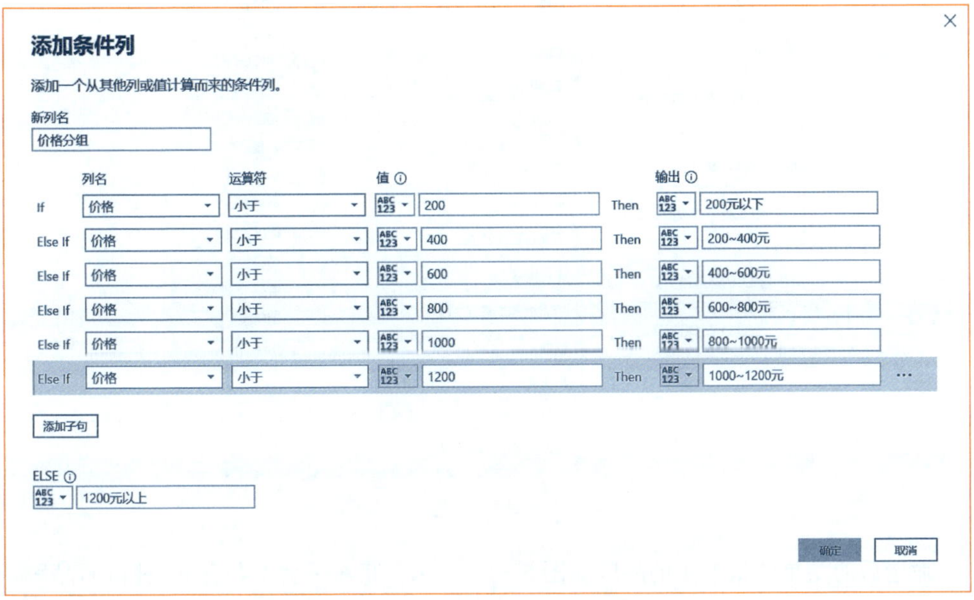

添加条件列

添加一个从其他列或值计算而来的条件列。

新列名

价格分组

	列名	运算符	值 ⓘ		输出 ⓘ
If	价格	小于	200	Then	200元以下
Else If	价格	小于	400	Then	200~400元
Else If	价格	小于	600	Then	400~600元
Else If	价格	小于	800	Then	600~800元
Else If	价格	小于	1000	Then	800~1000元
Else If	价格	小于	1200	Then	1000~1200元

添加子句

ELSE ⓘ

1200元以上

确定　取消

图 8－49　添加“价格分组”列

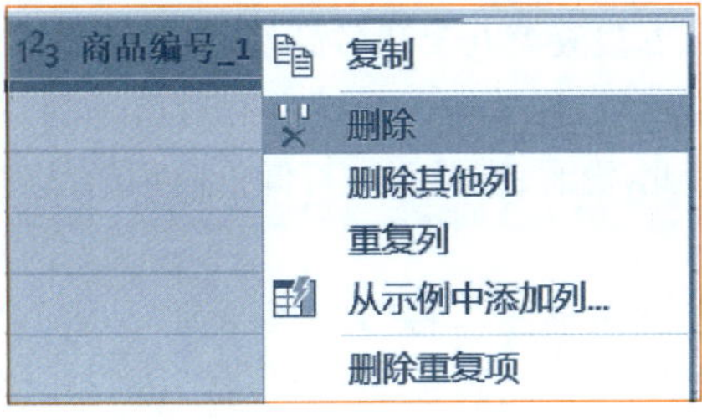

图 8－50　删除重复列

（8）完成数据预处理后，点击“关闭并应用”，进入 Power BI Desktop 页面。

（三）销量与销售额分析

1. 销量分析

在“可视化”中选择“簇状条形图”，将“Y 轴”设为“品牌”，“X 轴”设为“全部评价”，完成图数据设置。在“筛选器”中，将品牌按照“全部评价”进行排序，显示全部评价数前十的品牌，相关设置如图 8－51 所示。

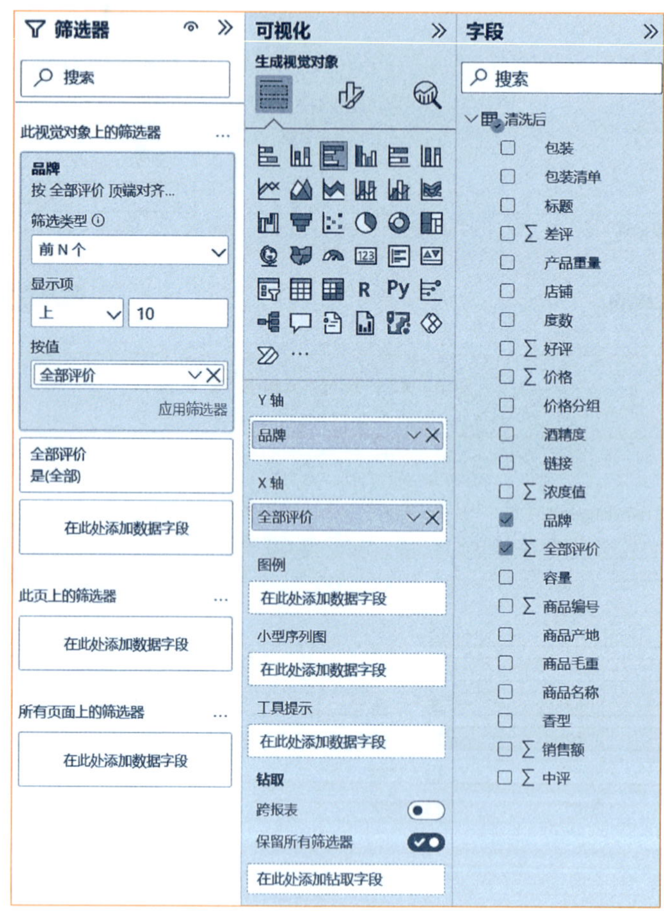

图 8－51　筛选销量分析品牌

筛选后的结果销量前十的品牌如图 8－51 所示。京东平台上共有 68 种白酒品牌，销量前十的品牌占据了整个市场销售总量的 88.21%。可见，消费者受品牌知名度和品牌信任度的影响，对于知名大众化品牌的选择远远超过小众品牌。平台中销量最高的品牌为牛栏山，销量高于泸州老窖、五粮液等五个知名高端品牌，累计销量达 1 180 万件，其销售量最高的原因可能是因其价格较低，打破传统高端白酒对市场的封锁；近年来，白酒市场消费正向大众化、平民化发展，因此，汾酒、红星等主打低价白酒的品牌销售量也相对较大。

2. 销售额分析

在“可视化”中选择“簇状条形图”，将“Y 轴”设为“品牌”，“X 轴”设为“销售额”，完成图数据设置。在“筛选器”中，将品牌按照“销售额”进行排序，显示销售额数前十的品牌，如图 8－53 所示。

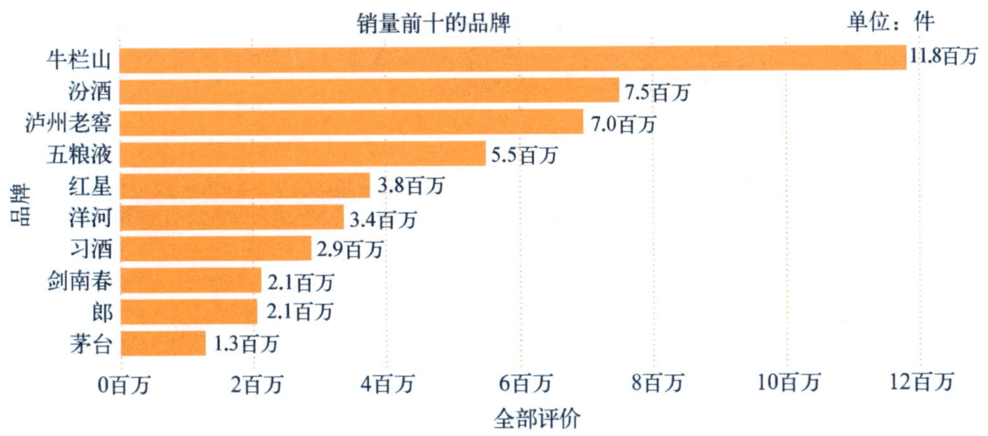

图 8-52　销量前十的品牌

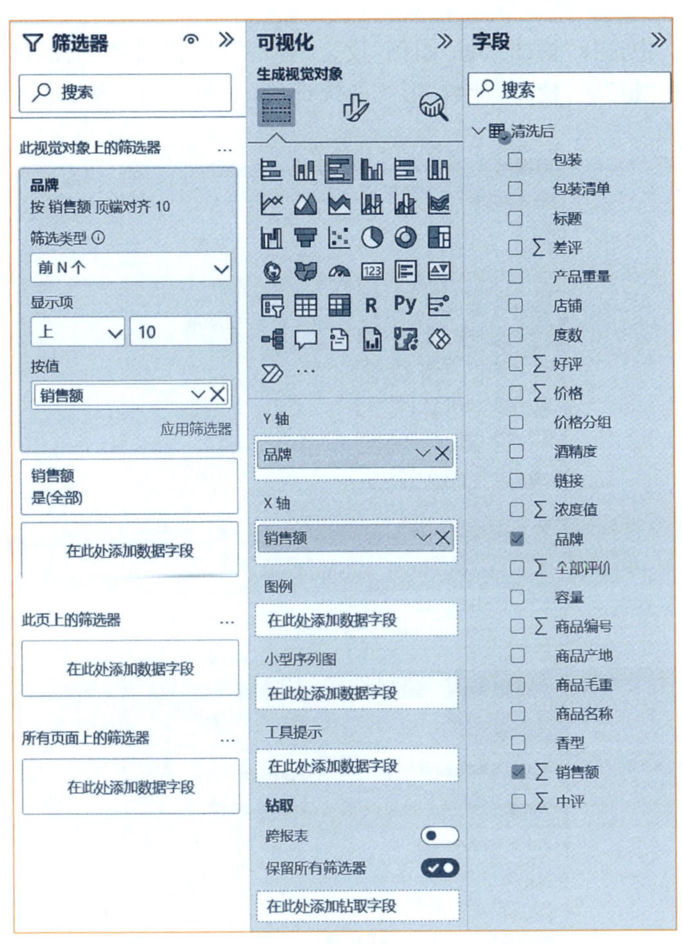

图 8-53　设置销售额簇状条形图

筛选后的数据销售额分析如图 8-54 所示。从销售额来看，排名前五的均为知名高端白酒品牌，其中五粮液的销售额远高于其他品牌，达到 116 亿元，占全平台白酒销售总额的 32.92%。原因可以归结于其品牌产品数量较多、价格范围覆盖面大、知名度高，获得了从高端到低端不同层次消费者的喜爱。

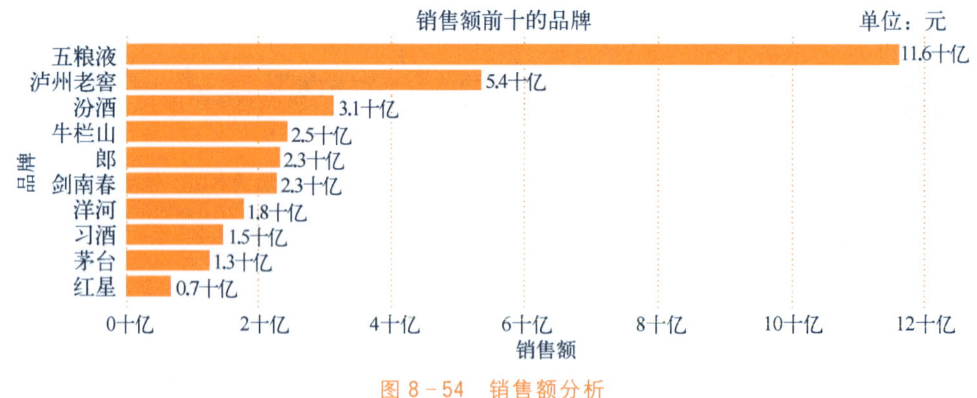

图 8-54 销售额分析

(二) 消费倾向分析

1. 香型分析

在“可视化”中选择“饼图”，将“图例”设为“香型”，“值”设为“商品编号的计数”，完成数据设置。在“值”中，使用“计数”形式的统计值，如图 8-55 所示。

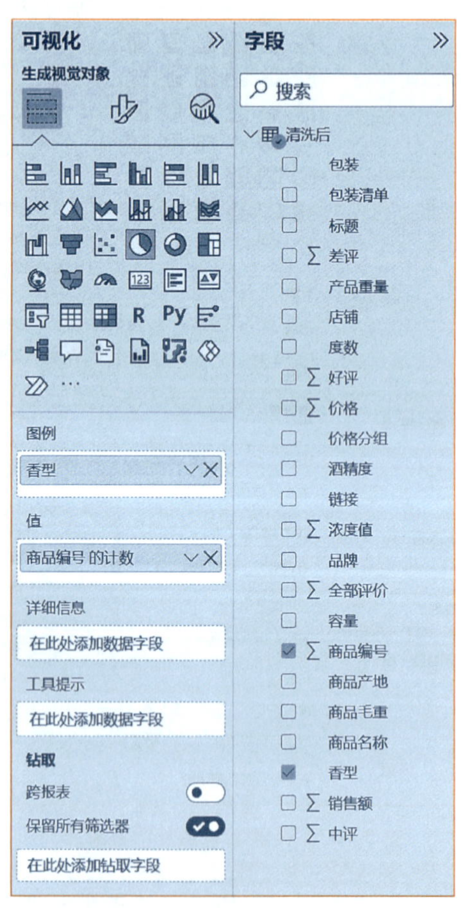

图 8-55 设置香型饼图

随着科学技术的进步和酿酒工业的发展，白酒的香型也更加丰富，从人们熟知的浓香型、酱香型、清香型的三种发展到数十种。数据显示，京东上售卖的白酒香型仍主要集中为浓香型、酱香型和清香型三种传统香型，合计占比 86.11%。其中，又以浓香型最多，远高于其他香型，具体如图 8－56 所示。

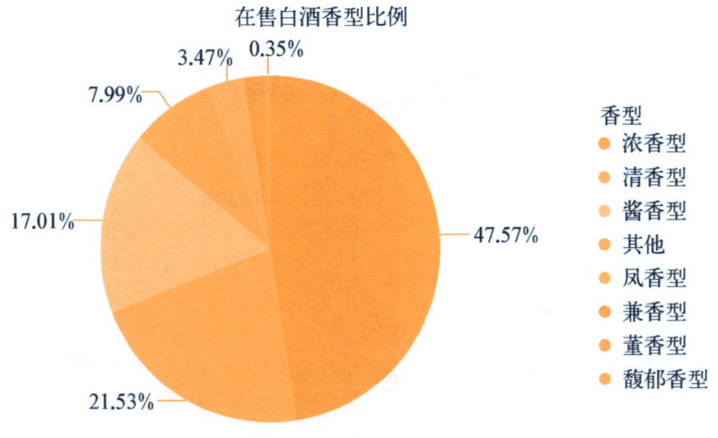

图 8－56　京东在售白酒香型分析

在“可视化”中选择“环形图”，将“图例”设为“香型”，“值”设为“全部评价的%GT”，完成数据设置。在“值”中，使用“求和”形式的统计值，并“将值显示为在总计中的百分比”，具体如图 8－57 所示。

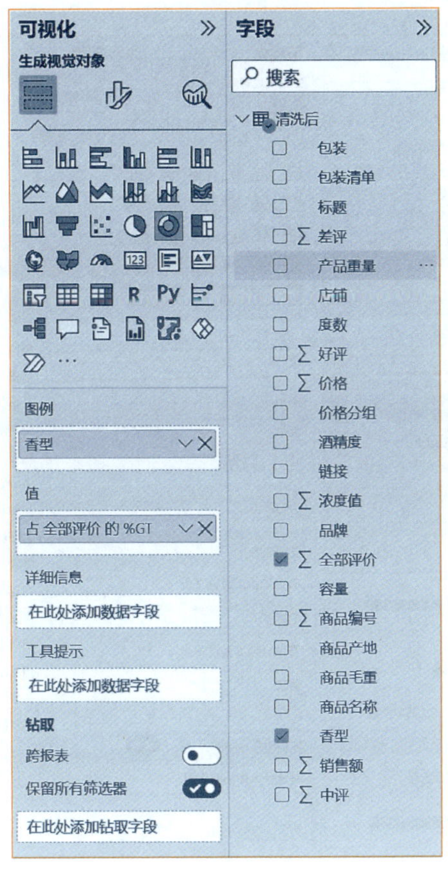

图 8－57　设置香型环形图

消费者在购买时，同样更青睐浓香型、清香型和酱香型三种香型，其中清香型销量最高，说明清香型白酒在市场上是最普遍也是消费者更倾向购买的白酒香型，如图 8－58 所示。

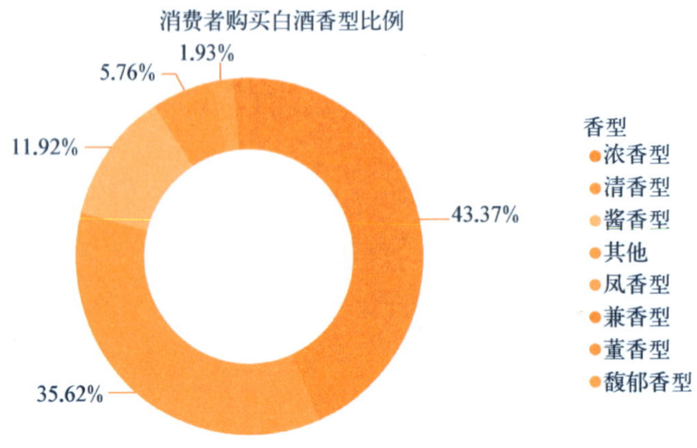

图 8－58　消费者购买白酒香型分析

2. 度数分析

在“可视化”中选择“环形图”，将“图例”设为“度数”，“值”设为“全部评价”，完成数据设置。在“值”中，使用“求和”形式的统计值。在“筛选器”中，展开“度数”筛选，并取消勾选度数为“空”的选项，如图 8－59 所示。

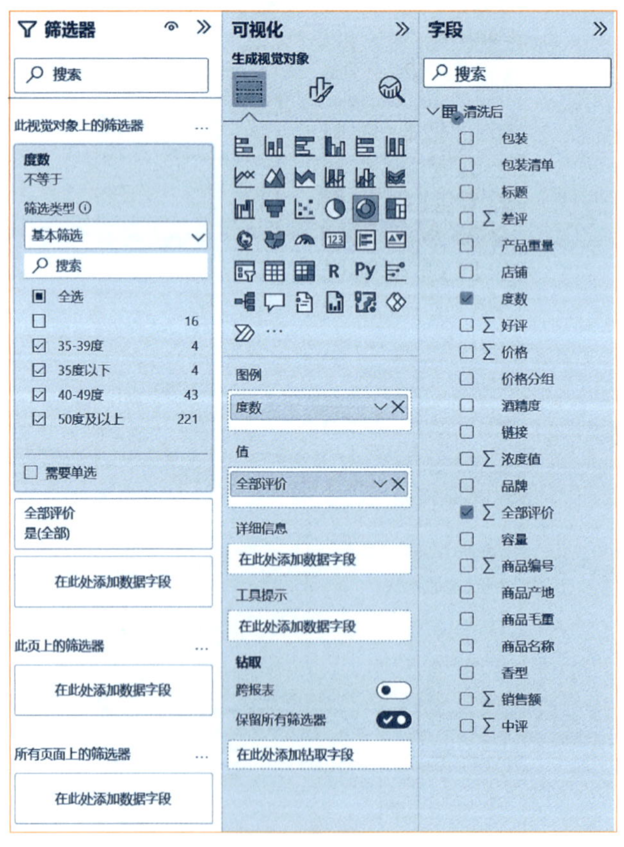

图 8－59　设置度数环状图设置

从度数来看，呈现度数越低、销量越少的趋势，如图 8－60 所示。消费者更倾向于购买 50 度以上的白酒，其销量占平台总销量的 77.66%。原因可能是，俗话说，“酒是陈的香”，而酒精度 40 度以下的低度白酒在存放一段时间后会因酯类物质水解导致口味偏淡，且日常生活中消费者存在购买白酒以备日后饮用的情况，因此消费者更多倾向于购买高度白酒。

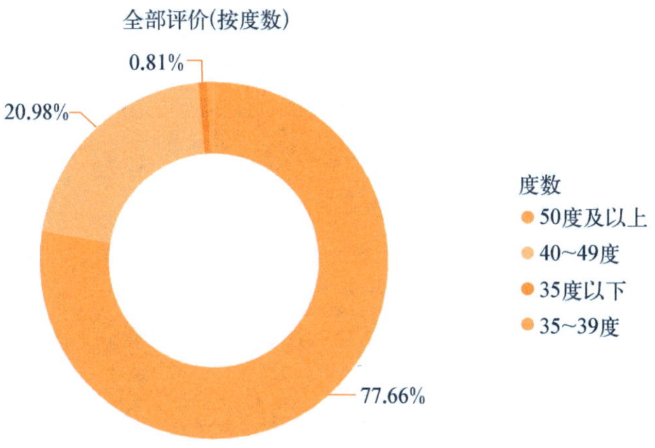

图 8－60　消费者购买白酒的度数分析

在“可视化”中选择“簇状条形图”，将“Y 轴”设为“浓度值”，“X 轴”设为“全部评价”，“图例”设为“浓度值”，完成数据设置。在“筛选器”中，将浓度值按照“全部评价”进行排序，显示评价度数前十的品牌，如图 8－61 所示。

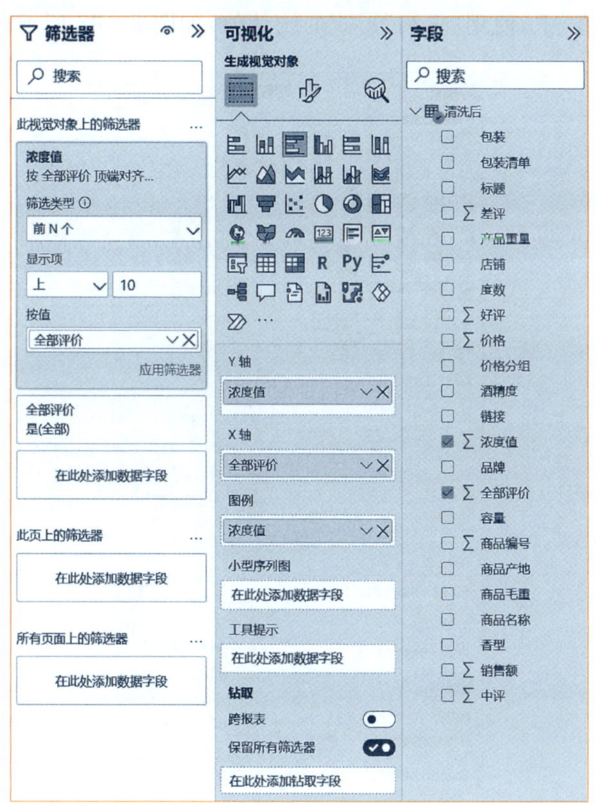

图 8－61　设置度数簇状条形图

销量排名前十的白酒度数均在 40 度及以上，其中 52～53 度的白酒最受欢迎，如图 8－62 所示。由于水分子和酒精分子缔合最好的度数是在 52～53 度，且这个度数的白酒口感比较协调，能够品尝出白酒丰富的层次感，所以销量最高的白酒都是在 52～53 度。

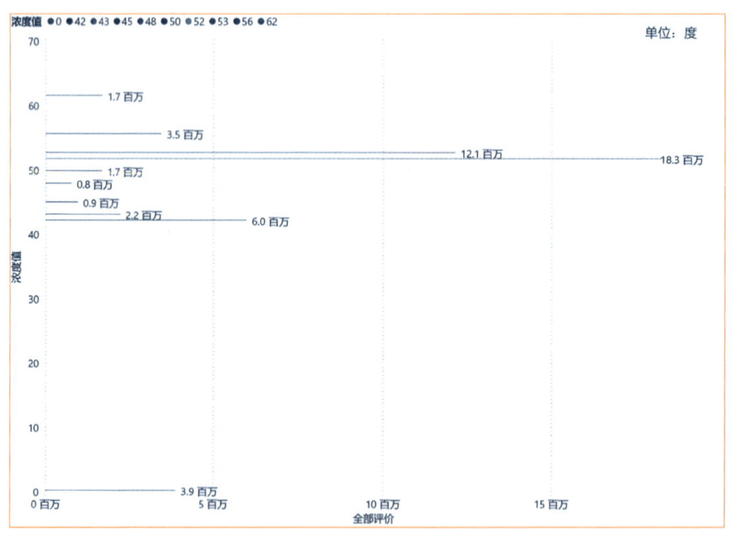

图 8－62　销量前十的白酒度数分析

3. 价格分析

在“可视化”中选择“环形图”，将“图例”设为“价格分组”，“值”设为“全部评价”，完成数据设置。在“值”中，使用“求和”形式的统计值，如图 8－63 所示。

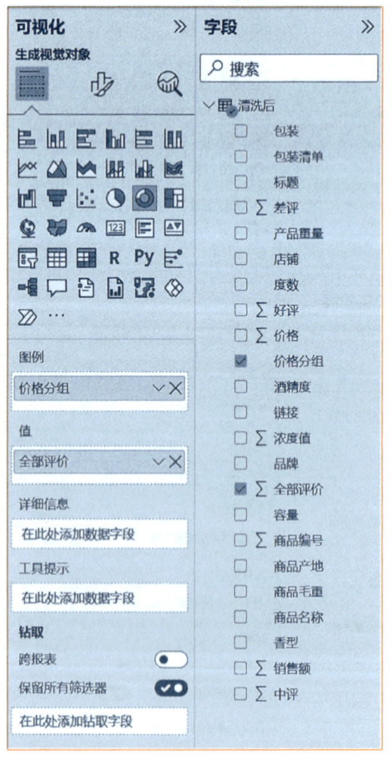

图 8－63　设置价格环形图

平台中白酒的销量呈现随价格上升而减少的趋势，如图 8－64 所示。价格低于 200 元的白酒销量占 37.13%，远超其余价格区间，而价格在千元以上的高端白酒销量仅占比 15.72%，说明部分消费者虽有购买高端白酒的需求，但大部分消费者在购买白酒时更注重价格因素。

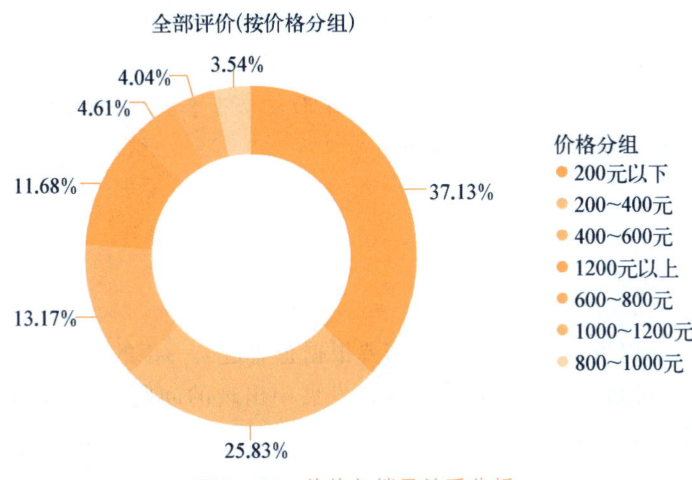

图 8－64 价格与销量关系分析

四、任务结论

京东平台上共有 68 种白酒品牌，销量前十的品牌占据了整个市场销售总量的 88.21%。平台中销量最高的品牌为牛栏山，销售额中排名前五的均为知名高端白酒品牌，其中五粮液的销售额远高于其他品牌。虽然京东平台上售卖浓香型白酒最多，但消费者更倾向于购买清香型白酒。52～53 度的白酒在平台上的销量最好。部分消费者虽有购买高端白酒的需求，但大部分消费者在购买白酒时更追求"物美价廉"。

【课堂研讨】

尝试制作茅台酒的用户评价词云图。

【拓展训练】

依据本案例的分析模式，以极米科技为例，分析该品牌在京东平台上的销售情况。

任务三 财务大数据综合实训

操作录屏：财务大数据综合实训

【实训背景】

四川一家纺织品有限责任公司的企业战略是秉持"以客为帝，诚信制造"的理念，在主打"创收减库存"的战略指导下，提高纺织服装制造水平，并且进一步借助智能化、数字化的技术，精准了解用户信息，获取准确的客户需求，真正实现按“需”生产，减少存货周转天数，推动并促进企业发展。

该企业在年初制定了“主打直营结合卖场代销、多品牌”的发展战略，大举拓展门店，新增衍生纺织服装品牌。企业过去一年新增门店 541 家，门店总数已高达 9 448 家，居同行业之首，旗下品牌有 14 个；通过增加规模的方式，进一步提高营业收入，抢占市场份额。然而，因企业管理层的决策失误、纺织品原材料价格上涨等因素，造成企业现阶段生产成本居高不下，账面流动资金锐减，面临严重生存危机，未来一年企业的发展方向应该如何调整？

【任务要求】

小张作为一名财务部门员工，现在需要根据企业过去一年的经营情况，出具一份内部财务分析报告，分析过去一年企业在经营发展中出现的问题，并说明原因，为企业下一年的发展制定更加合理的目标。

【知识准备】

一、财务报表

（一）财务报表的概念

财务报表是指在日常会计核算资料的基础上，按照规定的格式、内容和方法定期编制的，综合反映企业某一特定日期财务状况和某一特定时期经营成果、现金流量状况的书面文件。

（二）财务报表的组成

一套完整的财务报表包括资产负债表、利润表、现金流量表、所有者权益变动表（或股东权益变动表）和财务报表附注。

1. 资产负债表

资产负债表主要反映企业资产、负债和所有者权益在某一个时点的财务状况，是根据“资产＝负债＋所有者权益”这一公式，按照一定的分类标准和顺序进行编制，是企业经营活动的静态体现。

2. 利润表

利润表是按照“利润＝收入－费用”的会计平衡公式和收入与费用的配比原则进行编制，全面揭示了企业在某一特定时期实现的各种收入、发生的各种费用、成本或支出以及企业实现的利润或发生的亏损情况，是反映企业在一定会计期间的经营成果的财务报表。

3. 现金流量表

现金流量表是反映资产负债表中各个项目对现金流量的影响，并根据其用途划分为经营活动、投资活动及筹资活动三部分，以此来反映企业现金流量的来龙去脉。现金流量表通过显示经营中产生的现金流量的不足和不得不用借款来支付无法永久支撑的股利水平，从而揭示了企业内在的发展问题。

4. 所有者权益变动表

所有者权益变动表反映本期企业所有者权益（股东权益）总量的增减变动情况以及所有者权益的结构变动情况，特别是要反映直接计入所有者权益的利得和损失。

5. 财务报表附注

财务报表附注一般包括如下项目：企业的基本情况、财务报表编制基础、遵循企业会计准则的声明、重要会计政策和会计估计、会计政策和会计估计变更及差错更正的说明、重要报表项目的说明、其他需要说明的重要事项，如或有和承诺事项、资产负债表日后非调整事项，关联方关系及其交易等。

（三）财务报表的种类

财务报表可以按照不同的标准进行分类。

1. 按服务对象，可以分为对外报表和内部报表

（1）对外报表是企业必须定期编制、定期向上级主管部门、投资者、财税部门等报送或按规定向社会公布的财务报表。这是一种主要的、定期的、规范化的财务报表。它要求有统一的报表格式、指标体系和编制时间等，资产负债表、利润表和现金流量表等均属于对外报表。

（2）内部报表是企业根据其内部经营管理的需要而编制的，供其内部管理人员使用的财务报表。它不要求统一格式，没有统一指标体系，如成本报表属于内部报表。

2. 按报表所提供会计信息的重要性，可以分为主表和附表

（1）主表即主要财务报表，是指所提供的会计信息比较全面、完整，能基本满足各种信息需要者的不同要求的财务报表。现行的主表主要有三张，即资产负债表、利润表和现金流量表。

（2）附表即从属报表，是指对主表中不能或难以详细反映的一些重要信息所作的补充说明的报表。现行的附表主要有：利润分配表和分部报表，是利润表的附表；应交增值税明细表和资产减值准备明细表，是资产负债表的附表。

主表与有关附表之间存在着勾稽关系，主表反映企业的主要财务状况、经营成果和现金流量，附表则对主表进一步补充说明。

3. 按编制和报送的时间分类，可以分为中期财务报表和年度财务报表

广义的中期财务报表包括月份、季度、半年期财务报表。狭义的中期财务报表仅指半年期财务报表。年度财务报表是全面反映企业整个会计年度的经营成果、现金流量情况及年末财务状况的财务报表。企业每年年底必须编制并报送年度财务报表。

4. 按编报单位不同，可以分为基层财务报表和汇总财务报表

基层财务报表是由独立核算的基层单位编制的财务报表，是用以反映本单位财务状况和经营成果的报表。汇总财务报表是指上级和管理部门将本身的财务报表与其所属单位报送的基层报表汇部编制而成的财务报表。

5. 按编报的会计主体不同，可以分为个别财务报表和合并财务报表

个别财务报表是指在以母公司和子公司组成的具有控股关系的企业集团中，由母公司和子公司各自为主体分别单独编制的报表，用以分别反映母公司和子公司本身各自的财务状况和经营成果。合并财务报表是以母公司和子公司组成的企业集团为一个会计主体，以母公司和子公司单独编制的个别财务报表为基础，由母公司编制的综合反

映企业集团经营成果、财务状况及其资金变动情况的财务报表。

（四）财务报表的作用

财务报表是财务报告的主要组成部分，它所提供的会计信息具有重要作用，主要体现在以下几个方面：

(1) 全面系统地揭示企业一定时期的财务状况、经营成果和现金流量。有利于经营管理人员了解本单位各项任务指标的完成情况，评价管理人员的经营业绩，以便及时发现问题，调整经营方向，制定措施改善经营管理水平，提高经济效益，为经济预测和决策提供依据。

(2) 有利于国家经济管理部门了解国民经济的运行状况。通过对各单位提供的财务报表资料进行汇总和分析，了解和掌握各行业、各地区的经济发展情况，以便宏观调控经济运行，优化资源配置，保证国民经济稳定持续发展。

(3) 有利于投资者、债权人和其他有关各方掌握企业的财务状况、经营成果和现金流量情况，进而分析企业的盈利能力、偿债能力、投资收益、发展前景等，为他们投资、贷款和贸易提供决策依据。

(4) 有利于满足财政、税务、审计、市场监管等部门监督企业经营管理。通过财务报表可以检查、监督各企业是否遵守国家的各项法律、法规和制度，有无偷税漏税的行为。

二、景气指数

（一）景气指数介绍

为了更好地反映不同行业、不同规模企业（尤其是大型企业）在一定范围内经济份额中的代表性差异，在编制景气指数时以反映行业、企业综合生产经营状况的总量指标（如产品销售收入）为权数，对各行业、企业所做结论进行了加权处理。

（二）行业景气指数

行业景气指数是将能综合反映行业的各种指标进行加权编制而成的能够反映行业变动趋势的一种综合指数。

行业是提供同类产品或服务的企业类别总称，因管理水平、企业规模、地域分布等差异，使得同行业的不同企业在生产经营、效益等方面存在较大的差异。因此，只有了解整个行业的大多数企业，才能把握行业的发展方向，获得比较稳定可靠的信息。

描述行业发展、变动的指标很多，既有总量指标又有比率指标，不同指标从不同方面描述行业。为了对行业经济有整体把握，同时能分析行业变动状况，需要构建行业景气指数，它是综合反映行业的各种指标并能反映行业变动趋势的综合指数。

【任务实施】

一、数据采集与导出

(1) 除企业内部提供的财务报表外还需通过实训平台获取纺织服装行业上市企业财务数据。在“项目选择”下拉列表中，选择“财务大数据”，如图 8－65 所示。

项目选择
财务大数据

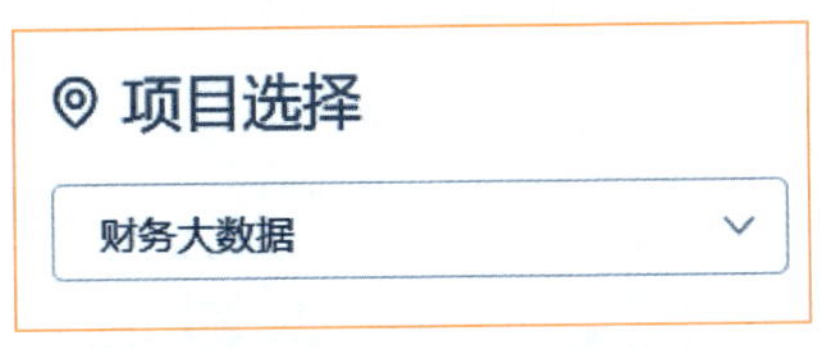

图 8－65　项目选择

选择“纺织服装行业上市企业财务数据采集”，查看采集任务要求，如图 8－66 所示。

根据筛选后的结果，爬取各个企业2019年12月31日的营业总收入（元）、毛利率（%）及存货周转天数（天）数据。

图 8－66　财务数据采集要求

（2）完成“商务需求获取”中的习题后，在“技术需求转化”中填写相关参数，如图 8－67 所示，全部参数填写完成后点击“需求实现”查看完整代码，确认无误后点击“执行并显示结果”。

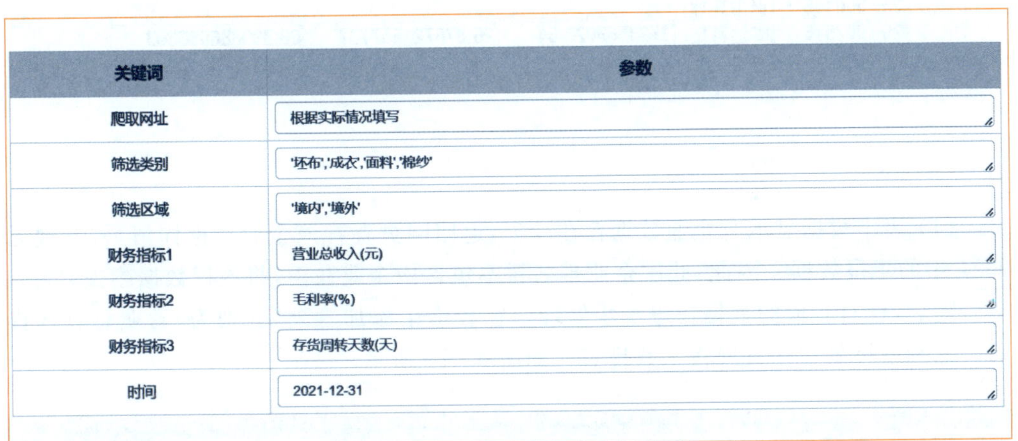

关键词	参数
爬取网址	根据实际情况填写
筛选类别	'坯布','成衣','面料','棉纱'
筛选区域	'境内','境外'
财务指标1	营业总收入(元)
财务指标2	毛利率(%)
财务指标3	存货周转天数(天)
时间	2021-12-31

图 8－67　“采集财务数据”的参数

（3）在“执行并显示结果”中可看到采集结果已存储到表格中，如图 8－68 所示。

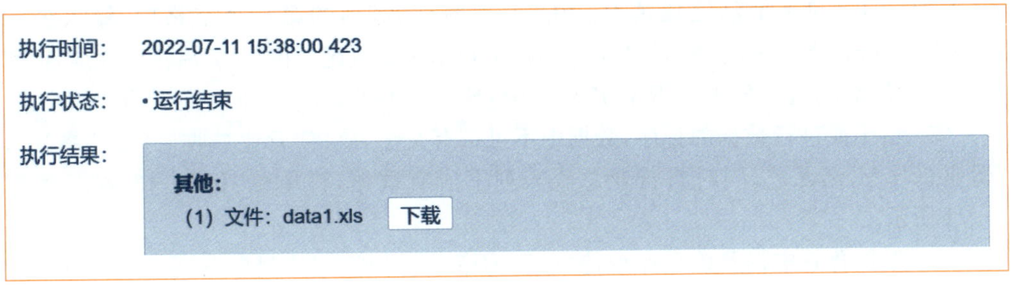

执行时间：　2022-07-11 15:38:00.423
执行状态：　• 运行结束
执行结果：
其他：
（1）文件：data1.xls　下载

图 8－68　“采集财务数据”的结果

（4）点击“下载”，并在 Excel 中打开数据表，如图 8－69 所示。

	A	B	C	D	E	F
1	代号	名称	营业总收入(元)	毛利率(%)	存货周转天数(天)	
2	600220	江苏阳光	1992472427.53	22.666606571307	220.12848761426	
3	002404	嘉欣丝绸	3697262642.74	14.544383837659	69.731291807856	
4	002144	宏达高科	601036760.9	24.378203451416	61.302316667671	
5	601599	浙文影业	2452098003.12	14.001617907733	179.047827660843	
6	600400	红豆股份	2342849597.94	30.938786966835	26.521144540877	
7	605138	盛泰集团	5157447093.45	15.866298490958	79.305472896098	
8	603055	台华新材	4256569826.64	25.544147001537	133.218160251166	
9	605055	迎丰股份	1261684395	17.471324486026	23.255094503907	
10	200726	鲁　泰B	5238262348.85	20.718345144326	187.859460810586	
11	003041	真爱美家	933037516.62	22.18712506866	75.34077047188	
12	001234	泰慕士	869337604.86	22.266318036613	75.703613414094	
13	301066	万事利	669622939.81	40.925852926687	139.869373599514	
14	300819	聚杰微纤	480329632.98	18.445308483328	90.106985794611	
15	002394	联发股份	3896981297.58	15.824953497287	93.931030251394	
16	605003	众望布艺	587006533.9	36.828082175458	108.563724724874	
17	003016	欣贺股份	2101809085.78	71.493086962861	381.43455056386	
18	002193	如意集团	689746415.85	28.454012651612	401.468409723263	
19	000726	鲁　泰A	5238262348.85	20.718345144326	187.859460810586	
20	002494	华斯股份	415003404.52	27.867631330342	544.229344388406	
21	600448	华纺股份	3621269854.46	10.86686038422	103.285141424231	
22	600630	龙头股份	2949499275.48	20.753315669501	86.130951163949	
23	002087	新野纺织	5303450692.12	13.299523919549	257.802346150605	
24	002486	嘉麟杰	1155244089.58	17.335279586049	91.013064435832	
25	600146	退市环球				
26	002516	旷达科技	1723569023.64	26.076721557737	68.399886096863	

图 8－69　数据表导出展示

二、数据预处理

（1）表中数据显示有企业数据存在缺失，返回网页查看该企业数据详情页，发现无 2021 年的年报数据。因此，此次企业排名暂不包含该企业在内，将该行数据删去。

随后，针对获取的数据作进一步处理。在表格中添加三列，分别为“营业总收入排名”“毛利率排名”“存货周转天数排名”，如图 8－70 所示。

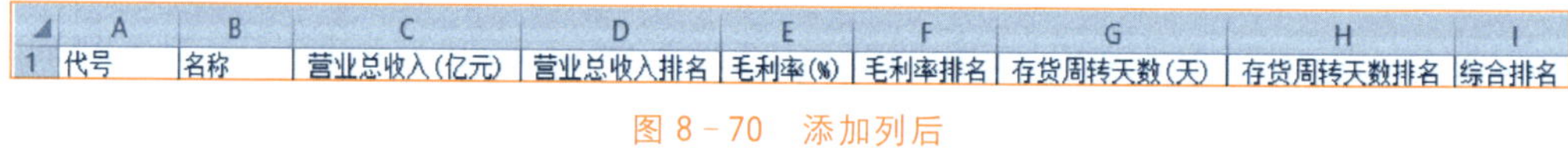

	A	B	C	D	E	F	G	H	I
1	代号	名称	营业总收入(亿元)	营业总收入排名	毛利率(%)	毛利率排名	存货周转天数(天)	存货周转天数排名	综合排名

图 8－70　添加列后

（2）在“营业总收入排名”列的第一个空格中，输入公式“=RANK(C2，$C$2：$C$21，0)”，向下拖动完成填充。在“毛利率排名”列的第一个空格中，输入公式“=RANK(E2，$E$2：$E$21，0)”，向下拖动完成填充。在“存货周转天数排名”列的第一个空格中，输入公式“=RANK(G2，$G$2：$G$21，1)”，向下拖动完成填充。

（3）由于要进行数据的排序，数据中不可带有文字，故将“营业总收入(元)”修改为“营业总收入(亿元)”，同时将营业总收入列下所有数据，将单位“亿”去掉，结果如图 8－71 所示。

（4）案例背景中提及该企业秉持“以客为帝，诚信制造”的理念，在主打“创收减库存”的战略指导下，提高纺织服装制造水平，由此可以看出公司的战略更加侧重“减库

	A	B	C	D	E	F	G	H
1	代号	名称	营业总收入(元)	营业总收入排名	毛利率(%)	毛利率排名	存货周转天数(天)	存货周转天数排名
2	600220	江苏阳光	1992472428	13	22.66660657	10	220.1284876	21
3	002404	嘉欣丝绸	3697262643	7	14.54438384	21	69.73129181	6
4	002144	宏达高科	601036760.9	21	24.37820345	9	61.30231667	4
5	601599	浙文影业	2452098003	10	14.00161791	22	179.0478277	18
6	600400	红豆股份	2342849598	11	30.93878697	4	26.52114454	2
7	605138	盛泰集团	5157447093	4	15.86629849	19	79.3054729	9
8	603055	台华新材	4256569827	5	25.544147	8	133.2181603	16
9	605055	迎丰股份	1261684395	15	17.47132449	17	23.2550945	1
10	200726	鲁 泰B	5238262349	2	20.71834514	14	187.8594608	19
11	003041	真爱美家	933037516.6	17	22.18712507	12	75.34077047	7
12	001234	泰慕士	869337604.9	18	22.26631804	11	75.70361341	8
13	301066	万事利	669622939.8	20	40.92585293	2	139.8693736	17
14	300819	聚杰微纤	480329633	23	18.44530848	16	90.10698579	11
15	002394	联发股份	3896981298	6	15.8249535	20	93.93103025	13
16	605003	众望布艺	587006533.9	22	36.82808218	3	108.5637247	15
17	003016	欣贺股份	2101809086	12	71.49308696	1	381.4345551	23
18	002193	如意集团	689746415.9	19	28.45401265	5	401.4684097	24
19	000726	鲁 泰A	5238262349	2	20.71834514	14	187.8594608	19
20	002494	华斯股份	415003404.5	24	27.86763133	6	544.2293444	25
21	600448	华纺股份	3621269854	8	10.86686038	24	103.2851414	14
22	600630	龙头股份	2949499275	9	20.75331567	13	86.13095116	10
23	002087	新野纺织	5303450692	1	13.29952392	23	257.8023462	22
24	002486	嘉麟杰	1155244090	16	17.33527959	18	91.01306444	12
25	002516	旷达科技	1723569024	14	26.07672156	7	68.3998861	5
26		案例企业	166000000	25	3.42	25	37.58	3

图 8-71 排名完成后

存”。故在新增“综合排名”并计算时，为“存货周转天数”所赋权重应最高，此处权重设置为营业总收入占比 30%，毛利率 20%，存货周转天数 50%。在列的第一个空格，输入公式“=D2 * 0.3+F2 * 0.2+H2 * 0.5”向下拖动完成填充，结果如图 8-72 所示。此处不进行四舍五入取整数是为避免企业排名重复。

	A	B	C	D	E	F	G	H	I
1	代号	名称	营业总收入(元)	营业总收入排名	毛利率(%)	毛利率排名	存货周转天数(天)	存货周转天数排名	综合排名
2	600220	江苏阳光	1992472428	13	22.66660657	10	220.1284876	21	16.4
3	002404	嘉欣丝绸	3697262643	7	14.54438384	21	69.73129181	6	9.3
4	002144	宏达高科	601036760.9	21	24.37820345	9	61.30231667	4	10.1
5	601599	浙文影业	2452098003	10	14.00161791	22	179.0478277	18	16.4
6	600400	红豆股份	2342849598	11	30.93878697	4	26.52114454	2	5.1
7	605138	盛泰集团	5157447093	4	15.86629849	19	79.3054729	9	9.5
8	603055	台华新材	4256569827	5	25.544147	8	133.2181603	16	11.1
9	605055	迎丰股份	1261684395	15	17.47132449	17	23.2550945	1	8.4
10	200726	鲁 泰B	5238262349	2	20.71834514	14	187.8594608	19	12.9
11	003041	真爱美家	933037516.6	17	22.18712507	12	75.34077047	7	11
12	001234	泰慕士	869337604.9	18	22.26631804	11	75.70361341	8	11.6
13	301066	万事利	669622939.8	20	40.92585293	2	139.8693736	17	14.9
14	300819	聚杰微纤	480329633	23	18.44530848	16	90.10698579	11	15.6
15	002394	联发股份	3896981298	6	15.8249535	20	93.93103025	13	12.3
16	605003	众望布艺	587006533.9	22	36.82808218	3	108.5637247	15	14.7
17	003016	欣贺股份	2101809086	12	71.49308696	1	381.4345551	23	15.3
18	002193	如意集团	689746415.9	19	28.45401265	5	401.4684097	24	18.7
19	000726	鲁 泰A	5238262349	2	20.71834514	14	187.8594608	19	12.9
20	002494	华斯股份	415003404.5	24	27.86763133	6	544.2293444	25	20.9
21	600448	华纺股份	3621269854	8	10.86686038	24	103.2851414	14	14.2
22	600630	龙头股份	2949499275	9	20.75331567	13	86.13095116	10	10.3
23	002087	新野纺织	5303450692	1	13.29952392	23	257.8023462	22	15.9
24	002486	嘉麟杰	1155244090	16	17.33527959	18	91.01306444	12	14.4
25	002516	旷达科技	1723569024	14	26.07672156	7	68.3998861	5	8.1
26		案例企业	166000000	25	3.42	25	37.58	3	14

图 8-72 添加综合排名后

三、数据可视化分析

(一) 企业环境分析

1. 市场景气指数

(1) 将“中国纺织行业景气指数”导入 Power BI 中，选用折线图的可视化方式，以“日期”为轴，“景气指数”为值。结果如图 8-73 所示。

(2) 由于“日期”是按整数的方式，X 轴没有按时间的先后顺序排列。在“字段”选择“中国纺织行业景气指数”右击鼠标选择“编辑查询”，选择日期列，上方工具区选择

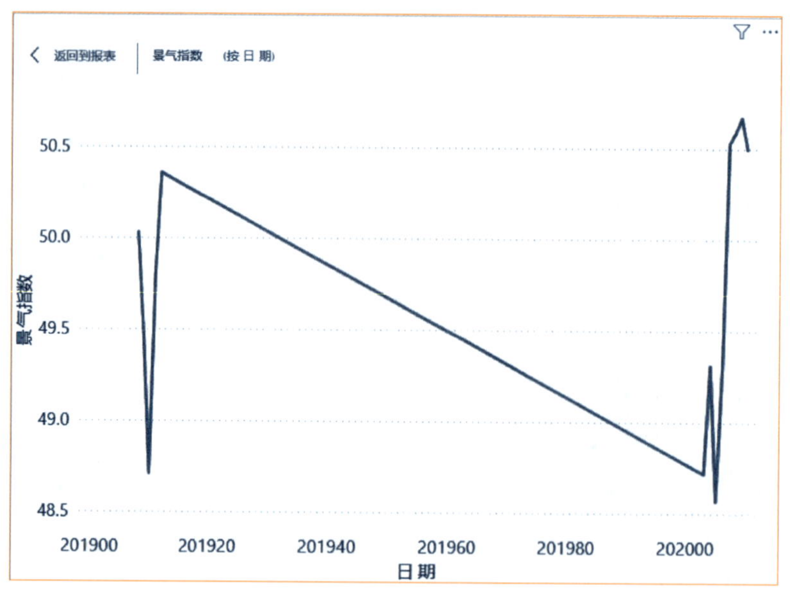

图 8－73　景气指数调整前

“转换—数据类型”，将整数修改为“文本”，点击左上角的“关闭并应用”。点击可视图右上角，选择“排序方式—日期”，生成纺织服装行业景气指数折线图，选中可视化图形，右侧可视化选择“样式—标题—标题文本”，输入“中国纺织行业景气指数”，对齐方式为“居中”，文本大小为“16 磅”。结果如图 8－74 所示。

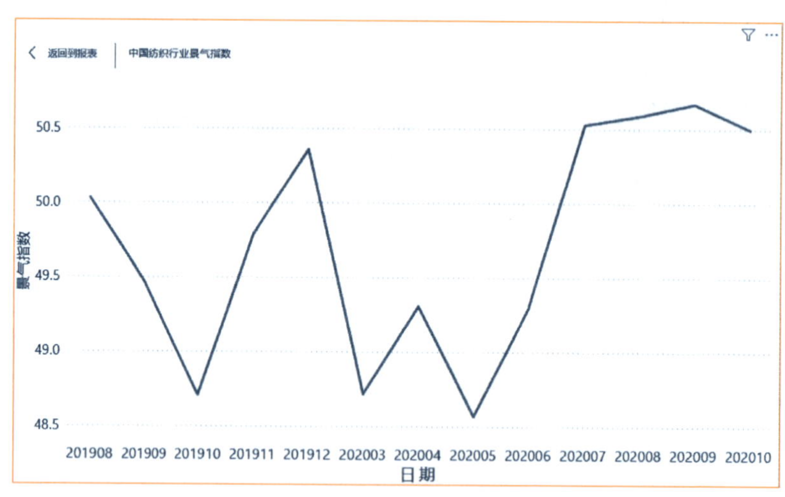

图 8－74　中国纺织行业景气指数

2020 年，案例企业所处的中国纺织行业的景气指数相较于 2019 年处于上升趋势，2020 年年初，受疫情的影响，景气指数下降速度快，随着疫情好转，纺织行业逐渐复苏。

2. 企业地位

将“纺织行业企业排名”导入 Power BI 中，选用散点图的可视化方式，以“名称”为详细信息，X 轴为“综合排名”。选择可视化图形，选择“样式—标签类别”，设置为“开”，生成同行业企业的综合排名散点图。结果如图 8－75 所示。

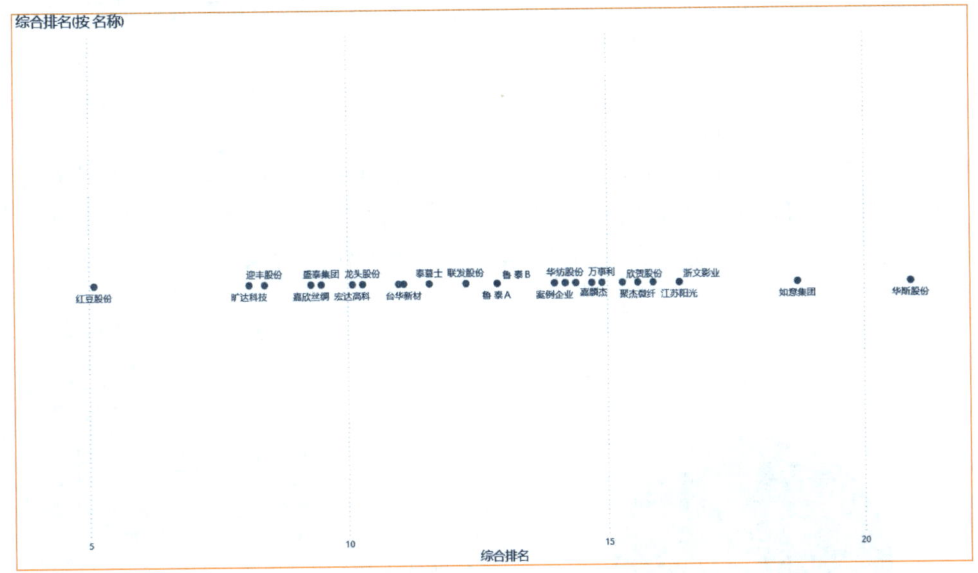

图 8－75　同行业企业的综合排名

在整个行业中，综合排名靠前的企业有红豆股份、嘉欣丝绸、旷达科技、迎丰股份和联发股份。案例企业相较于其他企业的品牌价值，排名处于中等位置，具备良好的发展前景。

（二）企业整体分析

1. 资产结构

（1）将“资产比重计算表”加载到 Power BI 中，选用饼图的可视化方式，以流动资产、非流动资产作为“值”。在“字段—资产比重计算表”中选择“年份”，右击鼠标，选择“添加至筛选器—视觉对象级筛选器”，将“年份”筛选为“2022 年”，并生成 2022 年资产结构占比饼状图；选中“可视化图形”，选中“格式—标题—标题文本”，输入“2022 年资产占比饼状图”，对齐方式为“居中”，文本大小为“16 磅”。结果如图 8－76 所示。

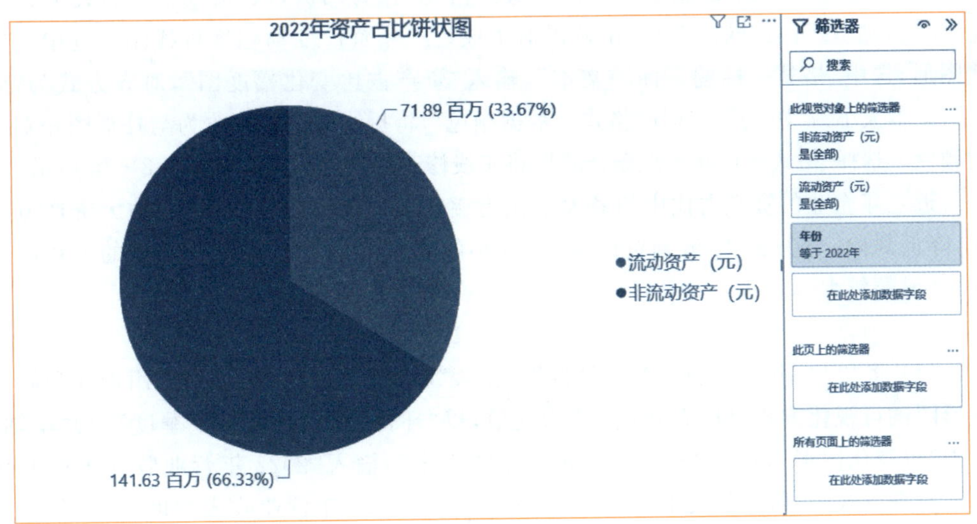

图 8－76　2022 年资产占比饼状图

2022 年，该企业的非流动资产占比高达 66%，已然过半，即长期股权投资、固定资产、无形资产、长期待摊费用、在建工程、研发支出等在资产占比中占据了大部分。流动资产占比 34%，即库存现金或银行存款、短期投资、应收账款、应收票据、存货和预付费用等在资产占比中呈较低水平。

（2）以流动资产占比、非流动资产占比为“值”，按“年份”筛选“行业均值”生成行业资产结构占比饼状图，选中“可视化图形”，选中“格式—标题—标题文本”，输入“纺织服装行业资产占比饼状图”，对齐方式为“居中”，文本大小为“16 磅”。结果如图 8－77 所示。

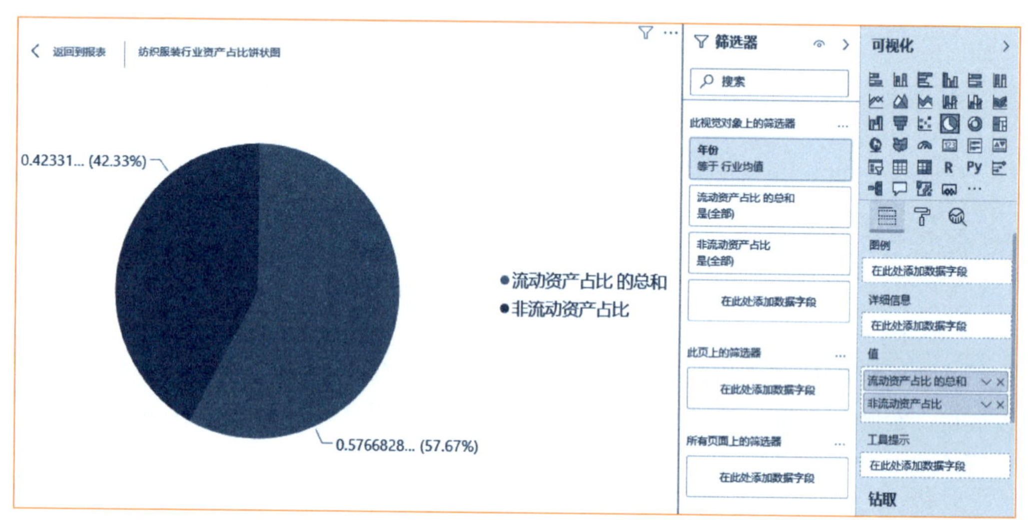

图 8－77　纺织服装行业资产占比饼状图

2022 年，纺织服装行业中流动资产占比为 58%，非流动资产占比为 42%。结合图 8－76 与图 8－77 可以发现，该企业的资产占比情况与行业整体的资产占比情况差异较大，流动资产占比存在差距。

（3）将“资产占比变化幅度表”数据加载到 Power BI 中，选用折线和簇状柱形图的可视化方式，以“流动资产占比”“非流动资产占比”作为列值，以“流动资产占比同比变化”“非流动资产占比同比变化”作为行值生成近三年资产变动幅度折线图。选中可视化图形，选中“格式—标题—标题文本”，输入“资产占比变化幅度图”，对齐方式为“居中”，文本大小为“16 磅”。选择“格式—数据颜色”，将折线的颜色修改为与柱形图相对应的颜色。选择“格式—形状—线条样式”，将实线修改为“虚线”。结果如图 8－78 所示。

近三年企业的资产占比中的最大变化为逐步增加流动资产的占比，加大资产流动性，降低风险。这三年间流动资产从 2020 年的占比不足 20%，到 2022 年的占比超过 30%，增幅较大。

2. 营业收入

（1）将“2022 年营业收入基本情况”工作表数据加载到 Power BI，选用折线和簇状柱形图的可视化方式，以“营业收入”为列值，以“环比”作为行值，以“季度”为共享轴。选中“可视化图形”，选中“格式—标题—标题文本”，输入“2022 年营业收入季度变化图”，对齐方式为“居中”，文本大小为“16 磅”，生成 2022 年营业收入季度变化图，结果如图 8－79 所示。

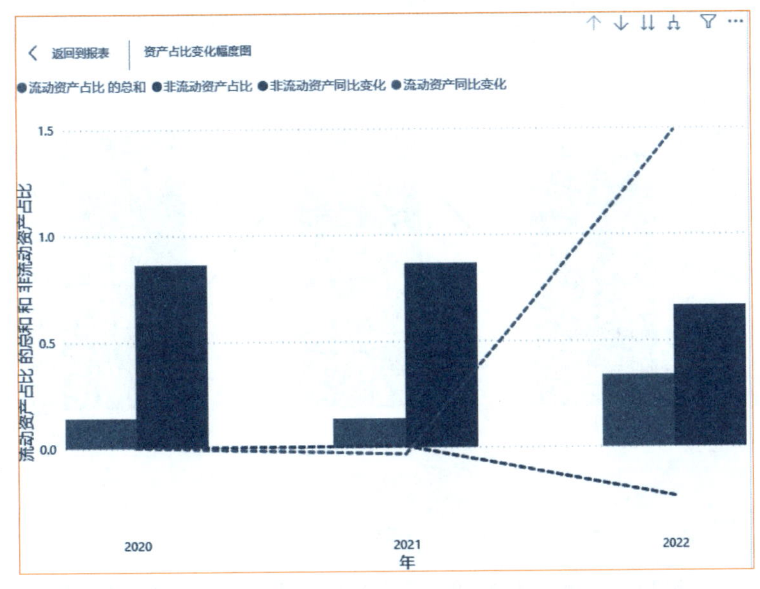

图 8－78　资产占比变化幅度图

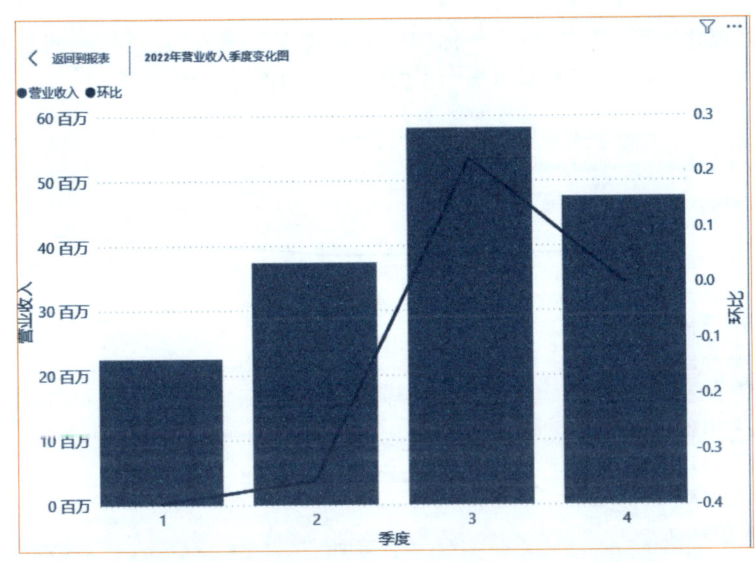

图 8－79　2020 年营业收入季度变化表

2022 年该企业受外部环境影响导致第一、第二季度收入较低，直到第三季度营收水平才回归正常，营业收入达 5 800 万元。第三季度的收入约为第一、第二季度的和，第四季度的营业收入虽有所回落，但较之于上半年仍有大幅提升。

（2）将“近三年营业收入变化幅度表”数据导入 Power BI 中，选用折线与簇状柱形图，以“营业收入”为列值，以“同比”作为行值，以“年份”为共享轴。选中“可视化图形”，选中“格式—标题—标题文本”，输入“近三年营业收入变化幅度图”，对齐方式为“居中”，文本大小为“16 磅”，生成近三年营业收入变化幅度折线图，结果如图 8－80 所示。

该企业近三年营业收入分别为 1.57 亿元、1.66 亿元和 1.65 亿元。该企业 2021 年营业收入同比增长 6％，虽然 2022 年营业收入同比增长为－0.42％，但在外部环境的影响下仍能将当年营业收入与 2021 年几乎持平，实属不易。

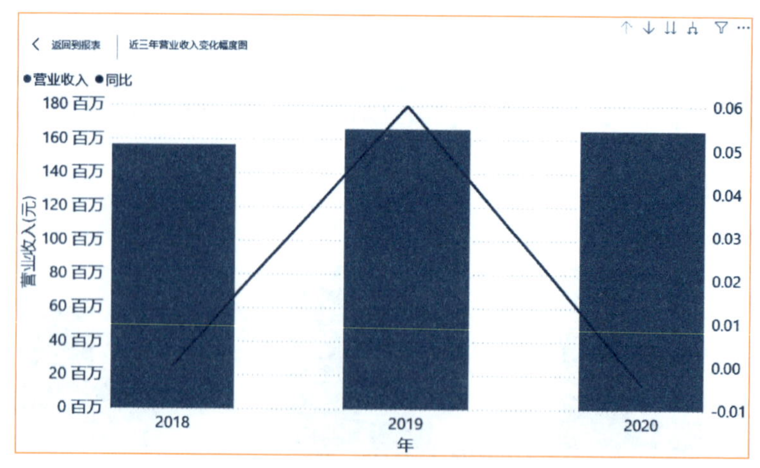

图 8-80　近三年营业收入变化幅度图

3. 利润总额

(1) 将“近三年利润总额变化幅度表”数据导入 Power BI 软件中，选用折线图的可视化工具，以“年份”为轴，从“利润总额”“行业均值”为值，生成近三年利润总额变化幅度图，选中可视化图形，选中“格式—标题—标题文本”，输入“近三年利润总额变化幅度图”，对齐方式为“居中”，文本大小为“16 磅”，结果如图 8-81 所示。

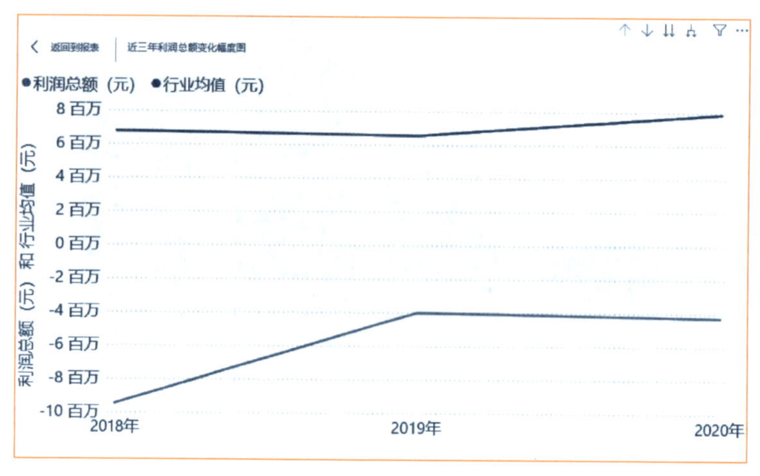

图 8-81　近三年利润总额变化幅度图

该企业近三年的利润总额正在逐步上升，虽然 2022 年受外部环境影响，企业利润总额增长速度放缓，利润总额较之于去年减少 30 万元，但正在逐步缩小与纺织行业利润总额均值的差距，具有良好的发展前景。

(2) 将“2022 年利润总额之收入构成明细占比表”“2022 年利润总额之支出构成明细占比表”数据加载到 Power BI 中，选用环形图的可视化，以“金额”为值，以“项目”为图例，生成“2022 年利润总额之收入构成明细环形图”和“2022 年利润总额之支出构成明细环形图”。分别选中可视化图形，选中“格式—标题—标题文本”，输入“2022 年利润总额之收入构成明细环形图”“2022 年利润总额之支出构成明细环形图”，对齐方式为“居中”，文本大小为“16 磅”，结果分别如图 8-82 和图 8-83 所示。

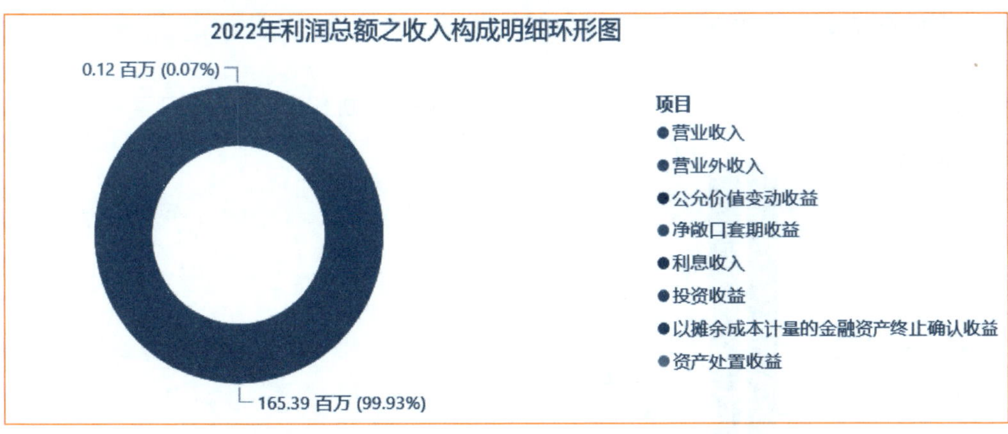

图 8-82　利润总额之收入构成明细环形图

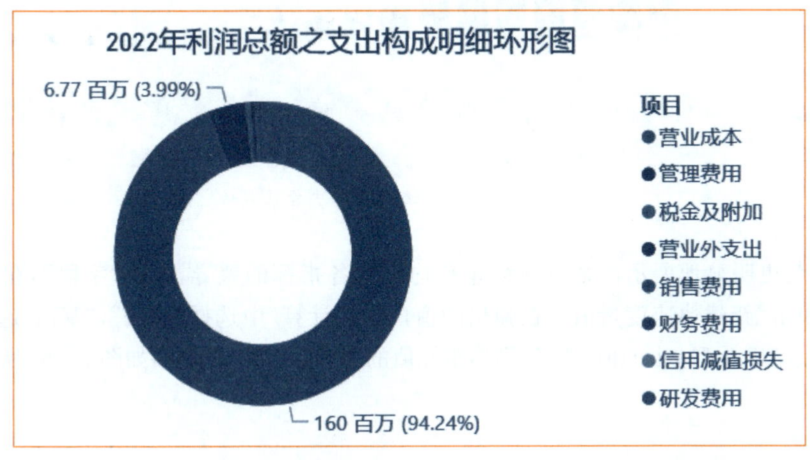

图 8-83　利润总额之支出构成明细环形图

该企业2022年的利润总额的收入构成中绝大部分来自营业收入，占比高达99.93%，营业外收入、公允价值变动收益、净敞口套期收益、利息收入等项目合计只占比0.07%。利润总额的支出构成中大部分属于营业成本与管理费用，用来维持企业正常运转，分别占比94.24%与3.99%。

4. 企业综合能力分析

（1）将“综合能力数据”数据导入Power BI软件中。“可视化”界面单击“折线和簇状柱形图”，将图形加载到画布中。在“字段”模块中，选择指标为“共享轴”，选择实际指标值为“列值”，选择平均指标值为“行值”，完成图表数据设置。对图表的属性进行设置，在“格式”中，设置 *X* 轴、*Y* 轴字体大小，点击“*Y* 轴”，关闭“显示次级内容”将双轴变成单轴。单击“形状”，将笔画宽度调为“0”。打开“显示标记”，设置标记形状为“▲”，标记大小为“10”。（注：显示标记只有在“*X* 轴”且类型为“类别”而不是“连续”时才有。）

“可视化”界面点击“切片器”，将图形加载到画布中。在“字段”模块中，选择一级标题为“字段”，完成图表数据设置。对图表的属性进行设置，在“格式”中，单击“常规”，方向设为“水平”。

完成全部设置后，结果如图 8－84 所示。

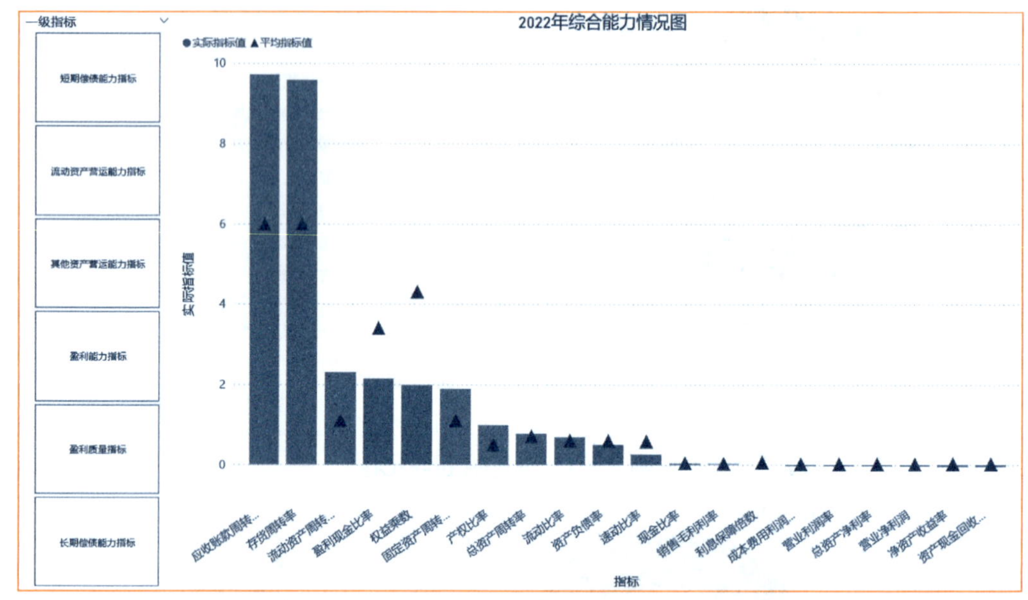

图 8－84　2022 年综合能力情况图

（2）为更明显地展示该企业与行业平均之间各指标的差异，右键“字段”，在“综合能力”表中单击“新建快速度量值”，在弹出的窗口中，“计算”中选择“减法”，“基值”选择“实际指标值的总和”，“要减去的值”选择“平均指标值的总和”，单击“确定”，如图 8－85 所示。

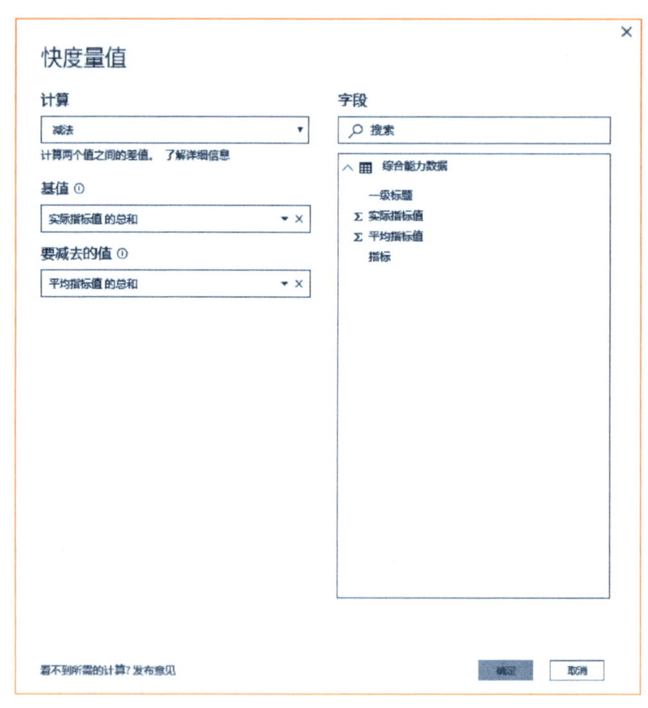

图 8－85　新建快速度量值

单击菜单“主页新建度量值”，输入公式“颜色＝SWITCH(TRUE(),[实际指标值 减 平均指标值]＜0,"＃FD6251",[实际指标值 减 平均指标值]＞0,"＃2ECC40","＃F2C80F")”。即当实际值小于平均指标时显示为“红色”，当实际值大于平均指标时显示为“绿色”，当实际值与平均指标相等时为“黄色”。新建度量值界面如图 8－86 所示。

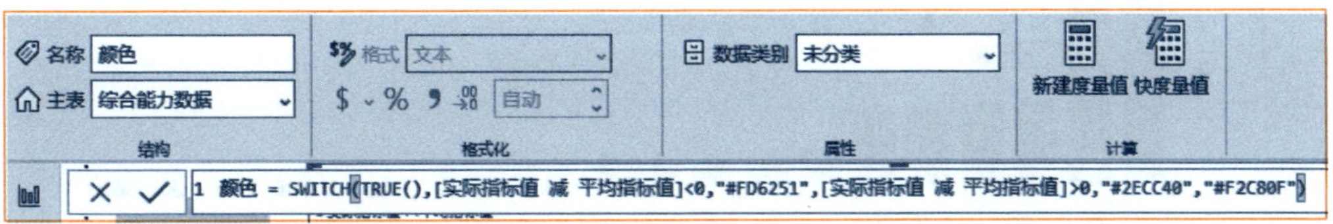

图 8－86　新建度量值“颜色”

完成后单击“图表”，在“可视化”界面的“格式”模块中单击“数据颜色”。单击“默认颜色”下的“fx”，在弹出的窗口中，“格式模式”选择“字段值”，“依据为字段”选择“综合能力”中的度量值“颜色”，完成后单击“确定”，结果如图 8－87 所示。

默认颜色 - *数据颜色*

格式模式

字段值

依据为字段

颜色

了解详细信息

确定　取消

图 8－87　修改默认颜色

全部完成后，2022 年综合能力情况图中的颜色更新，结果如图 8－88 所示。

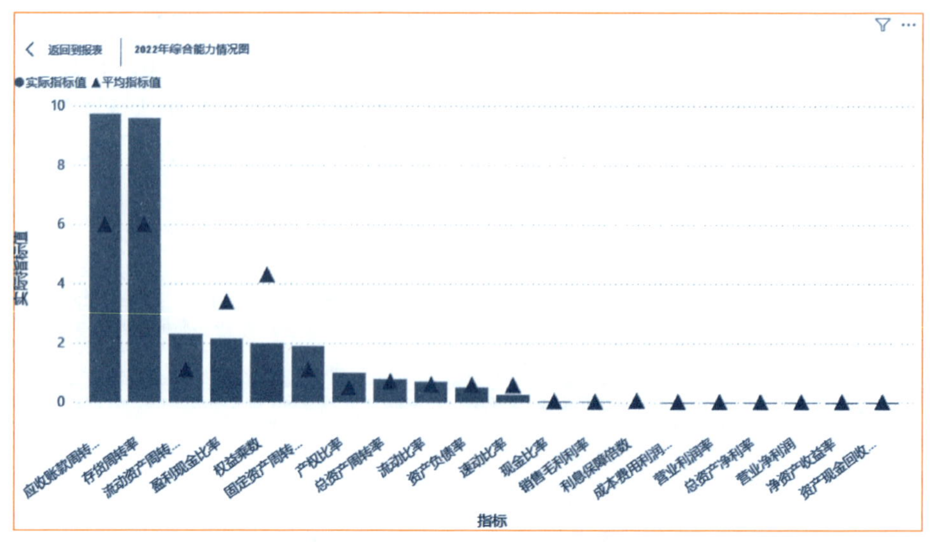

图 8－88　2022 年综合能力情况图

从图 8－88 中可以看到，从企业能力综合分析中，企业目前盈利现金比率、产权比率与流动比率达到行业水平，其余大部分能力未达到行业基本水平，各项综合能力较弱，有待进一步调整。

（三）业务情况

1. 销售结构与应收款分析

（1）将“2022 年企业主营业务收入明细表”导入 Power BI 中，采用簇状柱形图的可视化方式，以“月份”作为共享轴，以“内销”“外销”作为值，选中“可视化图形”，选择“格式—标题—标题文本”，输入“2022 年企业各月份内外销销售额明细柱形图”，对齐方式为“居中”，文本大小为“16 磅”，生成 2022 年企业各月份内外销销售额明细柱形图，结果如图 8－89 所示。

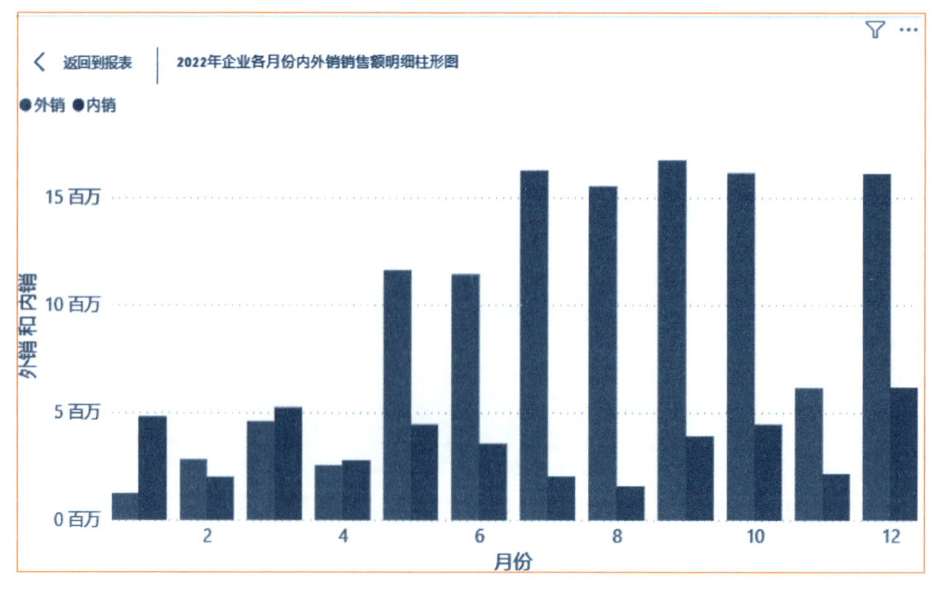

图 8－89　2022 年企业各月份内外销销售额明细柱形图

2022年,该企业的销售收入主要来源于外销。受外部环境因素影响,1—4月的销售收入主要为内销,内销收入最高的月份是12月,当月内销收入超600万元;随着外部环境情况逐渐好转,该企业外销收入逐渐回升,7月、9月、10月与12月的外销收入均超过1 600万元。

(2)将"企业2022年各客户的应收账款汇总表"导入Power BI中,选用饼状图的可视化模式,以"客户名称"为图例,以"余额"为值。选中"可视化图形",选择"格式—标题—标题文本",输入"2022年客户应收账款占比饼状图",对齐方式为"居中",文本大小为"16磅",生成"企业2022年客户应收账款占比饼状图",结果如图8-90所示。

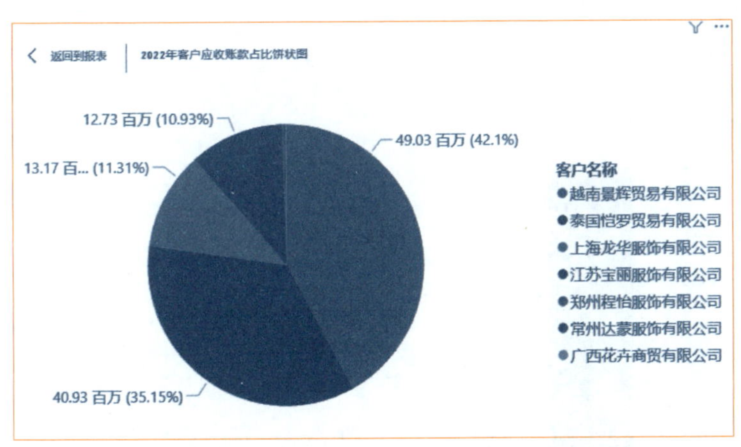

图8-90　企业2022年客户应收账款占比饼状图

(3)将"企业2022在各月份应收账款情况"加载到Power BI中,选用KPI可视化模式,以"应收账款周转率"为指标,以"月份"为走向轴,以"目标周转率"为目标值。选中"可视化图形",选择"格式—标题—标题文本",输入"2022年应收账款与目标值比较图",对齐方式为"居中",文本大小为"16磅",生成"企业2022年应收账款与目标值比较图",结果如图8-91所示。

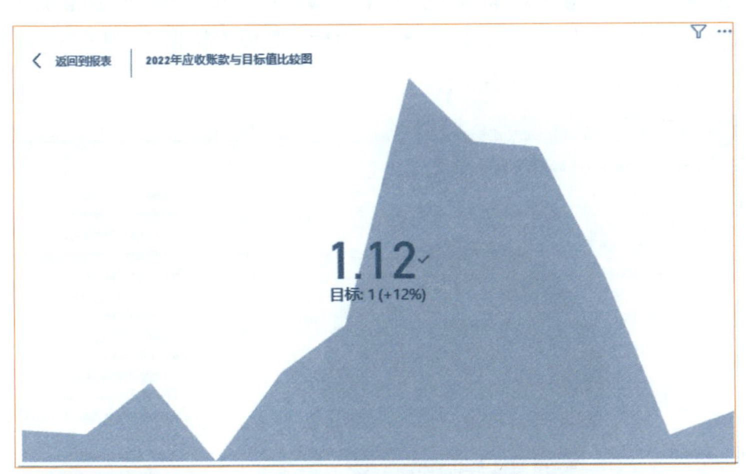

图8-91　企业2022年应收账款与目标值比较图

2022年该企业的应收账款周转率,超出预设12%。其中越南景辉贸易有限公司客户的应收账款最多,泰国恺罗贸易有限公司其次,两家公司的应收账款合计约为9 000万元。后续可以有针对性地将这两家企业的收款政策、信用状况进行调整，以便尽快回笼资金。

2. 采购结构与应付分析

(1) 将“企业 2022 年原材料采销存明细表”导入 Power BI 软件，选用折线与簇状柱形图的可视化方式，以“项目”为共享轴，以“本年入库”“本年出库”为列值，“期末库存”为行值。选中“可视化图形”，选择“格式—Y 轴—缩放类型”，将线性修改为“日志”，选中生成“企业 2022 年原材料采销存明细图”，选中“可视化图形”，选择“格式—标题—标题文本”，输入“企业 2022 年原材料采销存明细图”，对齐方式为“居中”，文本大小为“16 磅”，结果如图 8-92 所示。

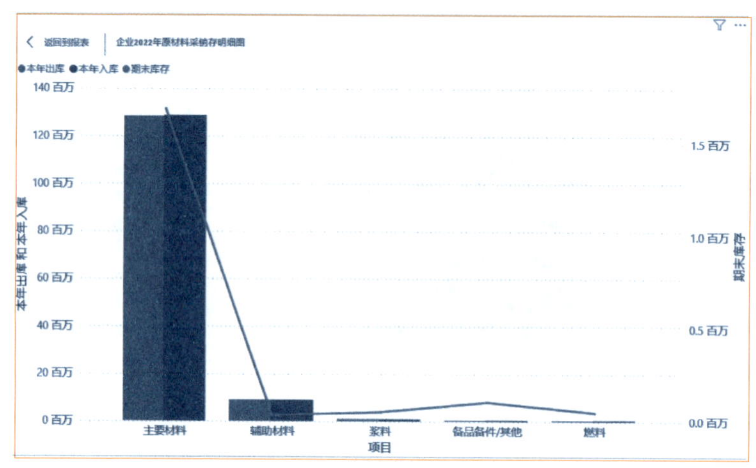

图 8-92　企业 2022 年原材料采销存明细图

2022 年该企业原材料中主要采销的类别为主要材料，并且主要材料的期末库存量较大，辅助材料、浆料、燃料、备品备件/其他等期末库存均低于 20 万元。可以对比年初的销售预算与当年实际的材料耗用量，更合理采购原材料，减少不必要的成本。

(2) 将“企业 2022 年应付账款情况明细表”数据导入 Power BI 软件中，选用饼图的可视化方式，以“供应商”为图例，以“余额”为值，生成“企业 2022 年应付账款情况明细占比饼状图”，结果如图 8-93 所示。

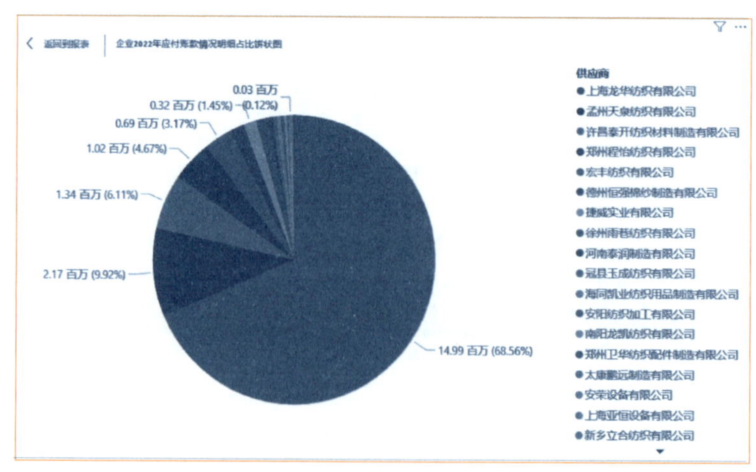

图 8-93　企业 2022 年应付账款明细占比饼状图

从图 8－93 中可以看到，该公司应付账款中有 68.56%应付给上海龙华纺织有限公司，9.92%应付给孟州天泉纺织有限公司，6.11%应付给许昌泰开纺织材料制造有限公司。

3. 成本结构与费用分析

（1）将“2022 年企业生产成本明细”数据导入 Power BI 中，运用 Power BI 工具，选用饼图的可视化，以“制造费用”“直接人工”“直接材料”为值，选择“格式—标题—标题文本”，输入“入库产品生产成本明细占比饼状图”，对齐方式为“居中”，文本大小为“16 磅”，生成“入库产品生产成本明细占比饼状图”，结果如图 8－94 所示。

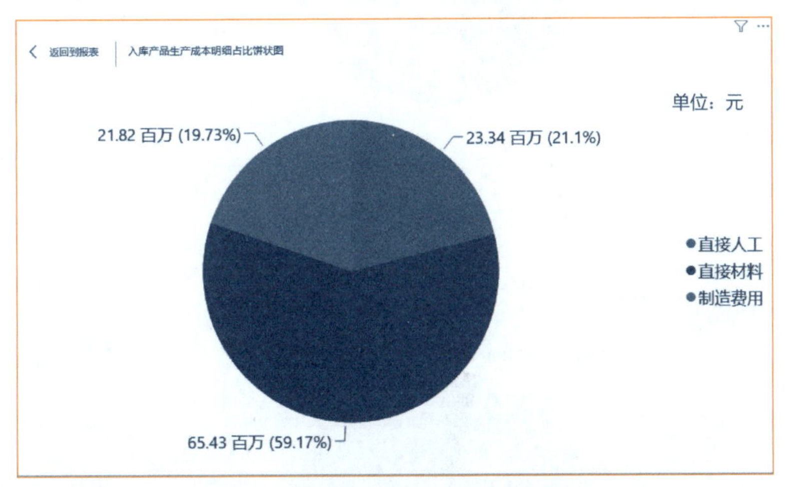

图 8－94　入库产品生产成本明细占比饼状图

从图 8－94 可以看出，在入库产品的生产成本明细占比中，直接材料占比最高，为 59.17%。直接人工、直接材料、制造费用三者在入库产品的生产成本明细中的比值约为 1∶3∶1。

（2）将“管理费用明细表”“销售费用明细表”“财务费用明细表”数据加载到 Power BI 中，选用饼图的可视化方式，以“项目”为图例，以“金额”为值，选择“格式—标题—标题文本”，输入“管理费用明细占比饼状图”，对齐方式为“居中”，文本大小为“16 磅”，分别生成管理费用、销售费用和财务费用明细占比饼状图，结果如图 8－95～图 8－97 所示。

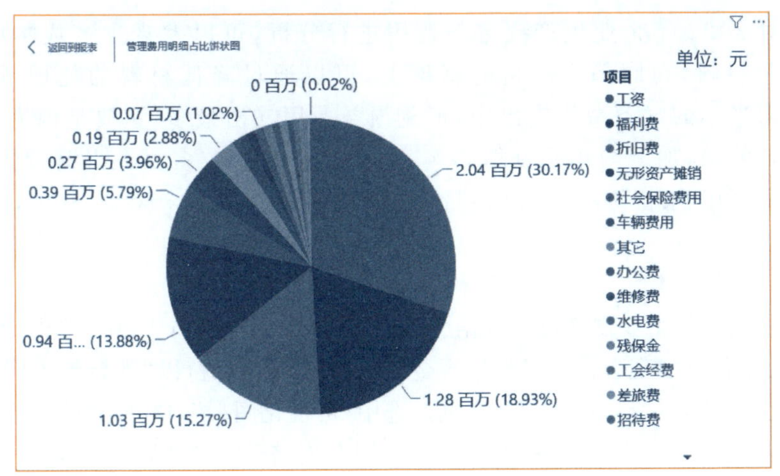

图 8－95　管理费用明细占比饼状图

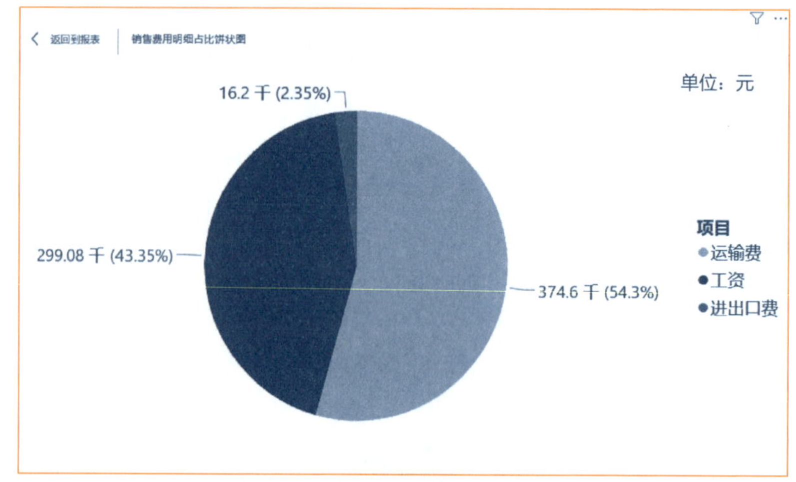

图 8－96 销售费用明细占比饼状图

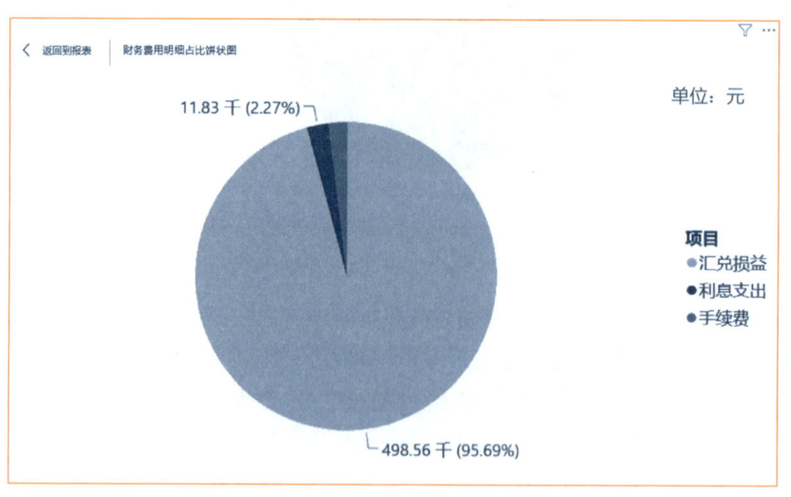

图 8－97 财务费用明细占比饼状图

通过对 2022 年企业生产成本与费用进行分析，可以发现生产成本中耗用最大的是直接材料，在同等生产量的基础上，可以通过降低材料的耗用量，减少生产成本。而当年的财务费用支出中，汇兑损益费用支出最多，主要是因为企业的主要业务都是外销，加上当年受疫情影响，汇兑损益费用较多。在当前背景下，企业可以考虑主打国内市场，提高内销量，也可减少因为外销产生的费用，从而增加利润。

（四）资金情况分析

（1）将“近三年企业现金流动数据分析表”数据导入 Power BI 中，选用折线和簇状柱形图的可视化，以“现金流出净额”“现金流入净额”为列值，以“现金流入同比”“现金流出同比”为行值，以“年份”作为共享轴。选中“可视化图形”，选择“格式—标题—标题文本”，输入“近三年企业现金流动变化趋势图”，对齐方式为“居中”，文本大小为“16 磅”，生成近三年现金流动变化趋势图，结果如图 8－98 所示。

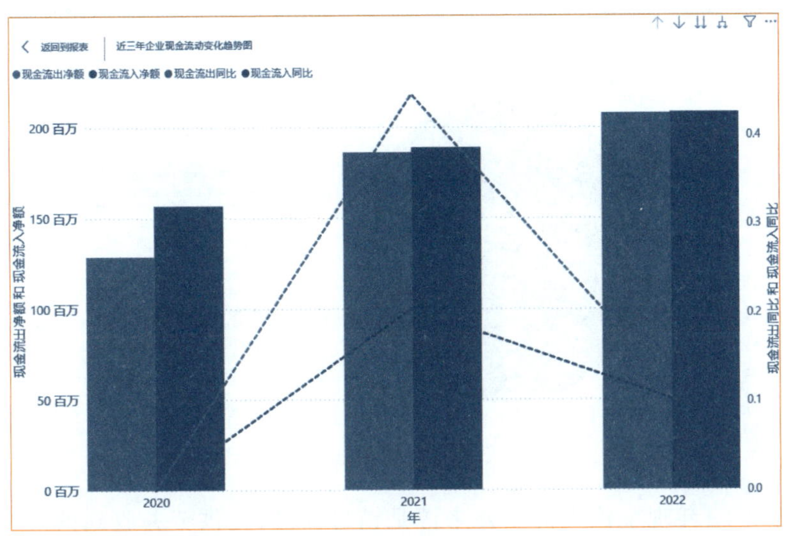

图 8-98　近三年现金流动变化趋势图

通过对过去三年企业现金流情况进行纵向对比分析，可知过去一年企业的现金流量相较于过去两年现金流入量、现金流出量均有所提升。其中，现金流入净额从 2020 年的 1.57 亿元上升至 2022 年的 2.08 亿元，现金流出净额从 2020 年的 1.29 亿元上升至 2022 年的 2.08 亿元。2021 年与 2022 年，该企业的现金流入净额与现金流出净额几乎持平。

(2) 将“2022 年企业现金流入各项目占比”“2022 年企业现金流出各项目占比”数据导入 Power BI 中，选用饼图的可视化方式，以“项目”为图例，“金额”为值，选中“可视化图形”，选择“格式—标题—标题文本”，输入“2022 年企业现金流入各项目占比图”，对齐方式为“居中”，文本大小为“16 磅”，生成“2022 年企业现金流入各项目占比饼状图”和“2022 年企业现金流出各项目占比饼状图”，结果如图 8-99 和图 8-100 所示。

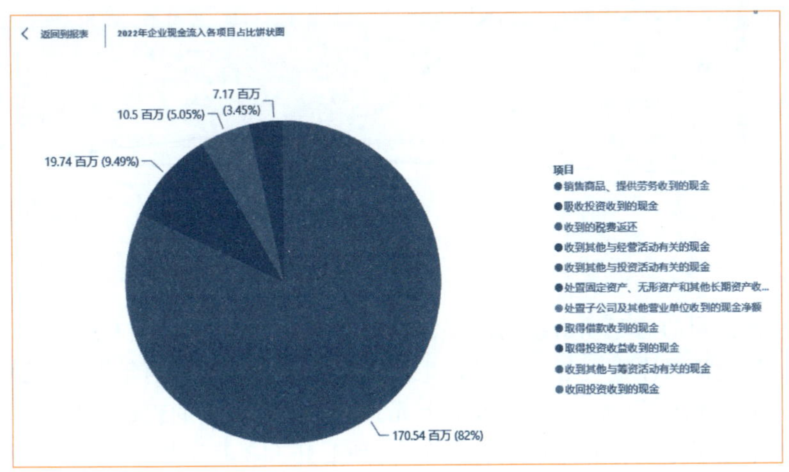

图 8-99　2022 年企业现金流入各项目占比饼状图

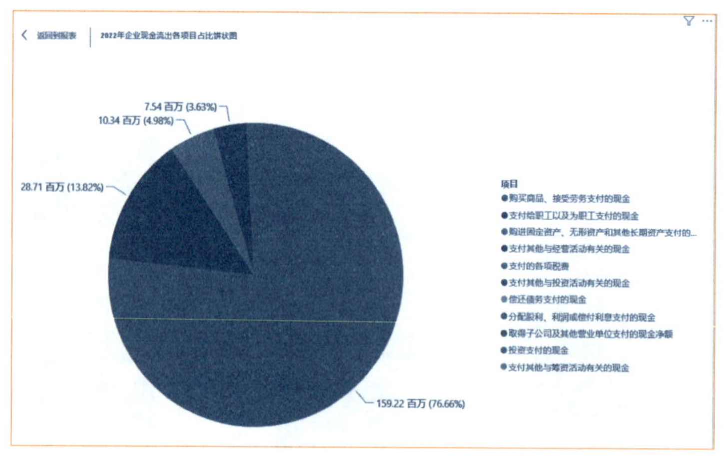

图 8－100　2022 年企业现金流出各项目占比饼图

该企业 2022 年现金流入的主要来源是销售商品、提供劳务收到的现金，共收到 1.71 亿元，占比 82%；其次是吸收投资收到的现金共计 1 974 万元，占比 9.49%。现金流出主要是用于购买商品、接受劳务支付的现金，共支出 1.59 亿元，占比 76.66%；其次是支付给职工以及为职工支付的现金 2 871 万元，占比 13.82%。

（3）将“企业近三年三项活动的现金流量净额表”数据导入 Power BI 中，选用折线的可视化方式，以“经营活动产生的现金流量净额”“投资活动产生的现金流量净额”“筹资活动产生的现金流量净额”为值，以“年份”为轴，选中“可视化图形”，选择“格式—标题—标题文本”，输入“企业近三年三项活动的现金流量净额变化图”，对齐方式居中，文本大小为 16 磅，生成近三年三项活动的现金流量净额趋势变化图，结果如图 8－101 所示。

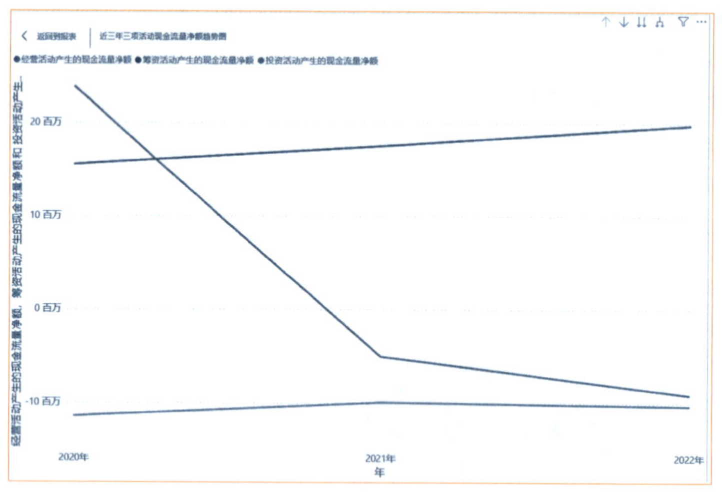

图 8－101　近三年三项活动现金流量净额趋势图

近三年该公司的这三项活动的现金流量净额发生了较大改变。变化最大的为经营活动产生的现金流量净额。经营活动产生的现金流量净额连续两年下降，已由 2020 年时的 2 380 万元降低至 2022 年的－913 万元。投资活动产生的现金流量净额与筹资活动产生的现金流量净额相对来说变化较小，分别上升 112 万元与 427 万元。综合来看，该企业目前正处于产品的初创期，需要投入大量资金，资金来源需求较大。

（五）前景预测与总结

将“企业2020—2022年利润总额表”数据导入Power BI中，选用折线的可视化方式，以“利润总额（万元）”为值，以“年份”为轴，选中“可视化图形”，选择“分析—预测”，修改预测长度为“1年”，置信区间为“95%”，季节性此处默认为“自动”不作修改，点击“应用”，利润预测结果如图8-102所示。

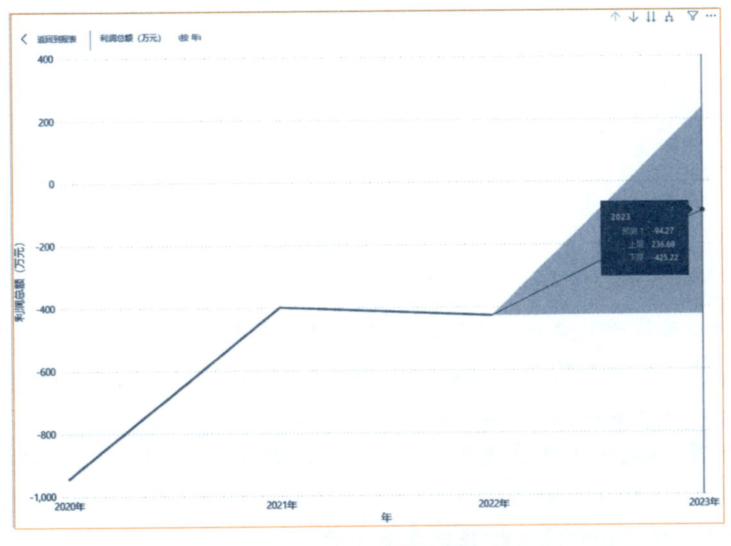

图8-102　利润预测

从图8-102可以看到，该企业的利润总额在2023年的预测值为－94.27万元，目标利润增长率为77.93%。如果企业2023年经营情况较差，则预测的利润总额为－425.22万元，如果该企业经营情况得到大幅改善，则预测的利润总额最高可达到236.68万元。从预测结果及相应置信区间来看，2023年公司利润总额会在与去年几乎持平的基础上有所上升，前景较为明朗。

四、任务结论

四川凯莱特纺织品有限责任公司具备一定的发展前景，2022年该企业资产的流动性弱，风险较高，资产结构不稳定，但企业正在逐步调整资产结构，增强资产结构的稳定性。目前盈利现金比率达到行业水平，正在逐步缩小与行业的差距。生产成本中，耗用最大的是直接材料，在同等生产量的基础上，可以通过降低材料的耗用量，减少生产成本。在当前背景下，企业可以考虑主打国内市场，提高内销量，也可减少因为外销产生的费用，增加利润。企业当前处于产品的初创期，需要投入大量资金，资金来源需求大。未来纺织行业景气度处于上升趋势，然而受中美贸易战摩擦等风险威胁，企业未来一年将面临的风险也很多，需要企业依据风险预估，适当调整目标利润增长率，合理安排资金。

【课堂研讨】

该企业管理人员计划拓展产品品类，但不知道这一举措是否能够获利，请收集相关行业资料，判断该企业是否适合增加产品品类，并为后续生产销售提供恰当建议。

【拓展训练】

1. 经过一系列的财务分析，结合适当外部信息分析判断该企业存在哪些机遇与风险。

2. 撰写一份财务分析报告，在报告中需分析过去一年企业在经营发展中出现的问题，说明原因，为企业下一年的发展制定更加合理的目标。

任务四　物流大数据综合实训

【实训背景】

本实训公司是一家专业从事第三方医药物流的现代化医药仓储配送企业。该公司专门创立了一个集药品储存、验收、养护、物流、搬运、集中配送和信息服务七大功能于一体的平台，建立了生产企业、流通企业与医院、药房、连锁药店等之间的经营战略联盟，以减少医药流通渠道摩擦内耗，提高流通渠道运作效率，降低医药企业的物流成本，有利于医药供应链上下游紧密联合，快速响应市场变化，快速调动、协调和整合供应链资源来增强市场竞争力。

【任务要求】

小张是这家公司的数据分析部实习生，现在需要他根据近30天的企业内部数据出具一份物流数据分析报告，分析近期公司的物流配送过程是否存在什么问题、是否还有优化空间，并说明原因。

【知识准备】

一、关联规则模型介绍

关联规则是数据挖掘的一种常用方法，就是从一种行为中发现与之相关联的另一种行为，即“$X \rightarrow Y$”，并用一定的概率度加以保证。关联规则最初提出的动机是针对购物篮分析问题提出的。假设分店经理想更多地了解顾客的购物习惯，特别是想知道哪些商品顾客可能会在一次购物时同时购买。为回答该问题，可以对商店的顾客购买记录进行购物篮分析。通过研究顾客放入购物篮中的不同商品之间的关联，分析顾客的购物习惯。这种关联的发现可以帮助零售商了解哪些商品频繁地被顾客同时购买，从而帮助他们开发更好的营销策略。此后，关联规则广泛应用在零售业、金融业和互联网行业。

关联规则是形如“$X \rightarrow Y$”的表达式，X 和 Y 分别称为关联规则的前件和后件。在购物篮分析中可以认为一个顾客购买了商品 X，那么也会购买商品 Y。此处的 X、Y 不是指单一的商品，而是指项集。例如：$\{X, Y\} \rightarrow \{Z\}$ 的含义就是一个顾客购买了商品 X、商品 Y，也会购买商品 Z。

1. 基本概念

(1) 事务库：记录顾客消费记录的数据集可以称为事务库，事务库中的每一条记录称为一笔事务，在购物篮分析中是指数据集中的一笔订单。

(2) 项与项集(T)：在购物篮事务库中每一个商品就是一个项，项的合集称为项集，也就是说不同商品的组合就是一个项集。

(3) 支持度(support)：包含该合集的事务在所有事务中所占的比例。

(4) 置信度(confidence)：项集 Y 在包含项集 X 的事务中出现的频繁程度，在购物篮分析中关联规则 $X \rightarrow Y$ 的置信度计算公式如下：

$$P(Y \mid X) = \frac{P(XY)}{P(X)}$$

置信度越高则说明消费者越有可能在购买 X 的基础上购买 Y，于是商家可以将项集 X 与 Y 中的商品摆放得更近。

(5) 频繁项集：支持度大于等于人为设定阈值(这个阈值被称为最小支持度)的项集是频繁项集。

(6) 强关联规则：在实际应用中，通常是先寻找满足最小支持度(人为设定的值)的频繁项集，然后在频繁项集中寻找满足最小置信度(人为设定的值)的关联规则，这样的关联规则称为强关联规则。

除此之外，还有其他衡量关联度的指标，如提升度。提升度指的是“商品 A 的出现，对商品 B 的出现概率提升”的程度。提升度的计算公式如下：

$$Lift(A \rightarrow B) = \frac{Confidence(A \rightarrow B)}{support(B)} = \frac{P(AB)}{p(A)p(B)}$$

$P(AB)$为关联规则 $A \rightarrow B$ 的支持度，$p(A)$为前件 A 的支持度，$p(B)$为后件 B 的支持度。提升度有三种可能：① 提升度$(A \rightarrow B) > 1$，代表有提升；② 提升度$(A \rightarrow B) = 1$，代表有没有提升，也没有下降；③ 提升度$(A \rightarrow B) < 1$，代表有下降。提升度越大，表明两者关联度越强，因此提升度的值越大说明该关联规则越强。

2. 关联规则挖掘过程

关联规则的主要目的是找出强关联规则，以便有针对性地指定营销计划，从而向顾客推荐合适的商品。Apriori 是最常见的关联规则算法之一，这种算法的步骤如下：

(1) 设定最小支持度与最小置信度。

(2) 根据最小支持度找出所有的频繁项集。

(3) 根据最小置信度找出强关联规则。

3. 举例说明

为了更好地理解关联规则的概念原理和计算方法，在这里以一个小案例进行说明。给定最小支持度 $\alpha = 0.5$，最小置信度 $\beta = 0.6$，历史订单数据如表 8-1 所示，找出与面包具有关联规则的项。

表 8-1 历史订单数据

订单编号	订单详情
T1	{牛奶,面包}
T2	{牛奶,尿布,啤酒,鸡蛋}
T3	{牛奶,尿布,啤酒,可乐}
T4	{面包,牛奶,尿布,啤酒}
T5	{面包,牛奶,尿布,可乐}

由表 8-1 可知,项集 T=5,除面包以外共有 5 个品项,分别为牛奶、啤酒、尿布、鸡蛋和可乐。首先需要分别对这五种项与面包的置信度和支持度进行计算。以面包和牛奶的置信度和支持度计算为例,其中,数据记录共有 5 条,面包共出现过 3 次,面包和牛奶同时出现共 3 次,因此:

$$\text{confidence}(\text{面包}\rightarrow\text{牛奶})=3/3=1$$
$$\text{support}(\text{面包}\rightarrow\text{牛奶})=3/5=0.6$$

同理,可计算出其他品项与面包的置信度和支持度,具体如表 8-2 所示。

表 8-2 置信度和支持度计算

	面包→牛奶	面包→啤酒	面包→尿布	面包→鸡蛋	面包→可乐
置信度	1	0.33	0.67	0	0.33
支持度	0.6	0.2	0.4	0	0.2

满足最小支持度 $\alpha=0.5$,最小置信度 $\beta=0.6$ 的项只有牛奶,因此只有牛奶与面包具有强关联关系,为相关性商品,可以将这两类商品相邻存放,以方便促销。

二、Dijkstra 算法介绍

Dijkstra 算法(迪杰斯特拉算法)是很有代表性的最短路径算法,用于计算一个结点到其他结点的最短路径。该算法指定一个点(源点)到其余各个结点的最短路径,因此也叫作“单源最短路径算法”。该算法是由荷兰计算机科学家 Edsger W. Dijkstra 于 1959 年发表。

Dijkstra 算法实现的过程大致为:首先明确各个位置之间的距离,设定起点以及目的地。如图 8-103 所示,设定起点为“1”,终点为“7”,各个位置点之间的距离已在连线旁标出。随后设立一个距离表,依次记录从起点“1”到各个点的路径最短距离。例如,起点“1”到位置“2”的最短距离为“2”,到位置“3”的最短距离为“5”,虽然起点“1”与位置“4”并未直接相连,但可途经位置“2”或者“3”到达位置“4”,因此起点“1”到位置“4”的最短距离为“6”。以此类推,通过距离表逐个判断图中的起点“1”到达各个位置点的最短路径,迭代更新,用新的路径长度覆盖旧的路径长度,最终得到从起点到任意其他位置点的最短距离。于是,起点“1”到终点“7”的最短距离为“11”,需要依次途经位置“3”、位置“4”和位置“5”。

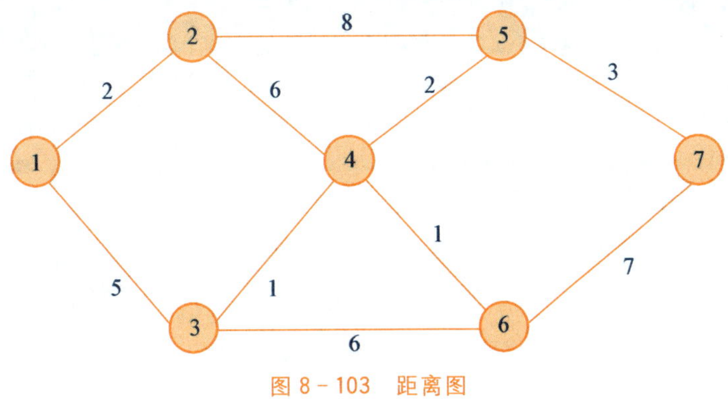

图 8－103　距离图

【任务实施】

一、需求分析

（一）需求推荐

在卖场中商品之间的关联关系比比皆是，通过研究用户消费数据，将不同商品之间进行关联，并挖掘二者之间联系的分析方法，就叫作商品关联分析法，也叫作购物篮分析。购物篮分析在电商分析和零售分析中应用相当广泛，购物篮可以帮助在销售过程中找到具有关联关系的商品，并以此获得销售收益的增长。

（1）在 Excel 中打开用户行为数据集与商品信息数据集，如图 8－104 和图 8－105 所示。

	A	B	C	D	E
1	UserID	behavior	CategoryID	time	damage
2	10001082	4	9762	2020/12/2 15:00	2
3	10001082	4	7079	2020/12/14 3:00	4
4	10001082	4	12097	2020/12/2 16:00	3
5	100029775	4	5689	2020/12/13 0:00	2
6	100029775	2	10223	2020/12/18 13:00	

图 8－104　用户行为数据集

	A	B
1	CategoryID	Describe
2	1863	医用口罩
3	6344	免洗洗手液
4	5232	板蓝根口服液
5	5894	瓶装消毒喷雾（75%酒精）
6	6513	藿香正气水（丸）

图 8－105　商品信息数据集

（2）现需要将两张表根据“CategoryID”字段进行匹配。在用户行为数据表中新建一列，列名为“Describe”，并选中该列第一个单元格，切换选项卡至“公式”，点击“插入函数”，如图 8－106 所示。

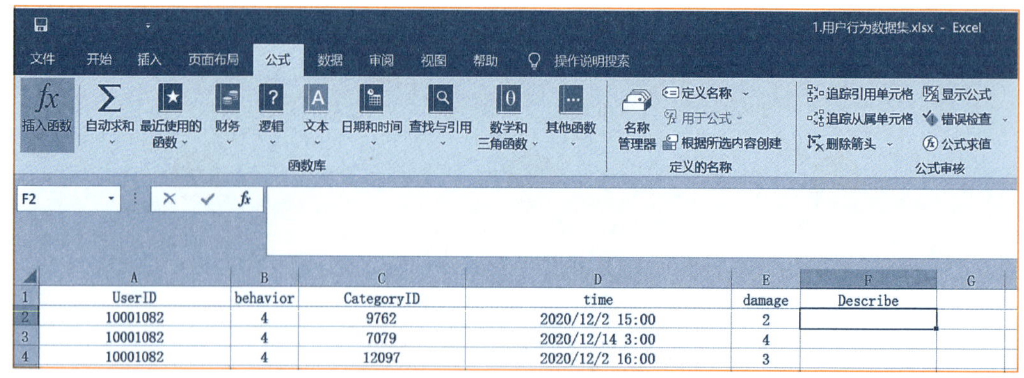

图 8-106　新建 Describe 列

(3) 选择“VLOOKUP”函数后，在函数参数弹窗中依次填写各个参数。第一个参数为“Lookup_value(查找值)”，此处需要查找的商品编号列，选择“CategoryID”列中的第一个数值(C2)即可；第二个参数“Table_array(数据表)”为商品信息数据表，选择该表中的数值区域即可；第三个参数“Col_index_num(序列数)”为商品信息数据表中的第二列(Describe 列)，因此需在此处填入“2”；第四个参数“Range_lookup(匹配条件)”选择精确匹配，于是，此空填入“FALSE”。填写完毕后如图 8-107 所示。

函数参数

VLOOKUP

参数	输入	值
Lookup_value	C2	= 9762
Table_array	.xlsx]Sheet1!$A$1:$B$1001	= {"CategoryID","Describe";1863,"医用口
Col_index_num	2	= 2
Range_lookup	FALSE	= FALSE

= "小儿宝泰康颗粒"

搜索表区域首列满足条件的元素，确定待检索单元格在区域中的行序号，再进一步返回选定单元格的值。默认情况下，表是以升序排序的

Range_lookup　逻辑值：若要在第一列中查找大致匹配，请使用 TRUE 或省略；若要查找精确匹配，请使用 FALSE

计算结果 = 小儿宝泰康颗粒

有关该函数的帮助(H)　　确定　取消

图 8-107　VLOOKUP 函数参数

(4) 填写完毕后点击“确认”，随后将鼠标移至已填补的单元格右下角，鼠标变为“黑色十字”时双击，即可快速填充 Describe 列，将该列补充完整，如图 8-108 所示。

	A	B	C	D	E	F
1	UserID	behavior	CategoryID	time	damage	Describe
2	10001082	4	9762	2020/12/2 15:00	2	小儿宝泰康颗粒
3	10001082	4	7079	2020/12/14 3:00	4	复方石淋通片（胶囊）
4	10001082	4	12097	2020/12/2 16:00	3	乌灵胶囊
5	100029775	4	5689	2020/12/13 0:00	2	正清风痛宁缓释片
6	100029775	2	10223	2020/12/18 13:00		颈痛颗粒

图 8-108　Describe 列填充完整

(5) 填充完整后将该表格另存为 csv 格式，如图 8-109 所示。

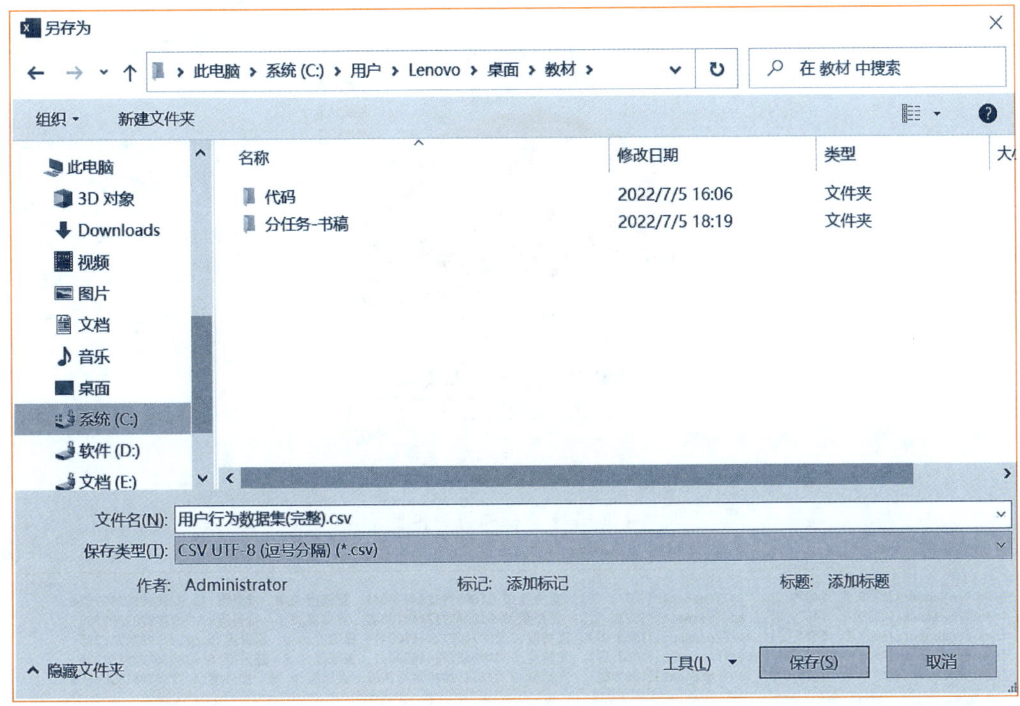

图 8-109　表格另存为 csv 格式

(6) 回到平台主界面进入“物流大数据”案例，查看第一个任务的任务要求，如图 8-110 所示。

图 8-110　任务要求

(7) 完成“商务需求获取”中的题目后单击“技术需求转化”，填写相关参数，如图 8-111 所示。在平台中已默认最小支持度为 0.01，最小置信度为 0.7，无须额外更改。

关键词	参数
行为1	收藏
行为2	加购
行为3	购买

图 8-111　填写需求推荐的参数

(8) 确认无误后可在"需求实现"中查看完整代码,点击"执行并显示结果"即可执行代码,结果分别如图 8-112 和图 8-113 所示。

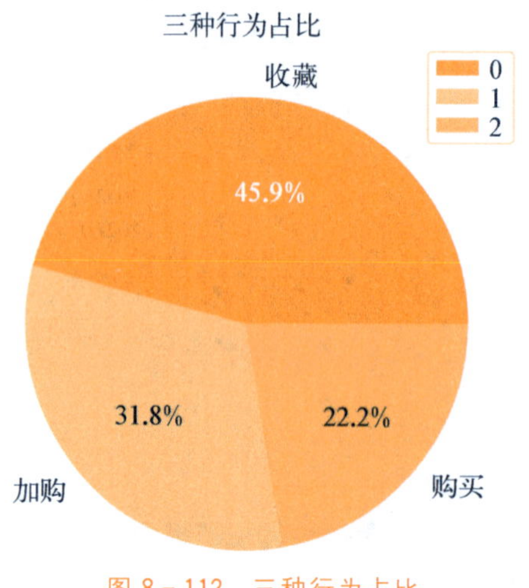

图 8-112 三种行为占比

```
from:frozenset({5232.0, 14079.0}), to:frozenset({4370.0}), 支持度:0.01094391244870041, 置信度:0.8, 提升度:13.923809523809524
from:frozenset({4370.0, 14079.0}), to:frozenset({5232.0}), 支持度:0.01094391244870041, 置信度:0.8, 提升度:7.902702702702703
from:frozenset({5027.0, 5894.0}), to:frozenset({1863.0}), 支持度:0.01094391244870041, 置信度:0.8, 提升度:5.623076923076923 5
from:frozenset({2825.0, 5027.0}), to:frozenset({1863.0}), 支持度:0.01094391244870041, 置信度:0.8, 提升度:5.623076923076923 5
from:frozenset({6344.0, 2825.0}), to:frozenset({1863.0}), 支持度:0.012311901504787962, 置信度:0.75, 提升度:5.271634615384616
```

图 8-113 关联规则

从图 8-112 可知,近 30 天收藏、加购、购买的行为占比依次为 45.9%、31.8%、22.2%。而在关联规则的结果图中可以看出一共从这批订单中找出了这五条规则,这五条关联规则中含有前件、后件、支持度、置信度、提升度等信息。

这里以第一条关联规则为例进行解释说明,这条关联规则中的前件是编号 5232、编号 14079,后件是编号 4370。也就是说,商品编号 5232 和编号 14079 的商品与编号 4370 的商品关联度较强,并且支持度为 0.01,置信度为 0.8,提升度为 13.92。在用户行为数据集中可以找到商品编号 5232 和编号 14079 的商品是:板蓝根口服液、红外式体温计,而商品编号 4370 的商品是:板蓝根(袋装)。

支持度是指该组合在订单中出现的次数,该数据集共有 54 413 笔订单,于是我们不难发现,"板蓝根口服液、红外式体温计、板蓝根(袋装)"的组合销售了超过 540 次。

置信度是指"板蓝根(袋装)"在含有"板蓝根口服液、红外式体温计"的订单中出现的次数,也就是说在含有"板蓝根口服液、红外式体温计"的订单中有 80%的消费者会购买"板蓝根(袋装)"。

第一条规则的提升度约为 13.92,说明"板蓝根口服液、红外式体温计"与"板蓝根(袋装)"的关联度较强,并且在生成的五条规则中是最强的。

其余四条规则中,涉及的药品依次为:① 板蓝根(袋装)、红外式体温计与板蓝根口服液;② 一次性医用防护服、瓶装消毒喷雾(75%酒精)与医用口罩;③ 75%医用酒精、一次性医用防护服与医用口罩;④ 免洗洗手液、75%医用酒精与医用口罩。

(二) 配货优化

尽管了解了消费者的购物模式,但如何快速响应消费者的需求,还需要解决配货问题。以往配货一般是由门店自行根据经验到系统中下单、补货，再由总部根据订单进行配货。配什么货、配多少货、什么时间配货，都是由经验而定，这种传统的配货方式，预测不准确、信息滞后、配货不及时，无形中增加了管理成本，难以再适应快速变化的市场需求。基于消费者购物篮数据进行分析，将用户感兴趣的商品提早在客户下单前送至距离最近的营运中心，大幅提高配货时效性和准确性。

(1) 选择“配货优化”，完成“商务需求获取”中的题目后点击“技术需求转化”，填写相关参数，如图 8－114 所示。

关键词	参数
X轴名01	商品名称
Y轴名01	次数
商品频次统计图标题	频次统计——商品
X轴名02	日期
Y轴名02	次数
频次统计图标题	频次统计——日期

图 8－114　“配货优化”的参数

(2) 确认无误后可在“需求实现”中查看完整代码，点击“执行并显示结果”即可执行代码，结果分别如图 8－115、图 8－116 和图 8－117 所示。

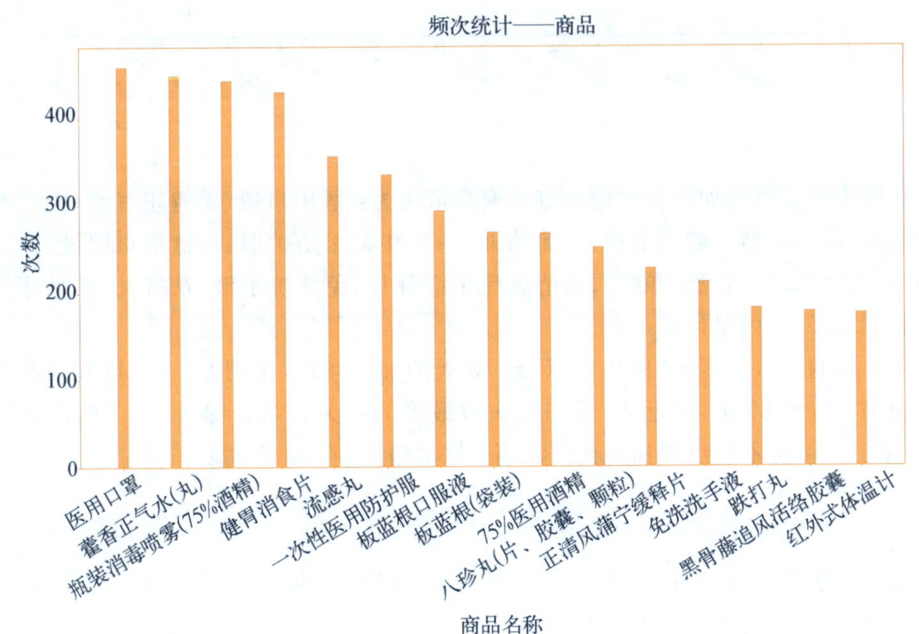

图 8－115　加购频次前十五的商品统计图

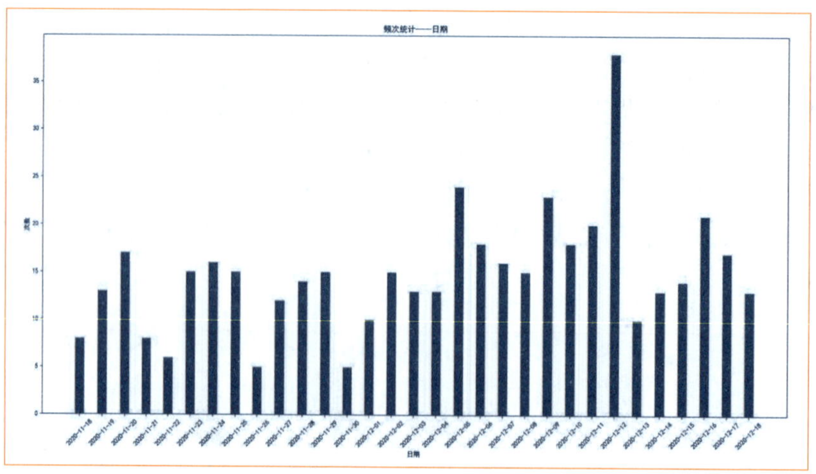

图 8-116 医用口罩每日加购次数统计图

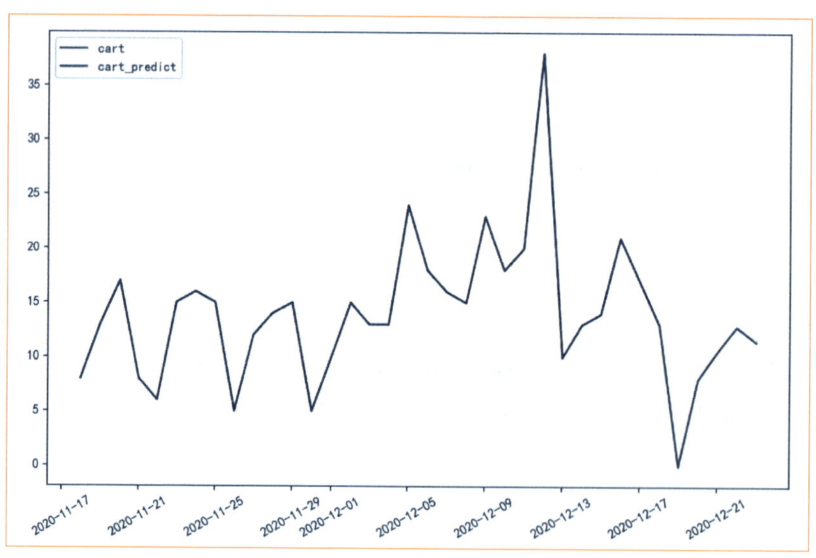

图 8-117 医用口罩未来五天加购次数预测图

从图中可以看到加购频次前十五的商品依次为：医用口罩、藿香正气水(丸)、瓶装消毒喷雾(75%酒精)、健胃消食片、流感丸、一次性医用防护服、板蓝根口服液、75%医用酒精、八珍丸(片、胶囊、颗粒)、正清风痛宁缓释片、免洗洗手液、跌打丸、黑骨藤追风活络胶囊、红外式体温计。

统计加购次数最多的“医用口罩”近 30 天的加购频次，由图 8-116 可知，12 月 12 日的加购次数超 35 次，是近 30 天加购次数最多的一天。结合图 8-117 的预测图可知，未来五天可能不会出现加购频次大幅上涨的情况，在 14 次左右波动。

二、仓储管理

在传统仓库内，消费者下单后，拣货员需要跑步到货架跟前，将货物拣出。而在智能仓库内，机器人与拣货员搭配干活，一个拣货员一小时的拣货数量是传统拣货员的三倍以上。随着客户需求从大批量少批次向小批量个性化转变，客户对订单的配送时限和服务质量要求越来越高，提升后的订单拣选效率是传统拣货系统的 2～3 倍，彻底颠覆了传统仓库的拣货作业模式。

拣货员可以选择三种不同的方式处理收到的订单，分别为：聚类分批（总和计量分批）、先到先分批（时窗分批）和不分批。其中，聚类分批（总和计量分批）是指将所有的订单在中午前收集，下午进行综合计量分批拣取单据的打印等处理，第二天一早进行拣取分类等工作。先到先分批（时窗分批）是指当订单从到达至拣选完成出货所需的时间非常紧迫时，可根据实际需要设定短暂而固定的时长，如五分钟或十分钟，再将此时间段内到达的所有订单看作成一批，进行批量拣取。

（1）在 Excel 中打开订单信息数据集，可以看到每笔订单中各个商品的数量，订单信息如图 8－118 所示。

	A	B	C	D	E	F	G	H	I	J	K	L	M	N	O	P	Q	R	S	T	U	V
1	OrderID \ CategoryID	446	552	1083	1121	1838	1863	2513	2825	2993	3064	3099	3381	3424	3472	3628	3673	3783	4269	4370	4676	5027
2	182371000000000000	0	0	0	0	100	300	0	300	0	0	100	0	50	0	200	200	0	300	0	0	50
3	196720000000000000	150	50	0	50	150	0	300	0	0	0	0	150	0	300	0	0	0	0	0	0	0
4	218245000000000000	0	0	0	0	0	100	0	0	0	0	0	50	0	0	0	100	0	0	200	300	0
5	228289000000000000	0	0	0	0	0	0	150	200	0	0	0	0	0	250	0	0	0	0	0	0	0
6	236899000000000000	0	0	0	0	0	0	0	0	0	100	0	0	0	0	0	0	0	0	0	0	150
7	245509000000000000	0	0	0	0	0	0	0	100	0	0	0	250	150	300	0	0	0	0	0	250	0

图 8－118　订单信息

（2）选择“智能拣货”，完成“商务需求获取”中的题目后单击“技术需求转化”，填写相关参数，如图 8－119 所示。

关键词	参数
分批1	聚类分批
分批2	先到先分批
分批3	不分批

图 8－119　“智能拣货”的参数

（3）确认无误后可在“需求实现”中查看完整代码，单击“执行并显示结果”即可执行代码，结果如图 8－120 所示。

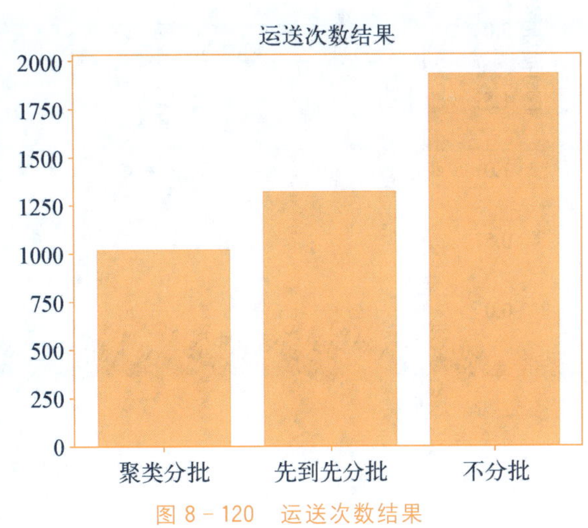

图 8－120　运送次数结果

从图 8－120 可以看出，针对同一批订单，聚类分批的情况下，运送次数最少，仅需 1 000 次。而不分批的情况下运送次数为 2 000 次。并且在“执行并显示结果”页中还表明当拣货员按顺序每五个作为一批的节约效率为 0.316，聚类的节约效率为 0.472。因此，应优先选择聚类分批作为主要拣货方式。

三、配送服务

（一）出库包装

出库包装是在物流过程中保护产品、方便储运、促进销售，按一定技术方法用容器、材料及辅助物等将物品包封并予以适当的装饰和标志的工作总称。为进一步提高客户体验，企业计划对运输、存放过程中易破损的物品进行运输包装，以减少损坏的情况。

根据合并后的表格数据计算各个商品的平均损坏程度并绘制条形统计图。

（1）选择“出库包装”，完成“商务需求获取”中的题目后单击“技术需求转化”，填写相关参数，如图 8－121 所示。

关键词	参数
X轴名	商品名称
Y轴名	平均损坏程度
图标题	商品损坏程度排名

图 8－121　“出库包装”的参数

（2）确认无误后，可在“需求实现”中查看完整代码，单击“执行并显示结果”即可执行代码，结果如图 8－122 所示。

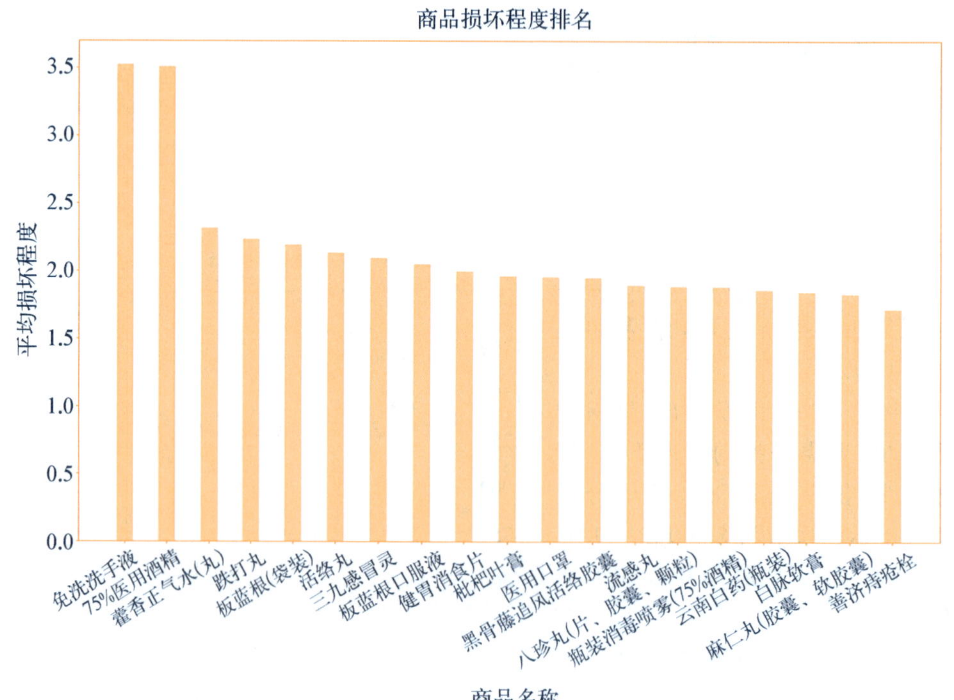

图 8－122　商品平均损坏程度

结合表格与图 8－122 可知，损坏程度的范围为 0～6，数值越高损坏程度越大。平均损坏程度排名前五商品依次是免洗洗手液、75％医用酒精、藿香正气水（丸）、跌打丸、板蓝根（袋装）。其中免洗洗手液、75％医用酒精的损坏程度均在 3.5 左右。之后可有针对性地对图中的损坏程度较大商品进行加固，以防止在运输途中出现损坏现象。

（二）路径优化

配送作为物流活动中直接与消费者相连的环节，在企业的物流成本中，配送成本占了相当高的比例。正确合理地安排车辆的配送路线，实现合理的线路运输，可以有效地节约时间，增加车辆利用率，从而降低运输成本，提高企业经济效益，提升客户服务水平，使企业实现科学化的物流管理。

该公司共有 9 个配送站，分别用数字 1—9 代表，各个配送站之间路径信息如图 8－123 所示，表格中的数字代表相对运输成本，单位为“1”，数字越大代表距离越远，运输成本越高，而“－1”代表两个地点之间没有直接相连。例如，配送站 1 仅与配送站 2、配送站 3 相连，与剩余配送站没有直接相连，配送站 1 到配送站 2 的相对运输成本为“5”，配送站 1 到配送站 3 的相对运输成本为“3”。

	A	B	C	D	E	F	G	H	I	J
1	出发点＼到达点	1	2	3	4	5	6	7	8	9
2	1	0	5	3	-1	-1	-1	-1	-1	-1
3	2	5	0	-1	1	3	6	-1	-1	-1
4	3	3	-1	0	-1	8	7	-1	-1	-1
5	4	-1	1	-1	0	-1	-1	3	-1	-1
6	5	-1	3	8	-1	0	-1	5	2	-1
7	6	-1	6	7	-1	-1	0	6	6	-1
8	7	-1	-1	-1	3	5	6	0	-1	4
9	8	-1	-1	-1	-1	2	6	-1	0	3
10	9	-1	-1	-1	-1	-1	-1	4	3	0

图 8－123　路径信息

现在需要从配送站 1 将商品配送至配送站 9，需要找出最短路径，以便公司节约成本。

（1）选择“路径优化”，完成“商务需求获取”中的题目后点击“技术需求转化”，填写相关参数，如图 8－124 所示。

关键词	参数
点1到点2成本	5
点1到点3成本	3
点2到点4成本	1

图 8－124　“路径优化”的参数

(2) 确认无误后，可在“需求实现”中查看完整代码，单击“执行并显示结果”即可执行代码，结果如图 8－125 所示。

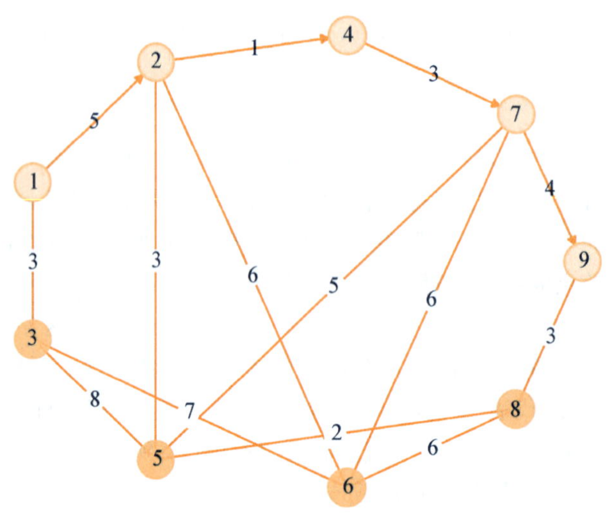

图 8－125　配送站线路图

在“执行并显示结果”页面中可以看到配送站线路图以及通过 dijkstra 方法找到的最短路径：从配送站 1 至配送站 9 的最短路径需要依次途经配送站 2、配送站 4、配送站 7，最短距离为“13”。

四、售后管理

消费者在网上下单订购并收到药品后，通常会对此次购药情况进行评论，平台选取了几个销量较多的商品，如板蓝根、口罩、消毒喷雾等，收集了近 30 天的消费者评价数据。板蓝根的评论信息如图 8－126 所示。现需要以板蓝根为例，绘制分词的频次条形统计图。

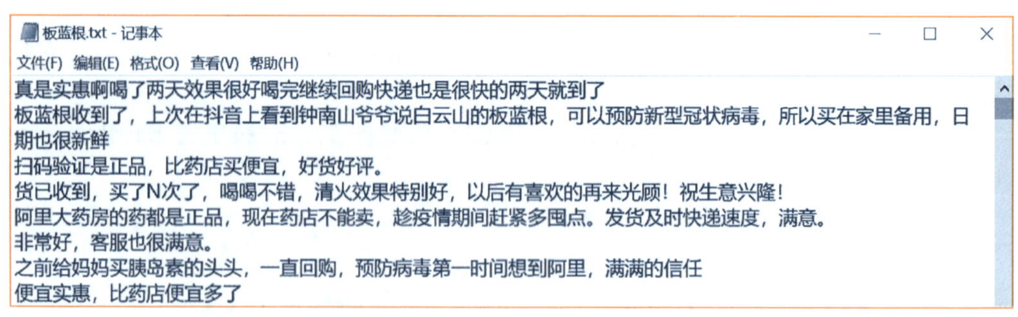
板蓝根.txt - 记事本
文件(F) 编辑(E) 格式(O) 查看(V) 帮助(H)
真是实惠啊喝了两天效果很好喝完继续回购快递也是很快的两天就到了
板蓝根收到了，上次在抖音上看到钟南山爷爷说白云山的板蓝根，可以预防新型冠状病毒，所以买在家里备用，日期也很新鲜
扫码验证是正品，比药店买便宜，好货好评。
货已收到，买了N次了，喝喝不错，清火效果特别好，以后有喜欢的再来光顾！祝生意兴隆！
阿里大药房的药都是正品，现在药店不能卖，趁疫情期间赶紧多囤点。发货及时快递速度，满意。
非常好，客服也很满意。
之前给妈妈买胰岛素的头头，一直回购，预防病毒第一时间想到阿里，满满的信任
便宜实惠，比药店便宜多了

图 8－126　板蓝根的评论信息

(1) 选择“评论分析”，完成“商务需求获取”中的题目后单击“技术需求转化”，填写相关参数，如图 8－127 所示。

(2) 确认无误后，可在“需求实现”中查看完整代码，单击“执行并显示结果”即可执行代码，结果如图 8－128 所示。

关键词	参数
X轴名	商品名称
Y轴名	平均损坏程度
图标题	商品损坏程度排名

图 8-127　“出库包装”的参数

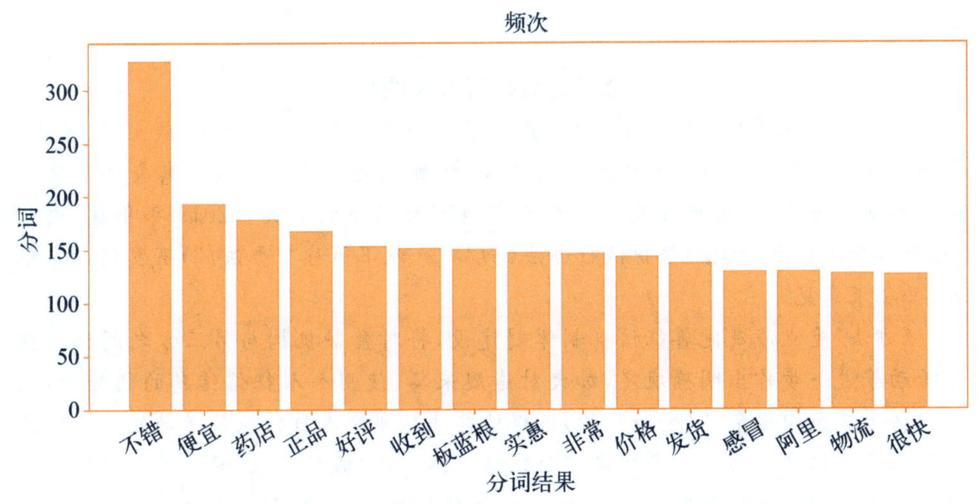

图 8-128　分词词频统计图

从图 8-128 中可以看出，分词后的词语出现频次前十五的词语中出现频次最高的词语为“不错”，已超过 300 次，“好评”出现频次也已超过 150 次。同时，还可以从统计图中发现消费者主要关注的内容为价格是否“便宜”“实惠”和“药店”买的是否一致、是否为“正品”等。

五、任务结论

本实训通过分析用户行为数据、商品信息数据、订单信息数据、路径信息数据、商品评论数据，从需求分析、仓储管理、配送服务、售后管理四个不同的角度探寻该公司近 30 天的物流配送情况。从中了解到板蓝根口服液、红外式体温计与板蓝根（袋装）是消费者最有可能一起购买的商品；加购频次前三的商品依次为：医用口罩、藿香正气水（丸）、瓶装消毒喷雾（75%酒精）；在拣货的过程中应该将订单进行聚类分批，这样可大幅减少运送次数；在包装时应重点关注免洗洗手液、75%医用酒精，以免因货物破损引起消费者差评；购买板蓝根的消费者通常会给出好评，并且关注价格是否便宜、实惠。

【课堂研讨】

使用合并后的表格，在 Power BI 中进行以下操作：

(1) 查看表中是否存在重复值，若存在则删除重复值。

(2) 绘制饼图以显示三种购物行为对应的次数。

(3) 绘制条形图并设置筛选条件，将各个商品的销售数量降序排列。

【拓展训练】

撰写一份物流分析报告，在报告中需分析该公司近期的物流配送情况，提出可行的建议并说明理由。

拓展阅读

金融大数据行业大洗牌

据艾瑞咨询《2019 年中国互联网财富管理行业研究报告》数据，截至 2018 年，中国的互联网理财人数已经达到 5.3 亿人，数目庞大。若该领域信息安全事件愈演愈烈甚至失控，将对行业及社会层面造成不可估量的损失。2019 年年底，央行将《个人金融信息(数据)保护试行办法(初稿)》(以下简称"《办法》")下发到各家银行，并征求意见。

《办法》重点涉及完善征信机制体制建设，将对金融机构与第三方之间征信业务活动等进一步作出明确规定，加大对违规采集、使用个人征信信息的惩处力度。其中第十二条中规定："(金融机构)不得从非法从事个人征信业务活动的第三方获取个人金融信息。"第十八条规定："金融机构不得以'概括授权'的方式取得信息主体对收集、处理、使用和对外提供其个人金融信息的同意。"待到《办法》正式出台后，银行将根据该办法的要求，对提供业务数据的第三方机构进行摸排。对于不能保证数据来源合法的数据供应商，要停止合作。

目前，已经有银行停止了与部分第三方数据提供商的合作。

感悟：在互联网金融领域，支付、网贷、征信等业务以及近期发酵的大数据风控、反欺诈、催收等平台被查问题引发大量关注。从源头出发，出台统一的信息保护办法，将成为金融行业治理整顿的重要一环，影响深远。此次政策落地后，将首先推动大数据服务商洗牌，扶优限劣，继而全面提升数据获取和使用门槛，驱动消费金融机构等数据使用者优胜劣汰。

附　录

实训操作指导书

一、数据采集

（一）京东财务指标数据采集

序号	关　键　词	参　数
1	财务指标采集网址	根据 MICD 中的实际网址进行填写
2	财务数据类型 1	全部
3	财务数据类型 2	年报
4	财务数据类型 3	单季报
5	财务数据类型 4	累计季报
6	设置存储数据的数据表名	学生自主命名

（二）苹果公司股票历史数据采集

序号	关　键　词	参　数
1	股票历史数据采集网站	根据 MICD 中的实际网址进行填写
2	采集开始日期	2020-01-01
3	采集结束日期	2020-06-20
4	设置存储数据的数据表名	学生自主命名

（三）汽车产量统计数据采集

序号	关　键　词	参　数
1	采集关键词	汽车产量
2	采集数据的日期区间	2011—2020
3	汽车产量数据采集网站	根据 MICD 中的实际网址进行填写
4	设置存储数据的数据表名	学生自主命名

（四）新浪新闻数据采集

1. 新浪新闻数据采集

序号	关　键　词	参　　数
1	数据采集网址	根据 MICD 中的实际网址进行采集
2	采集内容 1	标题
3	采集内容 2	发表报刊
4	采集内容 3	发表时间
5	采集内容 4	新闻内容
6	采集页面数量	20
7	设置存储数据的数据表名	学生自定义

2. 提取词频与绘制词云图

序号	关　键　词	参　　数
1	存储数据的数据表名	学生自定义
2	设置存储词频数据的数据表名	学生自定义
3	词云图背景色	white
4	词云图名称	学生自定义

二、数据清洗

（一）链家租房数据清洗

1. 去除无用的房源信息列

序号	关　键　词	参　　数
1	无用信息 1	经度
2	无用信息 2	纬度
3	无用信息 3	深圳市房产局核验码
4	设置新的数据表名	学生自定义

2. 房源标题缺失值处理

序号	关　键　词	参　　数
1	去除无用信息后的数据表表名	学生自定义
2	待处理的列名称	房源标题
3	处理缺失值后的新表名称	学生自定义

3. 房源信息重复值处理

序号	关　键　词	参　　数
1	处理缺失值后的数据表表名	学生自定义
2	包含重复项的列 01	房源标题
3	包含重复项的列 02	房型
4	包含重复项的列 03	价格
5	包含重复项的列 04	楼层
6	处理重复值后生成的新表名称	学生自定义

4. 首尾空格值处理

序号	关　键　词	参　　数
1	处理重复值后的数据表表名	学生自定义
2	对每一个数据进行处理	applymap
3	处理空格值后生成的新表名称	学生自定义

5. 数据列处理

序号	关　键　词	参　　数
1	处理空格值后的数据表表名	学生自定义
2	新建“租金”列	租金
3	去除“朝向”列中的多余数据	朝向：
4	处理数据列后生成的新表名称	学生自定义

6. 重要信息提取

序号	关　键　词	参　　数
1	处理数据列后生成的数据表表名	学生自定义
2	提取信息 01	维护
3	提取信息 02	入住
4	提取信息 03	电梯
5	提取信息 04	车位
6	提取信息 05	用水
7	提取信息 06	用电

续 表

序号	关 键 词	参 数
8	提取信息 07	燃气
9	提取信息 08	租期
10	提取信息 09	看房
11	提取信息 10	配套设施
12	匹配字段	页面网址
13	被提取信息字段名	房源介绍
14	信息提取后生成的新表名称	学生自定义

7. 合并越秀区房源信息至表格

序号	关 键 词	参 数
1	信息提取后的数据表表名	学生自定义
2	无用信息 01	经度
3	无用信息 02	纬度
4	无用信息 03	深圳市房产局核验码
5	数据合并后生成的新表名称	学生自定义

8. 房屋租金 3 000～6 000 元记录筛选

序号	关 键 词	参 数
1	数据合并后生成的数据表表名	学生自定义
2	筛选值的下限	3000
3	筛选值的上限	6000
4	关键信息的列名称	地铁
5	数据筛选后的表格名称	学生自定义

9. 随机抽取 100 条房源记录

序号	关 键 词	参 数
1	数据合并后生成的数据表表名	学生自定义
2	抽取数据行数	100
3	随机抽取数据后生成的新表名称	学生自定义

10. 广佛地区每平米租金计算

序号	关　键　词	参　数
1	数据合并后的数据表表名	学生自定义
2	字段 1	租金
3	求和函数	sum
4	除法运算符	/
5	字段 2	面积

三、数据挖掘

(一) 一元线性回归案例

序号	关　键　词	参　数
1	X 轴名称	自定义[建议填入：在蔬菜上的支出(元)]
2	Y 轴名称	自定义[建议填入：土豆消耗量(斤)]
3	输出图片名称	自定义

(二) 决策树案例

序号	关　键　词	参　数
1	第一个预测人	0,0,24,2 000
2	第二个预测人	1,1,44,2 000
3	输出图片名称	自定义

(三) 关联规则案例

序号	关　键　词	参　数
1	最小支持度	自定义
2	最小置信度	自定义
3	关联规则结果输出文件名称	自定义

(四) k-means 案例

序号	关　键　词	参　数
1	导入文件名称	会员信息(以任务要求中的链接名称为准)
2	输出图片名称 1	自定义

续 表

序号	关键词	参数
3	输出图片名称2	自定义
4	输出图片名称3	自定义
5	输出图片名称4	自定义

四、数据可视化

(一) 兰花电商数据可视化

1. “类别比较图表”之柱形图

序号	关键词	参数
1	X轴数据字段	植物类别
2	Y轴数据字段	付款人数
3	柱形图标题	自定义,可命名为“各类兰花类别的销量统计”
4	X轴轴标题	自定义,可直接命名为字段名
5	Y轴轴标题	自定义,可直接命名为字段名
6	导出图片的名称	自定义

2. “类别比较图表”之堆积柱形图

序号	关键词	参数
1	X轴数据字段	植物品种
2	Y轴数据字段	付款人数
3	柱形图分类字段	是否带花苞/花箭
4	堆积柱形图标题	自定义
5	X轴轴标题	自定义,可直接命名为字段名
6	Y轴轴标题	自定义,可直接命名为字段名
7	导出图片的名称	自定义

3. “类别比较图表”之条形图

序号	关键词	参数
1	X轴数据字段	评论数
2	Y轴数据字段	品牌
3	条形图标题	自定义

续　表

序号	关　键　词	参　　数
4	X 轴轴标题	自定义，可直接命名为字段名
5	Y 轴轴标题	自定义，可直接命名为字段名
6	导出图片的名称	自定义

4. “类别比较图表”之词云图

序号	关　键　词	参　　数
1	绘图数据字段	功能
2	词云背景颜色	white
3	画布宽度	500
4	画布高度	500
6	导出图片的名称	自定义

5. “数据关系图表”之折线图

序号	关　键　词	参　　数
1	X 轴数据字段	植物品种
2	Y 轴数据字段	付款人数
3	折线图标题	自定义
4	X 轴轴标题	自定义，可直接命名为字段名
5	Y 轴轴标题	自定义，可直接命名为字段名
6	导出图片的名称	自定义

6. “数据关系图表”之散点图

序号	关　键　词	参　　数
1	X 轴数据字段	付款人数
2	Y 轴数据字段	价格
3	散点图标题	自定义
4	X 轴轴标题	自定义，可直接命名为字段名
5	Y 轴轴标题	自定义，可直接命名为字段名
6	导出图片的名称	自定义

7. “数据分布图表”之直方图

序号	关　键　词	参　数
1	X 轴数据字段	价格
2	X 轴轴标题	自定义，可直接命名为字段名
3	Y 轴轴标题	频数
4	直方图标题	自定义
5	导出图片的名称	自定义

8. “数据分布图表”之箱线图

序号	关　键　词	参　数
1	分析字段	价格
2	箱线图标题	自定义
3	X 轴标签	自定义，可直接命名为字段名
4	导出图片的名称	自定义

9. “局部整体图表”之饼图

序号	关　键　词	参　数
1	分组类别	是否带花苞/花箭
2	求和依据	付款人数
3	饼图标题	自定义
4	导出图片的名称	自定义

五、金融大数据

（一）比亚迪股票数据分析

1. 比亚迪股票数据采集

序号	关　键　词	参　数
1	采集网址	根据 MICD 中的实际网址进行填写
2	设置存储数据的数据表名	学生自主命名

2. 绘制股票成交量的时间序列图

序号	关　键　词	参　数
1	存储数据的表名	股票采集任务中创建的表名
2	X 轴数据字段	日期

续 表

序号	关 键 词	参 数
3	Y 轴数据字段	成交量
4	时序图标题	自定义
5	X 轴标题	日期
6	Y 轴标题	成交量
7	生成的时序图图片的名称	自定义

3. 绘制股票收盘价和成交量的时间序列图

序号	关 键 词	参 数
1	指定数据源	股票采集任务中创建的表名
2	X 轴数据字段	日期
3	Y 轴数据字段 1	成交量
4	Y 轴数据字段 2	收盘
5	时序图标题	自定义
6	生成的时序图图片的名称	自定义

4. 绘制 K 线图(蜡烛图)

序号	关 键 词	参 数
1	存储数据的表名	股票采集任务中创建的表名
2	绘图数据字段	'日期','开盘','最高价','最低价','收盘'
3	设置表示股票价格上涨的颜色	red
4	设置表示股票价格下跌的颜色	green
5	K 线图宽度	0.6
6	K 线图标题	自定义
7	生成的 K 线图图片的名称	自定义

5. 相关性分析——绘制散点图

序号	关 键 词	参 数
1	存储数据的表名	股票采集任务中创建的表名
2	分析字段	'成交量','振幅','涨跌幅','涨跌额','换手率'
3	生成的散点矩阵图图片的名称	自定义

6. 相关性分析——相关系数矩阵

序号	关　键　词	参　　数
1	存储数据的表名	股票采集任务中创建的表名
2	分析字段	'成交量','振幅','涨跌幅','涨跌额','换手率'
3	生成相关系数矩阵图片的名称	自定义

7. 相关性分析——相关系数矩阵

序号	关　键　词	参　　数
1	存储数据的表名	股票采集任务中创建的表名
2	分析字段	'成交量','振幅','涨跌幅','涨跌额','换手率'
3	生成矩阵可视化图片的名称	自定义

8. 绘制 K 线图与移动平均线

序号	关　键　词	参　　数
1	存储数据的表名	股票采集任务中创建的表名
2	设置表示股票价格上涨的颜色	red
3	设置表示股票价格下跌的颜色	green
4	K 线图宽度	0.6
5	K 线图标题	自定义
6	生成移动平均线图片的名称	自定义

9. 股票交易信号分析

序号	关　键　词	参　　数
1	存储数据的表名	股票采集任务中创建的表名
2	信号图名称	自定义
3	日期打印图片名称	自定义

六、电商大数据

(一) 京东白酒数据分析

1. 京东白酒商品信息数据采集

序号	关　键　词	参　　数
1	采集地址	根据实际 MICD 中的网址进行填写
2	采集指标 01	标题

续　表

序号	关　键　词	参　数
3	采集指标 02	价格
4	采集指标 03	店铺
5	采集指标 04	包装
6	采集指标 05	包装清单
7	采集指标 06	品牌
8	采集指标 07	商品产地
9	采集指标 08	商品名称
10	采集指标 09	商品毛重
11	采集指标 10	商品编号
12	采集指标 11	容量
13	采集指标 12	度数
14	采集指标 13	酒精度
15	采集指标 14	链接
16	采集指标 15	香型
17	采集指标 16	产品重量
18	设置存储数据的表名	自定义

2. 京东白酒评价数据采集

序号	关　键　词	参　数
1	输入商品信息存储的数据表名	商品信息采集任务中设置的表名
2	采集网址所在列的名称	链接
3	信息索引列	商品编号
4	评价信息 01	全部评价
5	评价信息 02	好评
6	评价信息 03	中评
7	评价信息 04	差评
8	设置评价数据存储表名	自定义

3. 京东白酒数据清洗

序号	关键词	参数
1	输入存储商品信息数据表名	商品信息采集任务中设置的表名
2	需要调整的字段 01	商品产地
3	被替换的信息	中国大陆
4	替换后的信息	其他
5	需要调整的字段 02	酒精度
6	存储酒精浓度的列名称	自定义,建议填入浓度值
7	输入存储商品评价数据表名	评价数据采集任务中设置的表名
8	设置清洗后的数据表名	自定义

4. 五粮液评论信息采集

序号	关键词	参数
1	输入清洗后的表格名称	数据清洗任务中设置的表名
2	品牌名称	五粮液
3	评论信息采集网址组成部分 01	表格中“链接”列的内容,截至 id=
4	评论信息采集网址组成部分 02	商品编号
5	设置存储五粮液评论信息表名称	自定义

5. 评论分词处理

序号	关键词	参数
1	输入评论信息存储表名	评论信息采集任务中设置的表名
2	设置分词后的数据存储表名	自定义

6. 绘制词云图

序号	关键词	参数
1	输入分词后的数据存储表名	分词处理任务中设置的表名
2	画布宽度	1000
3	画布高度	800
4	生成词云图片的名称	自定义

七、财务大数据

（一）纺织服装行业上市企业财务数据采集

1. 纺织服装行业上市企业财务数据采集

序号	关　　键　　词	参　　　　数
1	爬取网址	根据任务要求中的网址进行填写
2	筛选类别	'坯布','成衣','面料','棉纱'
3	筛选区域	'境内','境外'
4	财务指标 1	营业总收入（元）
5	财务指标 2	毛利率（%）
6	财务指标 3	存货周转天数（天）
7	时间	2021-12-31

八、物流大数据

（一）医药电商物流

1. 需求推荐

序号	关　　键　　词	参　　　　数
1	行为 1	收藏
2	行为 2	加购
3	行为 3	购买

2. 配货优化

序号	关　　键　　词	参　　　　数
1	X 轴名 01	商品名称
2	Y 轴名 01	次数
3	商品频次统计图标题	自定义
4		
5	X 轴名 02	日期
6	Y 轴名 02	次数
7	频次统计图标题	自定义

3. 智能拣货

序号	关　键　词	参　　数
1	分批 1	聚类分批
2	分批 1	先到先分批
3	分批 3	不分批

4. 出库包装

序号	关　键　词	参　　数
1	X 轴名	商品名称
2	Y 轴名	平均损坏程度
3	图标题	商品损坏程度排名

5. 路径优化

序号	关　键　词	参　　数
1	点 1 到点 2 成本	5
2	点 1 到点 3 成本	3
3	点 2 到点 4 成本	1

6. 评论分析

序号	关　键　词	参　　数
1	*X* 轴名	分词结果
2	*Y* 轴名	分词
3	图标题	频次

主要参考文献

[1] 陶皖.大数据导论[M].西安：西安电子科技大学出版社，2020.
[2] 黄源，董明，刘江苏.大数据技术与应用[M].北京：机械工业出版社，2020.
[3] 周苏，戴海东.大数据分析[M].北京：中国铁道出版社，2020.
[4] 林子雨.大数据导论[M].北京：高等教育出版社，2020.
[5] 张尧学，胡春明.大数据导论[M].北京：机械工业出版社，2018.
[6] 夏予川.大数据时代[M].重庆：重庆出版社，2020.
[7] [美] 李杰，倪军，王安正.从大数据到智能制造[M].上海：上海交通大学出版社，2016.
[8] 黄源，蒋文豪，徐受容.大数据分析：Python 爬虫、数据清洗和数据可视化[M].北京：清华大学出版社，2020.
[9] 阿布.量化交易之路：用 Python 做股票量化分析[M].北京：机械工业出版社，2017.
[10] 鲁伟.机器学习：公式推导与代码实现[M].北京：人民邮电出版社，2022.
[11] 葛东旭.数据挖掘原理与应用[M].北京：机械工业出版社，2020.
[12] 王宇韬，钱妍竹.Python 大数据分析与机器学习商业案例实战[M].北京：机械工业出版社，2020.

编号：______________

软件授权提货单

学校和院系名称： ______________________________ **（需院系盖章）**

联系人：____________ 联系方式：________________

感谢贵校使用练金等编写的《大数据基础与实务（商科版）》（第二版）。为便于学校统一组织教学，学校可凭本提货单向广州市福思特科技有限公司（简称“福思特”）免费申请安装“基于Python语言的大数据分析虚拟仿真系统”（学校每个二级学院可申请免费安装1次、40个站点以内，自安装日起免费14天使用期）。

提货方式：

1. 详细填写本提货单第一行学校和院系名称（盖院系章）及相关信息。
2. 把本提货单传真或者拍照发给高等教育出版社相关业务部门审核（联系方式见下），获得提货单编号。
3. 凭编号和院系名称，向福思特申请使用。
4. 本提货单最终解释权归福思特所有。

福思特联系方式：

客服手机：15915790554 客服座机：020-84032739 客服QQ：2393307535

高等教育出版社联系方式：

姓名：胡伟峰 手机：13761157915 座机：021-56718737

传真：021-56718517 QQ：122803063

广州市福思特科技有限公司

高等教育出版社

教学资源服务指南

感谢您使用本书。为方便教学，我社为教师提供资源下载、样书申请等服务，如贵校已选用本书，您只要关注微信公众号“高职财经教学研究”，或加入下列教师交流QQ群即可免费获得相关服务。

“高职财经教学研究”公众号

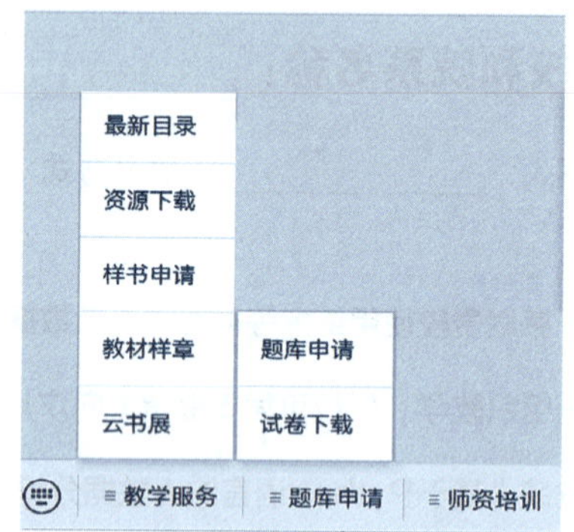

资源下载：点击“**教学服务**”—“**资源下载**”，或直接在浏览器中输入网址（http://101.35.126.6/），注册登录后可搜索相应的资源并下载。（建议用电脑浏览器操作）

样书申请：点击“**教学服务**”—“**样书申请**”，填写相关信息即可申请样书。

样章下载：点击“**教学服务**”—“**教材样章**”，即可下载在供教材的前言、目录和样章。

题库申请：点击“**题库申请**”，填写相关信息即可申请题库或下载试卷。

师资培训：点击“**师资培训**”，获取最新会议信息、直播回放和往期师资培训视频。

联系方式

会计QQ3群：473802328　　会计QQ2群：370279388　　会计QQ1群：554729666

（以上3个会计QQ群，加入任何一个即可获取教学服务，请勿重复加入）

联系电话：（021）56961310　　电子邮箱：3076198581@qq.com

在线试题库及组卷系统

我们研发有十余门课程试题库：“基础会计”“财务会计”“成本计算与管理”“财务管理”“管理会计”“税务会计”“税法”“税收筹划”“审计基础与实务”“财务报表分析”“EXCEL在财务中的应用”“大数据基础与实务”“会计信息系统应用”“政府会计”“内部控制与风险管理”等，平均每个题库近3000题，知识点全覆盖，题型丰富，可自动组卷与批改。如贵校选用了高教社沪版相关课程教材，我们可免费提供给教师每个题库生成的各6套试卷及答案（Word格式难中易三档，索取方式见上述“题库申请”），教师也可与我们联系咨询更多试题库详情。